E-Book inside.

Mit folgendem persönlichen Code können Sie die E-Book-Ausgabe dieses Buches downloaden.

57018-r65p6-y3upn-2015t

Registrieren Sie sich unter
www.hanser-fachbuch.de/ebookinside
und nutzen Sie das E-Book auf Ihrem Rechner*, Tablet-PC und E-Book-Reader.

Der Download dieses Buches als E-Book unterliegt gesetzlichen Bestimmungen bzw. steuerrechtlichen Regelungen, die Sie unter www.hanser-fachbuch.de/ebookinside nachlesen können.
* Systemvoraussetzungen: Internet-Verbindung und Adobe® Reader®

Holl
Führung wagen

Wolfgang Holl

Führung wagen

Entscheidungs- und Kommunikationshilfen für angehende Führungskräfte

Mit 10 Interviews aus der Praxis

HANSER

Der Autor:

Wolfgang Holl, Trainer & Berater, Training – Coaching – Teambuilding, Nürnberg

Bibliografische Information der Deutschen Nationalbibliothek:

Die Deutsche Nationalbibliothek verzeichnet diese Publikation in der Deutschen Nationalbibliografie; detaillierte bibliografische Daten sind im Internet über <http://dnb.ddb.de> abrufbar.

Print-ISBN 978-3-446-45185-8
E-Book-ISBN 978-3-446-45418-7

Die Wiedergabe von Gebrauchsnamen, Handelsnamen, Warenbezeichnungen usw. in diesem Werk berechtigt auch ohne besondere Kennzeichnung nicht zu der Annahme, dass solche Namen im Sinne der Warenzeichen- und Markenschutzgesetzgebung als frei zu betrachten wären und daher von jedermann benutzt werden dürften.

Alle in diesem Buch enthaltenen Verfahren bzw. Daten wurden nach bestem Wissen dargestellt. Dennoch sind Fehler nicht ganz auszuschließen.

Aus diesem Grund sind die in diesem Buch enthaltenen Darstellungen und Daten mit keiner Verpflichtung oder Garantie irgendeiner Art verbunden. Autoren und Verlag übernehmen infolgedessen keine Verantwortung und werden keine daraus folgende oder sonstige Haftung übernehmen, die auf irgendeine Art aus der Benutzung dieser Darstellungen oder Daten oder Teilen davon entsteht.

Dieses Werk ist urheberrechtlich geschützt.

Alle Rechte, auch die der Übersetzung, des Nachdruckes und der Vervielfältigung des Buches oder Teilen daraus, vorbehalten. Kein Teil des Werkes darf ohne schriftliche Einwilligung des Verlages in irgendeiner Form (Fotokopie, Mikrofilm oder einem anderen Verfahren), auch nicht für Zwecke der Unterrichtsgestaltung – mit Ausnahme der in den §§ 53, 54 URG genannten Sonderfälle –, reproduziert oder unter Verwendung elektronischer Systeme verarbeitet, vervielfältigt oder verbreitet werden.

© 2018 Carl Hanser Verlag München
www.hanser-fachbuch.de
Lektorat: Lisa Hoffmann-Bäuml
Herstellung: Cornelia Rothenaicher
Illustrationen: Barbara Alsleben, Kommunikationstraining, Erlangen
Satz: Kösel Media GmbH, Krugzell
Coverrealisierung: Stephan Rönigk
Druck und Bindung: Hubert & Co GmbH und Co KG BuchPartner, Göttingen
Printed in Germany

Vorwort

Bewusst leben heißt „Entscheidungen treffen".

Was wollen wir im Leben? Wie handeln wir richtig? Wie können wir uns gut entscheiden? Welcher berufliche Weg passt zu uns, der der Fachexperten oder der der Führungskräfte? Worauf sollten wir achten, wenn wir eine Führungsposition einnehmen, und wie gestalten wir diese sinnvoll? Diese und ähnliche Fragen hörte ich in meiner Trainertätigkeit immer wieder von Nachwuchs- und jungen Führungskräften. Gleichzeitig beobachtete ich bei meinen Kunden, dass viele erfahrene und hervorragende Führungskräfte, mit denen ich über Jahre zusammenarbeitete, nur noch wenige Jahre beruflich tätig sein werden. Es handelt sich dabei um faszinierende Führungskräfte mit dem Herzen am rechten Fleck, Menschen, die in ihren Organisationen viel bewegten und bewegen und dabei ihre Mitarbeitenden stets wertschätzend im Blick haben.

Deren wertvollen Erfahrungsschatz will ich in diesem Buch für junge und angehende Führungskräfte zugänglich machen, insbesondere mit dem Fokus auf den erfolgreichen Start als Führungskraft. Inspiriert hat mich dabei das Interviewformat beispielsweise mit Altkanzler Helmut Schmidt in der *Zeit*, in dem die verschiedensten Themen locker, leicht und schnell zu lesen waren. Als Vertreter des „konstruktivistischen Lernens" bin ich überzeugt, dass wir über Geschichten, fragmentarische Erzählungen und Begegnungen sehr nützliche Lernimpulse erhalten. Deshalb begegnen Ihnen im Buch die Erfahrungen der interviewten Führungskräfte themenbezogen und ausführlich im abgedruckten Interview.

Mein ausdrücklicher Dank gilt meinen Interviewpartnerinnen und -partnern für die Gespräche und ihr Einverständnis zur Veröffentlichung.

Zudem danke ich all jenen Nachwuchskräften aus den Unternehmen BMW Group und E-T-A GmbH sowie den Trainees der Diehl Gruppe, die mir ihre Fragestellungen und Anliegen im Vorfeld des Buches nannten.

Mein besonderer Dank gilt meiner Trainerkollegin Barbara Alsleben, die mit ihren Illustrationen die Inhalte kreativ untermalte.

Ihnen, liebe Leserin und lieber Leser, wünsche ich ein inspirierendes und gewinnbringendes Leseerlebnis, um den Weg als Führungskraft leichter und vor allem bewusst zu gehen und erfolgreich gestalten zu können.

Wolfgang Holl
Nürnberg, Herbst 2017

Inhalt

Vorwort.. V

1 Worum geht es?.. 1

2 Was heißt „Führungskraft"?............................ 7
   2.1 Der Sinn von Führung.............................. 7
   2.2 Der Name ist Programm............................. 10

3 Notwendige Kompetenz.................................. 15
   3.1 Angeboren, erlernbar, planbar..................... 15
   3.2 Was Unternehmen erwarten.......................... 18
   3.3 Stärken und Schwächen kennen...................... 24
      3.3.1 Big Five.................................... 25
      3.3.2 StrengthsFinder............................. 26
      3.3.3 persolog Persönlichkeits-Modell............. 27
      3.3.4 Die fünf Antreiber.......................... 30

4 Werte: Wandel und Bedeutung........................... 33
   4.1 Generation X, Y und Z in der VUKA-Welt............ 34
   4.2 Werte: Basis von Entscheidungen................... 39

5 Was Sie vermeiden sollten............................. 41
   5.1 Fettnäpfe und No-Gos.............................. 41
   5.2 Verführungen...................................... 47

6 Motivierende Teamarbeit und Vertrauen schaffendes Miteinander 51

6.1 Teams steuern 52
    6.1.1 Phasen der Teamarbeit 53
    6.1.2 Forming: Wir lernen uns kennen (Phase 1) 54
    6.1.3 Storming: Wir kämpfen (Phase 2) 56
    6.1.4 Norming: Wir organisieren miteinander (Phase 3) 59
    6.1.5 Performing: Wir leben eine gemeinsame Kultur des Gelingens (Phase 4) 60
    6.1.6 Adjourning: Wir verabschieden uns (Phase 5) 62
6.2 Motivierung, Motivation, Vertrauen 63

7 Entscheiden, Loben, Konfrontieren 73

7.1 Zwischen Denkfehlern und rationalen Überlegungen 73
7.2 Loben und Kritisieren 77

8 In Balance bleiben 83

8.1 Bilanz ziehen 83
8.2 Spagat zwischen Arbeits- und Privatleben 87
8.3 Sich treu bleiben und Grenzen setzen 90

9 Die Interviews 93

9.1 Klaus Brück – Leitung Konsumforschung 94
9.2 Doris Feurstein – Leitung Altenheim 101
9.3 Franz Jenewein – Institutsleitung Weiterbildung 107
9.4 Jörg Machek – Leitung Patentprüfung Software 116
9.5 Heinz Meck – Leitung Produktion 124
9.6 Günter Murmann – CEO Automotivunternehmen 131
9.7 Albrecht Proebst – Leitung Kaufmännische Abteilung 141
9.8 Melanie Schillinger – Leitung Finanzen & Shared Services 150
9.9 Dieter Tremp – Leitung Verlag und Messewesen 159
9.10 Gabriele Zange – Leitung Personal 168

10 Ergänzende Interviews 177

10.1 Norbert Coors – Führungskräfteentwickler 177
10.2 Peter Martin Thomas – Jugendforscher 182

11 Nachwort 185

12 Literaturempfehlungen 187

13 Fragebogen: Unsere „Antreiber" – innere Motivatoren 189

14 Der Autor 193

1 Worum geht es?

 Stimmen aus der Praxis

„Wenn ich jünger wäre, würde ich sagen, das ist ein geiler Job! Es ist ein toller Job mit Verantwortung für Menschen, wenn man Menschen mag, und in einem System, in dem Menschen arbeiten, Menschen gemeinsam zum Erfolg zu bringen als Team." (Klaus Brück)

„Einfach authentisch zu sein und sich nicht verbiegen." (Doris Feurstein)

„Das Schlimmste ist es als Führungskraft, wenn man seine eigene Persönlichkeit verliert oder in der Aufgabe aufgeht." (Franz Jenewein)

„Im Allgemeinen weiß der Arbeitnehmer oder der Shopfloorworker besser Bescheid über sein Fachgebiet als die Führungskraft. Hör ihm zu und vertrau ihm." (Jörg Machek)

„Zuhören, was wollen mir die Leute sagen. Sich mit den Gedanken vertraut machen und dann erst mitreden, entscheiden ... egal, ob es sich um Mitarbeiter oder Kollegen handelt." (Heinz Meck)

„Die Mitarbeiter müssen sagen können: Ich bin froh, diese Führungskraft zu haben, ich kann mich auf sie verlassen und ihr vertrauen. Vertrauen ist ganz wichtig." (Günter Murmann)

„Also Neugierde aufs Leben, auf die Zukunft, aber auch die Neugierde auf die anderen Menschen ... dann hat man da auch eine gute Basis." (Albrecht Proebst)

„Lerne, dich selbst zu führen, dann kannst du andere führen." (Melanie Schillinger)

„Sei du selbst, arbeite hart, sei immer ehrlich, respektiere deine Kollegen, Kunden, Zulieferer. Trenne nicht Arbeit vom Rest des Lebens, sondern suche die Harmonie, die dich in allem wachsen lassen kann." (Dieter Tremp)

„Führungskraft sein heißt, eine Haltung zu entwickeln, die sich in den Dienst für andere stellt und nicht im Narzissmus endet." (Gabriele Zange)

Die Basis dieses Werks bilden Interviews mit diversen erfahrenen Führungskräften, und so lauten die Antworten auf die Frage „Was soll angehenden bzw. jungen Führungskräften mit auf den Weg gegeben werden?". Was ist Ihnen wichtig? Was spricht Sie sofort an und warum? Welches Zitat möchten Sie selbst einmal sagen? Und welches Vermächtnis möchten Sie in Zukunft einmal weitergeben? Diese Fragen sollten Sie bei der Lektüre des Werks begleiten. Halten Sie immer wieder inne und fragen Sie sich: „Wo stehe ich, wo will ich hin? Was werde ich beachten?"

Zum Thema Führung und Management finden Sie mittlerweile viel Literatur. Bis heute gibt es in der Wissenschaft allerdings keine allgemeingültige Führungstheorie. Tatsächlich ist eine Theorie auch selten Grundlage einer Lebensentscheidung. Entscheidungen und Weichenstellungen im Leben ereignen sich sehr individuell, basierend auf unseren bewussten und unbewussten Erfahrungen und Motiven, die zu unserer sowohl „einzig-artigen" wie auch „eigen-artigen" Persönlichkeit gehören.

Dieses Werk gibt Ihnen in Ihrer Anfangsphase als Führungskraft Erfahrungen und Handwerkszeug an die Hand, zeigt Ihnen, was wichtig ist und auch wo sich die größten Stolperfallen verbergen, und zwar basierend auf Interviews mit erfahrenen Führungskräften aus verschiedenen Branchen. Sie werden Originalaussagen lesen, wie diese unterschiedlichen Führungskräfte zu ihren Führungsrollen kamen, wie es ihnen als junge Führungskräfte erging, was ihnen die Führungsrolle gab und was sie sie kostete.

Das Besondere an den Interviewpartnerinnen und -partnern ist, dass sie erfolgreiche Führungskräfte aus der mittleren bis oberen Führungsebene sind, sowohl von mittelständischen Unternehmen als auch aus Großunternehmen, also keine unerreichbaren fernen „Lichtgestalten" wie Steve Jobs oder Bill Gates. Die ausgewählten Führungskräfte haben oder hatten Positionen inne, die von Ihnen als Nachwuchskraft durchaus angestrebt werden können. Jede der genannten biografischen Erfahrungen – so fragmentarisch sie auch sein mögen – bietet Ihnen „Resonanzmuster" für ein Abwägen und Abstimmen Ihrer Entscheidung auf rationaler und emotionaler Ebene.

Im ersten Teil dieses Buches finden Sie zum einen viele relevante Themen und Fragestellungen. Die Auswahl dieser relevanten Themen und Fragestellungen basiert auf den Antworten der Interviewten. So wird beispielsweise weitgehend auf die Darstellung unterschiedlicher Führungsstile verzichtet, da diese anscheinend in der Praxis für die interviewten Führungskräfte nicht die wesentliche Rolle spielten. Sie erhalten Einblick in die Anforderungsprofile und Kompetenzbeschreibungen, wie sie in Unternehmen existieren. Als langjähriger Trainer von Nachwuchskräften, Trainees und angehenden Teamleitern erlebe ich, dass insbesondere die Vertreter der sogenannten Generation Y (Jahrgänge 1980 und jünger) relativ früh Kosten und Nutzen eines beruflichen Weges abwägen. Auch auf die **WHID-Frage** „**W**as **h**abe **i**ch **d**avon, Führungskraft zu sein?" gibt Ihnen dieses Buch Antworten. Zum anderen erhalten Sie zahlreiche konkrete Empfehlungen für Ihr Verhalten als angehende bzw. neue Führungskraft. Sie lesen von Dos and Don'ts zu Beginn Ihrer Tätigkeit, von Steuerungsmöglichkeiten in Ihrer Teamarbeit und dem konstruktiven Weg, Mitarbeitende zu motivieren und zu konfrontieren.

Im zweiten Teil dieses Buches können Sie die verschiedenen Interviews ausführlich lesen. Ich habe bewusst Führungskräfte aus verschiedenen Branchen gewählt, damit Sie einen Einblick in verschiedene Bereiche erhalten: Produktion, Marktforschung, Personalwesen, Pflegemanagement, Bildungswesen und Verwaltung.

Kleiner Leitfaden zum Lesen für die unterschiedlichen Lese- und Lerntypen

Kennen Sie Ihren Lese- und Lernstil? Sind Sie Aktivist, Reflektor, Theoretiker oder Pragmatiker – oder eine Mischung von zwei oder drei Lernstilen? Mit dem Aufbau des Buches werden alle Lerntypen angesprochen, und so können Sie fokussiert die für Sie wichtigen Themen rasch bearbeiten. Die folgende Darstellung beschreibt in knappen Worten die vier Lernstile nach Peter Honey und Alan Mumford (Gappmaier/Heinrich 1998, S. 50):

- Als **reflektierender Lerntyp** werden Sie die verschiedenen Perspektiven der Interviewpartner nutzen und daraus wie auch aus den praktischen Anregungen und Selbstlerntools ihre Schlüsse ziehen. Ihnen sind auch die Schlüsselfragen am Ende der Kapitel willkommen, um in Ruhe zu reflektieren. Meine Empfehlung: Lesen Sie alles.

- Die **theoretischen Lerntypen** unter Ihnen werden die ersten Kapitel aufmerksam lesen, um die Theorie und Hintergründe von Führung zu erfassen. Da Sie Genauigkeit und Vertiefung suchen, hätten Sie vermutlich gerne noch längere Kapitel. Meine Empfehlung: Verbinden Sie die Zitate der Interviewpartner mit der Theorie und führen Sie bald einen der empfohlenen Selbsttests im Internet durch.

- Die **pragmatischen Lerntypen** unter Ihnen wollen Methoden und Empfehlungen für die Praxis rasch kennenlernen und ausprobieren. Meine Empfehlung: Lesen Sie am besten nur die Hotspots am Anfang der Kapitel und vor allem die Kapitel 5 bis 7 mit den Praxisempfehlungen zur Teamsteuerung und Kommunikation und setzen Sie die interessanten Empfehlungen rasch um.

- Als **aktiver Lerntyp** wollen Sie unvoreingenommen neue Erfahrungen machen und auch spontan etwas ausprobieren. Meine Empfehlung an Sie: Sobald Sie beim Lesen auf eine Aufgabe oder einen Fragebogen stoßen, füllen Sie diese gleich aus. Lesen Sie auch Interviews von Führungskräften, die aus anderen Branchen kommen. Diese geben Ihnen Inspiration.

Alle **Mischtypen** nehmen sich am Ende des Lesens einfach Zeit, ihre *WHID-Frage* für sich zu beantworten, und dies selbstreflektierend kritisch mit ein oder zwei Freunden vertiefend zu besprechen.

Literatur

GAPPMAIER, M.; HEINRICH, L. J.: *Geschäftsprozesse mit menschlichem Antlitz*, Universitätsverlag Rudolf Trauner, Linz 1998

2 Was heißt „Führungskraft"?

Hotspot

In diesem Kapitel erhalten Sie einen Überblick über Sinn von Führung und den Aufgaben von Führungskräften, basierend auf einem Querschnitt der Managementliteratur.

- Führungskräfte haben die Aufgabe, in der Arbeitswelt Menschen zu bewegen, um gewollte und angestrebte Ergebnisse zu erzielen.
- Führung findet sowohl auf der Sachebene (Managing Business) als auch auf der Beziehungsebene (Leading People) statt.
- Führung kann mit disziplinarischer Weisungsbefugnis (vertikal) oder ohne Weisungsbefugnis (lateral) stattfinden.
- Die Begriffe „Management" und „Führung" werden oft gleichgesetzt, doch nicht jeder Manager ist auch eine Führungskraft.
- Die zunehmende Digitalisierung fordert eine „Führung 4.0".

■ 2.1 Der Sinn von Führung

Stimmen aus der Praxis

„Es ist mir eine Herzensangelegenheit, zu vermitteln, Führen ist echt ein toller Job. Es ärgert mich immer wieder, dass Führung so negativ dargestellt wird. Wenn ich jünger wäre, würde ich sagen, das ist ein geiler Job! Es ist ein toller Job mit Verantwortung für Menschen, wenn man Menschen mag, und in einem System, in dem Menschen arbeiten, Menschen gemeinsam zum Erfolg zu bringen als Team." (Klaus Brück)

„Führung soll in erster Linie eine Orientierung vermitteln. Sie soll Leitplanken aufzeigen, in denen sich der Mitarbeiter dann bewegen kann, also wie auf einer großen Straße bewegen kann. ... Und idealerweise spielt auch das Thema Vision eine Rolle. Wo geht's eigentlich hin?" (Albrecht Proebst)

> *„In Kooperation mit fair verteilten Befugnissen einer Gruppe von Mitarbeitern zum erfolgreichen Erreichen gemeinsamer Ziele zu verhelfen."* (Dieter Tremp)
> *„Sinn und Ziel von Führung ist, die Mitarbeiter dazu zu bewegen, ihr Bestes zu tun, um ihre Arbeit im Sinne der Organisation zu erledigen."* (Jörg Machek)

Welches Bild haben Sie von einer Führungskraft? Welches Bild haben Sie von der Führungsrolle, wie Sie diese leben wollen? Vermuten Sie, dass Sie „führungstauglich" sind?

Führungskraft ist der wichtigste Massenberuf in unseren entwickelten Gesellschaften geworden. Der Schweizer Managementvordenker Prof. Fredmund Malik beschreibt dies leicht provokant mit dem Hinweis, dass unsere heutige Gesellschaft mit der Vielzahl an Organisationen nur überleben kann, wenn es darin „gute" Führung und „gutes" Management gibt. Zwischen 5 und 25 % der arbeitenden Bevölkerung in einem entwickelten Land können wir als Führungskräfte bezeichnen – auch wenn sich viele von ihrem Selbstverständnis her so nicht sehen würden (Malik 2014, S. 61).

Vielleicht waren Sie bis vor Kurzem Kollege oder Kollegin in Ihrem Team oder Ihrer Abteilung und sind nun die Teamleitung oder Abteilungsleitung. Wozu werden Sie gebraucht in dieser Rolle, was ist Ihr Auftrag? Aus den Zitaten können Sie herauslesen, dass Sie als Führungskraft immer auf zwei Ebenen agieren:

- *Sachebene*: die Ziele, die Prozesse, die Finanzen bzw. „Managing Business".
- *Beziehungsebene*: der Kontakt zu Mitarbeitenden und der Einfluss auf diese bzw. „Leading People".

Wenn wir Ihren Führungsauftrag eher „systemisch" betrachten, dann können wir den Sinn von Führung mit zwei anderen Dimensionen beschreiben:

- *Verbindungsdimension*: Sie sorgen dafür, dass alle relevanten „Spieler" zum Erreichen des Auftrages in der Organisation und den relevanten Umwelten miteinander in Verbindung bleiben, Ihre Mitarbeitenden, Ihre Schnittstellen, Ihre Kunden, Ihre Lieferanten.
- *Entscheidungsdimension*: Sie bearbeiten die vorhandenen und immer häufiger auftauchenden Aspekte von Komplexität. Dabei treffen Sie immer wieder Entscheidungen (Seliger 2008, S. 33).

Dies ist Ihr Auftrag, das ist der Sinn von Führung. Auf beiden Ebenen und in beiden Dimensionen gilt es, zu steuern. Keine Ebene, keine Dimension ist besser oder schlechter. Welche Ebene, welche Dimension Sie beim Start mehr fordert, liegt daran, wie Sie die Prozesse und Strukturen schon kennen und ob Sie die Menschen schon kennen – und ob Sie sich selbst schon gut kennen. Welche Ebene und welche Dimension Ihnen generell leichter oder schwerer fallen, liegt an Ihren Kompetenzen und Ihrer Kernpersönlichkeit. Diese können Sie mithilfe von Persönlichkeitstests erkennen, von denen Sie im folgenden Kapitel einige pragmatische Modelle finden.

Reflexion

- Wie stark spüre ich meine Energie und Zufriedenheit, wenn ich im Kontakt mit anderen etwas gemeinsam gestalte (eher „beziehungs- und verbindungsorientiert")?
- Wie zufrieden und erfüllt bin ich, wenn ich komplexe Aufgaben und Dinge bearbeiten und lösen kann (eher „aufgaben- und entscheidungsorientiert")?

Der Sinn von Führung liegt darin, dass Sie auf beiden Ebenen (Beziehungs- und Sachebene) und in beiden Dimensionen (Verbindungs- und Entscheidungsdimension) wirksam werden und jene Wirkung erzeugen, die den Auftrag Ihrer Gruppe und den Auftrag Ihrer Organisation unterstützt. Um dies zu erreichen, handeln Sie mit der typischen Aufgabe von Führungskräften, Sie entscheiden.

Die Kunst in unserer „4.0-Welt" ist es, als Führungskraft das passende Maß zu finden, mit dem Sie Ihre Mitarbeitenden zum einen einbeziehen und beteiligen und zum anderen als Führungskraft alleine entscheiden. Der „Charme" der Führung liegt darin, gestalten und entscheiden zu können. Dies sollte Ihnen beim Start in Ihre Führungsrolle bewusst sein. Wie gerne wollen Sie und können Sie Entscheidungen treffen und auf welcher Ebene fallen Ihnen Entscheidungen leicht, wo schwer? Wie gut können Sie auf Menschen hören und diese einbeziehen? Mitarbeitende wollen gefragt, gehört, einbezogen sein, ihren Beitrag leisten und Einfluss haben – wesentliche Aspekte der Motivation. Die Mitarbeitenden wollen aber dennoch, dass ihre Führungskraft dann Entscheidungen trifft, wenn es zur Rolle der Führungskraft gehört.

Eine zentrale Aufgabe von Führung heißt, Entscheidungen zu treffen und dabei das richtige Maß zwischen Mitarbeitereinbeziehung und Alleingängen zu finden: Treffen Sie keine Entscheidungen alleine, besteht die Gefahr, dass Ihnen Führungsschwäche unterstellt wird. Beziehen Sie Ihre Mitarbeitenden zu wenig ein, werden diese demotiviert und auch unfähig sein, verantwortungsvoll und flexibel zu handeln.

Sich selbst erfüllende Prophezeiung: Das Gegenüber verhält sich so, wie es von ihm erwartet wird. Je mehr Freiräume Sie Ihren Mitarbeitenden geben, desto eher werden diese Eigenverantwortung und Kreativität entwickeln – beides Voraussetzungen, um die ansteigenden komplexen Herausforderungen unserer globalisierten Wirtschaftswelt erfolgreich bewältigen zu können.

Daneben ist eine wesentliche Aufgabe von Führungskräften, Orientierung zu geben und Sinn zu stiften. Produktionsleiter Heinz Meck resümiert am Ende seiner Laufbahn: „Die Leute zu motivieren sehe ich als eine der ureigensten Fähigkeiten, zu welcher ich als Führungskraft in der Lage sein muss. ... Die Leute müssen erkennen und erklären können: ‚Das macht Sinn.'" Motivation erleben wir psychologisch am nachhaltigsten, wenn ein Mensch sagen kann: „Das macht für mich Sinn."

Wenn Sie als Teamleiter in der Produktion z. B. an einem Donnerstag Ihren Mitarbeitenden erklären sollen, dass am Samstag eine Sonderschicht eingelegt werden muss, dann werden Ihre Mitarbeitenden vermutlich (halbwegs) motiviert sein, wenn ihnen der Sinn, der Hintergrund, der Kontext der kurzfristig angesetzten Zusatzschicht deutlich wird.

Fußballnationaltrainer Joachim „Jogi" Löw hat zur Fußballweltmeisterschaft 2014 mit anderen Worten diese moderne Führungsauffassung formuliert: „Das Verständnis und die Definition von Führung haben sich in den vergangenen Jahren entscheidend geändert, nicht nur im Sport, sondern auch in der Wirtschaft. Die Zeit von Befehl und Gehorsam ist vorbei. Die Kommunikation von mir und den Spielern muss transparent und nachvollziehbar sein. Die Spieler wollen zu Recht die Gründe kennen, unsere Ziele sollen auch ihre sein" (Joachim Löw, *Welt am Sonntag* 23/2014). Dies ist eine Grundhaltung, die Ihnen eine erfolgreiche Führung ermöglichen wird.

Im Vorgriff auf Kapitel 5 sei erwähnt, dass Sie sich am Start davor hüten sollten, sofort und jeden Ihrer neuen Mitarbeitenden mit scheinbar sinnstiftenden Vorträgen zu überschütten. Am Anfang ist wichtig, dass Sie zuhören und lernen, die Perspektiven der Mitarbeitenden zu verstehen, um die Sachverhalte und das Beziehungsgeflecht im Team zu erkennen und die Schnittstellendynamiken zu erfassen, die auf Ihr Team wirken. Jene Einflüsse von internen oder externen Schnittstellen werden zunehmend schneller, komplexer, sodass die Führungskraft als Unterstützung gebraucht wird.

 Eine Führungskraft muss neben der Fähigkeit, Entscheidungen treffen zu können, auch Sinn vermitteln und Orientierung geben.

■ 2.2 Der Name ist Programm

Die Begriffe „Manager" und „Führungskraft" werden häufig synonym verwendet, obwohl sie sich in den zugrunde liegenden Kompetenzen etwas unterscheiden. Führung ist ein Teilbereich des Managements. Eine Führungskraft führt Menschen, nicht jeder Manager führt Personen. Ein Key Account Manager oder ein Chefeinkäufer z. B. haben selten große Teams zu führen oder gar keine Mitarbeitenden, und doch haben sie eine hohe Wirkung im Management des Unternehmens.

Mit dem Begriff „Chef" verbinden viele Menschen eine Person, die im beruflichen Alltag typischerweise das Sagen und die Macht hat sowie die Verantwortung trägt. Dieser Begriff transportiert auch ganz typische Bilder: Er wirkt antiquiert und autoritär besetzt im Sinne von „der Chef schafft an", „der Chef sagt an". Im Vordergrund steht also die hierarchische Dimension von Führung. Daher passt der Begriff für die Führungskräfte der heutigen Zeit nicht mehr, wie schon Jogi Löw treffend beschrieb.

Wir benötigen Personen, die entscheiden, die Verantwortung tragen, die auch klare Orientierung vorgeben können – die dabei aber auch den Raum lassen für Fragen, kritische Einwände, Dissens und Beteiligung. Diese Führungshaltung braucht unsere komplexe Welt, und dafür passt der deutsche Begriff „Führungskraft" weit besser als der Begriff „Chef". Denn Worte schaffen auch Realitäten! In dem Begriff „Führungskraft" sind die dynamischen Begriffe „Führung" und „Kraft" verbunden. Führung und Kraft lösen im Sprachzentrum des Gehirns meistens positive und zuversichtliche Emotionen aus. Das erreichen keine Wörter wie „Manager" oder „Chef".

 Eine „Führungskraft" ist eine Person, die in einem Unternehmen bzw. einer Organisation mit Aufgaben der Personalführung betraut ist.

Die klassische, vertikale Führungsrolle beinhaltet:
- Orientierung geben,
- Arbeitseinsatz planen und koordinieren, Regeln vereinbaren,
- Anstellung von Mitarbeitenden und die Fürsorgepflicht für diese,
- Arbeitsleistungen beurteilen und Mitarbeitende entwickeln.

Neben dieser vertikalen Führungsrolle mit Weisungsbefugnis gibt es seit einigen Jahrzehnten auch die Führungsrolle ohne Weisungsbefugnis, die sogenannte „laterale Führung" (lateinisch latus, „Seite"). Was heißt das? Vielleicht sind Sie soeben Projektleiter in einem sogenannten crossfunktionalen Projektteam einer Matrixorganisation geworden oder Linienverantwortlicher in einer Produktionslinie oder Fachverantwortliche in einer Finanzabteilung als rechte Hand Ihrer Führungskraft. In diesen lateralen Führungsrollen spielen Verständigung und Vertrauen zu den Mitarbeitenden eine herausragende Rolle, da die klassische disziplinarische Macht nicht gegeben ist. Sie brauchen mehr „kreative oder schöpferische Macht", um die Ihnen zugeordneten Mitarbeitenden zu führen. Sehr viele junge Mitarbeitende erhalten diese Rolle als ihre erste Führungsrolle. Manche von uns kennen diese aus der privaten Welt, wo wir z. B. als Schülersprecher oder Jugendleiterin schon tätig waren.

In Unternehmen ist die laterale Führungsrolle oft die Vorstufe der klassischen, vertikalen Führungsrolle. Die laterale Führungsrolle kann auch wieder nach einer vertikalen Führungsrolle kommen, wenn in einem Großprojekt eine erfahrene Führungskraft als Projektleitung für einen längeren Zeitraum gebraucht wird. Diese laterale Führung eines Großprojekts können wir als das „Salz in der Suppe" von Führung bezeichnen, als die besondere Herausforderung für Führungskräfte.

Damit sind die beiden wesentlichen Führungsrollen kurz beschrieben. Wie sie praktisch ausgeführt werden, wird seit Jahrzehnten immer wieder mit neuen Führungskonzepten und einhergehenden Wortschöpfungen beleuchtet. Belesene Kollegen könnten Sie provokant fragen: „Und nun, willst du agil, positiv, transformational oder als Führungskraft 4.0 führen?" Das sind nur ein paar Begriffe, die Ihnen in der neueren Literatur begegnen können. Die digitale Transformation wird Organisationen und die Arbeitsgestaltung erheblich verändern und damit auch die Anforderungen an die Führungskräfte, was eine neue Deutung von Führung erforderlich macht, die „Führung 4.0". Die zentralen Veränderungen für die Führungskraft werden laut einer Studie der TU München (Schwarzmüller/Brosi/Welpe 2017, S. 4) insbesondere sein:

- Förderung der Eigenverantwortung und Autonomie bei Mitarbeitenden und Abgabe von Macht an Mitarbeitende,
- stärkeres beziehungsförderndes Verhalten, Orientierung an den Talenten der Mitarbeitenden und deren Coaching und Vernetzung,
- agiles Führen, Veränderungsmanagement und Führen auf Distanz.

An dieser Stelle soll der agile Führungsansatz, einer der jüngeren Ansätze, kurz entfaltet werden. Unsere Arbeitswelt wird schneller und komplexer, noch nie haben Menschen über Orts- und Zeitgrenzen so vernetzt miteinander gearbeitet. Die Unternehmen müssen flexibel und anpassungsfähig in dieser Welt agieren und sich von langfristigen Planungen verabschieden. Einher geht eine Verunsicherung,

wie wir sie z. B. aktuell in der Debatte um Dieselmotoren und autonomes Fahren erleben. Das Risiko von „einsamen Entscheidungen" ist größer als früher. Einsame Entscheidungen können die junge konsensorientierte, demokratisch geprägte und durch das Internet auf Austausch erprobte junge Generation jedoch demotivieren und ausladen. Daher wird seit einigen Jahren dafür plädiert, dass die Führungskraft ein „Shared Leadership" praktizieren soll, eine „agile Führung". Nach diesem Prinzip nimmt die Führungskraft nicht mehr die Rolle des einsamen Entscheiders ein. Sie versucht, mit den Mitarbeitenden zu gemeinsamen Entscheidungen zu kommen, um auf die sich immer wieder wandelnden Rahmenbedingungen flexibel und dynamisch Einfluss zu nehmen. Diese konstruktive Form der „geteilten Führung" macht vor allem dann Sinn, wenn ein Team komplexe Aufgaben mit mehreren Zielen zu bearbeiten hat und das Team eine stabile Zusammensetzung der Teammitglieder hat (Wegge/Rosenstiel 2014, S. 357). Dann wird die Führungsrolle eher beratend ausfallen. Beispielhaft erzählt Jörg Machek die Einbeziehung seiner Mitarbeitenden bei komplexen Patentprüfungen: *„Ich hab dann in Kleingruppen mit Fishbowls (Innenkreis-Außenkreis-Methode) oder ähnlichen Methoden wichtige Themen angesprochen ... Nach solchen gruppendynamischen Besprechungen war es dann immer relativ einfach, eine vernünftige, sinnvolle Entscheidung zu treffen."*

 Als agile Führungskraft moderieren und integrieren Sie die verschiedenen Ideen im Team und müssen lernen, loszulassen und der Selbstorganisationsfähigkeit Ihres Teams zu vertrauen sowie die Fähigkeiten der Selbstführung Ihrer Teammitglieder zu fördern und zu fordern.

Wirksame Führungskräfte haben letztendlich immer schon agil geführt. Der Bedarf dafür wächst jedoch in unserem digitalisierten Zeitalter.

Ob Sie nun vertikal oder lateral führen, ob Sie als Teamleiter oder Abteilungsleiterin, als Manager oder Leader, als Direktorin oder Projektleiter, als Stationsleitung oder Institutsleitung bezeichnet werden, Sie führen immer Menschen in einer Organisation, um Ergebnisse und Erfolge zu erreichen. Wenn Sie diesen Weg gehen wollen, dann gehen Sie ihn bewusst.

Schlüsselfragen

- Welches Bild habe ich von den Begriffen „Führungskraft", „Manager", „Chef"?
- Welche Führungskräfte haben für mich den Sinn von Führung hochwirksam und beispielhaft gelebt, was würde ich auch so machen?
- Von welchen Führungskräften könnte ich lernen, was unbedingt zu vermeiden ist?
- Welche Herausforderungen sehe ich in meinem Unternehmen auf Führung zukommen?
- Inwieweit kann ich mir vorstellen, agil zu führen?

Literatur

LÖW, J.: „WM Spezial", in: *Welt am Sonntag* 23/2014, S. 21

MALIK, F.: *Führen, Leisten, Leben*, vollständig überarbeitete Fassung, Campus Verlag, Frankfurt am Main 2014

SCHWARZMÜLLER, T.; BROSI, P.; WELPE, I.: „Führungskraft 4.0 – Wie die Digitalisierung die Führung verändert", Technische Universität München, München 2017

SELIGER, R.: *Das Dschungelbuch der Führung*, Carl-Auer Verlag, Heidelberg 2008

WEGGE, J.; ROSENSTIEL, L. V.: „Führung", in: Schuler, H.; Moser, K.: *Lehrbuch Organisationspsychologie*, Verlag Hans Huber, Bern 2014, S. 315–368

3 Notwendige Kompetenz

Hotspot

In diesem Kapitel erfahren Sie, welche Kompetenzen von einer Führungskraft gebraucht werden und mit welchen Verfahren Sie Ihre Stärken und Schwächen gut kennenlernen können:

- Führen ist ein Beruf, der gelernt werden kann und muss.
- Unternehmen erwarten Befähigungen/Kompetenzen, die sich fokussieren lassen auf: „Managing Business" – „Leading People" – „Leading Yourself".
- Die Interviewpartnerinnen und -partner nannten folgende Fähigkeiten, die eine gute Führungskraft ausmachen:
  - die Fähigkeit, zu reflektieren,
  - den Sinn von Aufgaben zu vermitteln,
  - den Mitarbeitenden zuzuhören und zu vertrauen,
  - Einfühlungsvermögen und Perspektivenwechsel.
- Die Karriere ist zum Teil planbar, wenn die eigene Richtung bekannt ist.
- Es gibt Grundsätze, die eine Führung erfolgreich werden lassen.
- Vier Persönlichkeitstools zeigen Ihnen Ihre Stärken und Schwächen.

■ 3.1 Angeboren, erlernbar, planbar

Stimmen aus der Praxis

„Sicher ist diese Kompetenz erlernbar – in gewissen Grenzen. Jeder kann schwimmen lernen, aber das heißt nicht, dass jeder ein Michael Phelps ist. Seine eigenen Grenzen zu ertasten und anzuerkennen ist nützlich und wichtig." (Dieter Tremp)

> *„Führungskompetenz hat man oder man hat sie nicht, das kann man nicht erlernen, das ist zumindest meine Meinung."* (Günter Murmann)
>
> *„Den Umgang mit Menschen, den kann man sehr wohl lernen, und da habe ich sehr viel gelernt. Führungskompetenz ist ausbaubar. Wer die Fähigkeit nicht besitzt, kann es aber nicht erlernen. ... Rückblickend denke ich, dass Karriere zu Teilen planbar ist, und damit geht der Weg nach oben auch schneller."*
> (Melanie Schillinger)
>
> *„Es war schon sehr viel Fügung und sehr viel Glück. Und schon dass die richtigen Menschen mir begegnet sind."* (Doris Feurstein)
>
> *„Die Planung war schon beim Einstieg in diese Aufgabe ein wichtiges Kriterium."*
> (Franz Jenewein)
>
> *„Hier gelten die Sprichwörter 'Du musst zum richtigen Zeitpunkt am richtigen Ort sein' und 'Du brauchst das Glück des Tüchtigen'. Du musst Glück haben, die richtigen Menschen in deinem Umfeld zu haben. Wenn das nicht passt, ist es vorbei mit der Karriere. Was aber nicht zu vernachlässigen ist, man muss selbst wissen, wohin die Reise gehen soll."* (Heinz Meck)

Als junge und neue Führungskraft nagt vielleicht manchmal die grundsätzliche Frage an Ihnen, ob Sie das „Führungs-Gen" haben, d. h., diese Rolle wirklich leben können. Manche Menschen scheuen sich vor einer Führungsaufgabe, weil sie ein idealisiertes, überhöhtes, zum Teil mystifiziertes Bild von Führung haben. Man müsse quasi eine „Lichtgestalt" sein, um führen zu können. Andere haben einen hohen Anspruch an sich selbst und wollen erst gründlich ausgebildet sein, um führen zu wollen. Für die letzte Gruppe gibt es so gut wie keine Studiengänge oder Ausbildungen zur Führungskraft. Wir lernen diese Rolle meistens über Modelle und Vorbilder oder über Trial and Error, Versuch und Irrtum.

Prof. Fredmund Malik meint, dass Führung bzw. Management ein Beruf ist, den jeder lernen kann. „Management kann ... erlernt werden, aber es muss auch erlernt werden ... und es ist kaum jemandem angeboren" (Malik 2014, S. 56). Er hält einige für talentierter als andere, doch dies ändert nichts an der Notwendigkeit, Management/Führung zu erlernen. Für ihn ist Führung ein Beruf, ein Handwerk wie jedes andere auch. Jeder kann sein Handwerk, seinen Beruf gut und schlecht ausüben, mehr oder weniger wirksam sein.

 Die zentrale Frage lautet: Welche Talente und Stärken bringen Sie für eine Stelle mit und was brauchen Sie noch an Kompetenzen?

Wenn Sie z. B. ein ausgesprochen sach- und aufgabenorientierter Mensch sind, sollten Sie nicht als Teamleitung in ein Servicecenter gehen, wo Kontaktfähigkeit und Einfühlungsvermögen mehr gefordert sind als in einem Prüflabor.

Wichtig ist, dass Sie Ihre Stärken und Schwächen kennen und jene Aufgaben suchen und finden, wo Sie Ihre Fähigkeiten passend einsetzen können. Wesentliche Voraussetzung ist für einen Führungsweg, dass Sie Lust und Neugierde auf Ihre eigene Weiterentwicklung haben und bereit sind, Verantwortung zu tragen. Wenn Sie Neugierde in sich spüren – dann wird Ihr Weg *erfolg-reich* werden, weil *folgenreich*.

Reflexion
- Wie viel „Führungs-Gen" bringen Sie mit? Wie zeigt es sich?
- Wie schätzen Ihre Freunde Ihre Führungskompetenzen ein?
- Wie neugierig sind Sie, Ihr gewohntes Verhalten/Ihre Komfortzone zu verlassen?

Können Sie einen Führungsweg planen? Ist dies zum Start schon planbar? Das Resümee der Interviewten ist eindeutig: Sie sollten die Richtung für sich vorbereiten, aber nicht zu kleinteilig und verbissen. Seien Sie aufmerksam und wach, was auf Ihrem Weg passiert. Die Begegnung mit wichtigen Menschen zum richtigen Zeitpunkt brauchen Sie und werden Sie vielleicht als Zufall, Glück, Fügung empfinden. Doch es ist wie in der Liebe, wenn Sie zu Hause bleiben, klopft die Prinzessin oder der Prinz mit großer Sicherheit nicht an der Tür. Es ist wichtig, dass Sie hinausgehen in die Welt und die Möglichkeiten der Begegnungen erhöhen.

Die stilleren und leiseren Vertreter unter Ihnen brauchen sich aber nicht den Stress antun und sich im Selbstmarketing auf jeder Großkonferenz schweißgebadet zu Wort melden. Es reicht, wenn Sie die kleinen Gesprächsmöglichkeiten nutzen, z. B. in Pausen in kleinen Runden mit relevanten Menschen sprechen. Bilden Sie Netzwerke mit anderen Kolleginnen und Kollegen. Insbesondere in Großunternehmen ist dies im Laufe der Jahre wichtig, um Karrieremöglichkeiten auszubauen. Besuchen Sie Fortbildungen, Konferenzen und Messen, um Kontakte zu knüpfen.

Das Zusammenspiel von Planung und Fügung benennt Klaus Brück nach 30 Jahren Führungserfahrung treffend: *„Das An-sich-Arbeiten kann ich planen, an der Führungsqualität, an der Selbstreflexion. Dann ergibt sich vieles, dann ergeben sich die Chancen, die man einfach nutzen sollte."*

3.2 Was Unternehmen erwarten

Welche Kompetenzen brauchen Sie generell als Führungskraft? In einer Umfrage unter den 600 größten Unternehmen wurden für Führungskräfte eindrucksvolle Managementqualitäten genannt wie „unternehmerisch denken, teambildend, kommunikativ, visionär, international ausgerichtet, ökologisch orientiert, sozial orientiert, integer, charismatisch, multikulturell und intuitiv entscheiden" (Malik 2014, S. 34). Wer kann das alles sein? Dies scheint wenig realistisch zu sein und umschreibt eher eine idealtypische Form von Führung.

Auch als „gewöhnliche" Menschen mit unseren individuellen Stärken und Schwächen können wir lernen, in der Rolle als Führungskraft wirksam zu sein. Auch solche Personen, die sich vielleicht eher zurückhaltend und „leise" erleben und von ähnlichen Anforderungsprofilen wie genannt schon abgeschreckt werden. Für sie ist ein Schritt in Richtung Führung ein echter Schritt aus ihrer Komfortzone. Doch auch „leise Menschen" können Präsenz zeigen und Gehör finden (Löhken 2012), Führung ist möglich und persönliche Entwicklung ist möglich.

Personalleiterin Gabriele Zange zur Eignung als Führungskraft: *„Also ich glaube, es gibt charismatische Führungskräfte. Das sind charismatische Menschen, die schon ziemlich bald eine gewisse Würde in sich haben oder ein gewisses Selbstverständnis, sich selbst kennen. Ich glaube schon, dass es Menschen gibt, die da früher dran sind oder mehr mitbekommen haben. Ich glaube aber auch, dass man Führung lernen kann, weil ich daran glaube, dass Menschen sich entwickeln können."*

Daher sollten Sie einige Erwartungen kennen, die Unternehmen an Führungskräfte stellen. Unternehmen machen sich viel Mühe, die Kompetenzen ihrer Führungskräfte passend zur Kultur des Unternehmens zu beschreiben. Hilfreich sind für Sie deren Kompetenzmodelle, die zum einen Orientierung geben und zum anderen helfen, den Kompetenzbedarf zu klären.

Sie sollten genau wissen, welche Kompetenzen Ihr Unternehmen von Ihnen erwartet, und diese gezielt ausbauen.

Fragmentarisch sind hier einige Modelle genannt. Ein klassisches Kompetenzmodell ist das Vierfeldermodell (Tabelle 3.1).

3.2 Was Unternehmen erwarten

Tabelle 3.1 Vierfeldermodell zur Kompetenzbestimmung

Fachkompetenz	Führungskompetenz
- Profunde und aktuelle Kenntnisse über das eigene Fach - Kenntnisse über die aktuellen Arbeitsprozesse und Strukturen - Grundlegendes Fachwissen zu relevanten Schnittstellen - Betriebswirtschaftliche Grundkenntnisse - Strategisches Wissen, das Ganze im Blick haben - Etc.	- Sinn von Tätigkeiten vermitteln (Ziele, Strategie) - Priorisieren und Entscheiden - Koordination von Aufgaben - Analysemethoden - Problemlösefähigkeiten - Besprechungsmethodik - Teamdynamiken erkennen und steuern - Etc.
Persönliche Kompetenz	**Soziale Kompetenz**
- Selbstreflexion - Eigeninitiative und Selbständigkeit - Belastbarkeit und Frustrationstoleranz - Veränderungsbereitschaft, Neugier und Lust auf Neues - Sicheres Auftreten und Mut - Vertrauen ausstrahlen und Loyalität - Fairness - Sich abgrenzen - Etc.	- Die eigene Rolle klar kommunizieren - Lob, Feedback, Kritik, Beurteilungen geben - Stärken und Schwächen von Mitarbeitenden erkennen - Mit Konflikten umgehen können/Krisen erkennen - Einfühlungsvermögen - Neue Mitarbeitende integrieren - Etc.

- Gehen Sie die vier Felder für sich durch und unterstreichen Sie alle Punkte, in denen Sie über gute Kompetenzen verfügen, wo Sie quasi bereits gut „aufgestellt" sind. Vergleichen Sie das Ergebnis mit den Anforderungsprofilen des Diehl- und des BMW-Kompetenzmodells (siehe nachstehend) sowie den Anforderungen Ihres Unternehmens. Gibt es viele Übereinstimmungen oder tendenziell eher Lücken?
- Holen Sie sich auch die Einschätzung einer Person Ihres Vertrauens ein. Stimmt deren Wahrnehmung mit Ihrer Einschätzung überein? Wo sieht diese Person Ihre Stärken und Ihre Schwächen?
- Markieren Sie nun jene Punkte, die Sie ausbauen möchten und vielleicht auch ausbauen müssen. In welchen Feldern erkennen Sie für sich Entwicklungsbedarf?

Der Nürnberger Technologiekonzern Diehl (ca. 17 000 Mitarbeitende weltweit), ein wie viele andere deutsche Familienunternehmen in der Öffentlichkeit weitgehend unbekannter Global Player, beschreibt die Anforderungen an seine Führungskräfte und Mitarbeitende in seinen fünf Teilkonzernen mit dem **Diehl Kompetenzmodell mit sechs Ringfeldern** (Bild 3.1).

Bild 3.1 Diehl Kompetenzmodell

In dem Diehl Kompetenzmodell wird die Vielschichtigkeit von Kompetenzen deutlich. Kein Ring allein ermöglicht eine erfolgreiche Führung oder Mitarbeit im Unternehmen. Je nach Aufgabe und Auftrag wird der eine oder andere Ring mehr gebraucht. Mit diesem Modell und seinen darin enthaltenen konkreten Verhaltensbeschreibungen bietet das Unternehmen eine gute Orientierung für Führung und Zusammenarbeit. Mit Feedbackprozessen kann immer wieder ein Abgleich zum Stand der Kompetenzen getroffen werden. Für die persönliche Entwicklung und den eigenen Feedbackprozess empfiehlt Führungskräfteentwickler Norbert Coors *„für einen Zeitraum von einem Jahr einen Mentor aus einem crossfunktionalen Unternehmensbereich".*

Die BMW Group beschreibt die Aufgaben ihrer Führungskräfte in seinem **Management Haus** fokussiert mit drei Überbegriffen und den damit erforderlichen Kompetenzen: Managing Business, Leading People und Leading Yourself (Bild 3.2).

Bild 3.2 Management Haus der BMW Group

Die dargestellten Kompetenzprofile geben einen Überblick, welche Erwartungen Unternehmen an eine Führungskraft stellen. Manche Begriffe werden je Firmenkultur unterschiedlich gedeutet. Ob Sie zur Firmenkultur passen, können Sie allerdings nur entdecken, wenn Sie in diese Kultur eintauchen, dies reflektieren und dann herausfinden, was Sie noch ausbauen sollten und wollen.

 Auf die Frage, wie man am besten Führung richtig lernt, antwortet der Führungsforscher Prof. Manfred Kets de Vries der Business School INSEAD in Fontainebleau bei Paris: *„Führung lernt man durch Selbstreflexion ... Man tut Dinge, reflektiert, wie man etwas getan hat, und lernt daraus"* (Kets de Vries 2016).

Was sollten Sie im Führungsalltag reflektieren, damit Sie eine erfolgreiche und wirksame Führungskraft werden und bleiben? Fredmund Malik hat in seinem Klassiker *Führen, Leisten, Leben* sechs Grundsätze wirksamer Führung dargestellt, die in jeder Organisation gelten und erlernt werden können. Diese sind unabhängig von einem eher kooperativen oder eher autoritären Führungsstil gültig, auch wenn zahlreiche Veröffentlichungen eher den kooperativen Führungsstil favorisieren:

- *Resultatorientierung*

  Als Führungskraft schauen Sie darauf, dass Ergebnisse erzielt werden. Ohne Ergebnisse und Zielerreichung kann keine Organisation überleben. Daran werden Sie gemessen. Es können monetäre Ergebnisse sein oder personenbezogene, d. h. zum Beispiel die Auswahl und den Einsatz von Personen. Dieser Grundsatz steht an erster Stelle. Dies mag jene enttäuschen, die eher menschenorientiert sind und hier gerne Mitarbeiterorientierung stehen hätten. Natürlich ist das ein äußerst wichtiger Punkt. Doch eine Organisation kann für Ihre Mitarbeitenden nur wertvoll sein, wenn sie effektiv wirtschaftet. Als Führungskraft haben Sie klar die Verantwortung für die finanziellen Ergebnisse.

- *Beitrag zum Ganzen*

  Sie können Ihren Beitrag und den Ihrer Mitarbeitenden ganzheitlich denken und kommunizieren. Die Geschichte der drei Bauarbeiter zeigt dies plastisch: Alle drei stehen mit ihren Schaufeln in ihren Erdlöchern, heben Erde aus und schwitzen in der Sonne. Auf die Frage, was jeder arbeitet, sagt der erste fluchend: „Ich muss ein Loch ausheben." Der zweite sagt wohlwollend: „Ich arbeite an einem Fundament." Der dritte schließlich strahlt und ruft: „Ich baue an einer Kathedrale." Er hat das Ganze im Blick.

- *Konzentration auf weniges*

  Als Führungskraft sind Sie erfolgreich, wenn Sie sich auf die entscheidenden, nämlich wichtigen Aufgaben konzentrieren. Es geht darum, dass Sie effektiv sind, d. h., das Richtige wählen und tun. Wenn Sie dies auch noch effizient bearbeiten, d. h. richtig bearbeiten, dann sind Sie hochwirksam. Für ein gutes Zeitmanagement ist die Verschriftlichung Ihrer Ziele und Prioritäten unerlässlich.

- *Stärken nutzen*

  Unsere Gesellschaft schaut zunehmend auf Stärken und Gelingen und weniger auf Defizite wie früher. Das ist gut so, denn Sie sind dann hochwirksam, wenn

Sie Ihre Stärken ausbauen und nicht versuchen, Ihre Schwächen zu eliminieren. Der deutsche Fußballtrainer Otto Rehhagel, der mit der griechischen Nationalmannschaft 2004 in Lissabon überraschend Europameister wurde, soll sinngemäß gesagt haben: „Wenn ich einen Spieler habe, der links gut schießen kann, dann werde ich diesen doch nicht auf Rechtsaußen trainieren." Würde er das tun, dann käme ein mittelmäßiger Spieler heraus. Richtig gut werden Sie und Ihre Mitarbeitenden, wenn Sie die Stärken beachten und ausbauen.

- *Vertrauen*

  Diesen Grundsatz nannten alle Interviewpartner als zentrale Empfehlung an alle jungen und neuen Führungskräfte. Dort, wo zwischen Führungskraft und Mitarbeitenden Vertrauen herrscht, kann Motivation entstehen, und die Unternehmenskultur ist im Wesentlichen in Ordnung. Hier spielt Integrität eine wichtige Rolle. Sollten Sie als Führungskraft einen Fehler machen, dann ist es Ihr Fehler, und Fehler der Mitarbeitenden sind nach außen auch Fehler von Ihnen. Sie haben den Rücken Ihrer Mitarbeitenden zu stärken. Und deren Erfolge gehören denen, sonst würden Sie einen „Leistungsdiebstahl begehen".

- *Positiv, konstruktiv denken*

  Was heißt das? Sie gehen nicht mit einer sogenannten „Problemtrance" durch die Welt und sehen nur die Probleme und Hindernisse. Sie haben eher die Denkhaltung der „Lösungstrance" und erkennen eher Chancen und Möglichkeiten in den Prozessen und in der Organisation. Es heißt nicht, dass Sie sich Dinge „schönreden". Es geht darum, eine tiefe Haltung der Lösungsorientierung zu entwickeln. Dies können Sie lernen. Autogenes Training ist hier eine mögliche Denkschule. Die innere Haltung hat in der Welt der Kommunikation ihre Wirkung auf einen selbst und das Gegenüber. Sie erreichen damit förderliche Möglichkeiten und Optionen zum Handeln.

Bringen Sie diese Kompetenzen bereits mit? Oder besteht noch Ausbaubedarf?

Die Interviewpartnerinnen und -partner haben am häufigsten Leading Yourself und Leading People als wichtigste Kompetenzen für langfristige erfolgreiche Führung genannt. Die Ergebniserzielung, also Managing Business, ist für sie eine Selbstverständlichkeit, die eine Führungskraft zwingend zu erfüllen hat. Die Schlüssel für die erfolgreiche eigene Entwicklung und Wirksamkeit erlebten sie eher in der Selbstreflexion und im Kontakt zu den Mitarbeitenden.

Vier zentrale Aspekte des Führungserfolgs:
- die Fähigkeit, zu reflektieren,
- den Sinn von Aufgaben zu vermitteln,
- den Mitarbeitenden zuzuhören und zu vertrauen,
- Einfühlungsvermögen und Perspektivenwechsel.

In diesen vier Aspekten taucht das Fachwissen nicht auf. Die Interviewpartner schätzen das Thema Fachwissen recht ähnlich ein. Es spielt am Anfang eine große Rolle, bleibt insbesondere im technischen Bereich von Bedeutung und nimmt im Laufe der Zeit ab:

Stimmen aus der Praxis

„Das Fachwissen spielt zumindest anfangs eine ganz wichtige Rolle als Führungskraft ... im Laufe der Zeit ist es eine Illusion, anzunehmen, dass du das Fachwissen beibehalten kannst ... Es gibt ja immer die Möglichkeit, die Mitarbeiter zu befragen." (Jörg Machek)

„... mir hat das Fachwissen gerade am Anfang sehr geholfen." (Gabriele Zange)

„Grundsätzlich muss ich wissen, von was ich spreche. Wenn ich vom Inhalt keine Ahnung habe und auch nicht den Anspruch habe, zumindest die Dinge zu verstehen, wird es bei der Akzeptanz bei den Mitarbeitern schwierig." (Melanie Schillinger)

„Das Schöne an einer Karriere ist, dass ‚Fachwissen' an sich immer weniger zählt, je höher man trudelt, sondern dass viele graduell andere Fähigkeiten und Anforderungen in den Vordergrund treten." (Dieter Tremp)

„Fachliche Kompetenz in der Führungsebene eines Betriebes, der technische Produkte herstellt, ist unbedingt erforderlich. Dies gilt selbst für den Mann oder die Frau an der Spitze." (Günter Murmann)

3.3 Stärken und Schwächen kennen

„Am Beginn gehört ein gewisses Feuer, eine gewisse Leidenschaft dazu – im Sinne, ich möchte etwas verändern, ich traue mir das zu, ich möchte meine Ideen umsetzen. Das ist ganz wichtig als Triebfeder." (Franz Jenewein)

Ihr Feuer kann je nach Ihrer Persönlichkeit ganz unterschiedlich sein. Als ruhiger reflektierender Lerntyp z. B. zeigen Sie Ihr Feuer im Stillen. Das heißt, Sie reden weniger über Ihre Vorhaben in großen Runden, sondern Sie sprechen eher in kleinen Runden. Wer Sie kennt, wird merken, wann Sie mit einer gewissen Körperspannung und Stimmlage sprechen, die Energie ausstrahlt. Ein eher extrovertierter innovativer Charakter wird zu Beginn sein Feuer im Bilden und Nutzen von Netzwerken zeigen und durch zahlreiche öffentliche Initiativen Impulse setzen.

Nur wenn Sie Ihre Schwächen und Stärken kennen, können Sie gezielt an sich arbeiten.

Welche „Eigenarten" haben Sie, aus welchem „Holz" sind Sie geschnitzt? Wenn Sie Ihre „eigen-artigen" Stärken und Schwächen besser kennenlernen wollen, dann können Sie verschiedene Selbsteinschätzungsfragebögen von Persönlichkeitsmodellen und Analysetools nutzen. Mittlerweile sind zahlreiche praktische und valide Modelle am Markt. Im Internet finden Sie bereits viele Anbieter und auch Zensoren, die über Wissenschaftlichkeit von manchen Tests streiten oder den Nutzen älterer Verfahren negieren. Die Auseinandersetzung darüber ist wichtig, denn es geht ja um uns!

Nachfolgend finden Sie vier Tools, die sich über Jahre bewährt haben. Diese Tools sind pragmatisch und kostengünstig, manche auch kostenfrei, und Sie können diese relativ einfach und schnell zur Selbsteinschätzung und auch Fremdeinschätzung verwenden.

3.3.1 Big Five

Diese Methode gilt seit Jahrzehnten weltweit als der wissenschaftliche Standard. Sie wurde seit den 1960er-Jahren in den USA entwickelt und im deutschen Sprachraum von Alois Angleitner und Fritz Ostendorf Anfang der 1990er-Jahre an der Universität Bielefeld bestätigt. In zahlreichen Ländern wurden Persönlichkeitstests auf Basis der Big Five entwickelt. Der bekannteste Test ist der „NEO-Personality Inventory (NEO-PI-R)" und umfasst 240 Aussagen zur Selbstbeschreibung (Saum-Aldehoff 2015, S. 41). Bei dieser Methode werden mit einem Fragebogenverfahren fünf Faktoren Ihrer Persönlichkeit ermittelt, sodass Sie für sich ein Koordinatensystem für Ihre Persönlichkeitsstruktur haben. Die Big Five sind:

- Extraversion (Sie konzentrieren sich eher nach außen und auf äußere Dinge und Menschen),
- Neurotizismus (Sie sind eher nervös, grüblerisch und stressanfällig),
- Verträglichkeit (Sie sind eher beliebt, kooperativ und werden sympathisch erlebt),
- Gewissenhaftigkeit (Sie sind eher ordnungsliebend, systematisch und genau),
- Offenheit für neue Erfahrungen (Sie sind eher neugierig, interessiert und offen).

Wie schätzen Sie sich ein? Glauben Sie, dass Sie Ihre Persönlichkeit verändern können? Die gute Nachricht lautet: Veränderung ist möglich. Die schlechte Nachricht lautet: Es sind uns genetische Grenzen gesetzt.

Zwischen 40 und 60 % beträgt laut Forschung der genetische Persönlichkeitsanteil. Veränderbar bzw. wandelbar sind z. B. „das Auftreten, das Image, die Gewohnheiten und Routinen, die selbstgesetzten Regeln, ja auch wichtige Eigenschaften wie unser Selbstbild und unser Selbstvertrauen" (Saum-Aldehoff 2015, S. 174), was wir als „Charakter" einer Person bezeichnen.

Was bleibt und uns anscheinend genetisch mitgegeben wurde, ist unsere Kernpersönlichkeit, unsere emotionale Grundfärbung, das, was die Psychologen im Fachjargon „Temperament" nennen. Bedeutet dies, dass eine Person ohne extrovertiertes Temperament keine Führungskraft sein kann? Muss eine wirksame Führungskraft nach außen gerichtet sein? Bill Gates, Warren Buffett und Steven Spielberg, auch Angela Merkel gelten als eher introvertiert und sind mächtige Führungspersönlichkeiten geworden (Löhken 2016, S. 16).

3.3.2 StrengthsFinder

Der „StrengthsFinder" von Gallup ist ein webbasiertes Analysetool, welches das Vorhandensein von Talent in 34 Talentthemen misst. Es dient der Talentsuche und dem Finden von Mitarbeiterpotenzial. Nach der Auswertung eines Onlinetests erhalten Sie aus der Auswahl der 34 Talente Ihre fünf Toptalente genannt. Die psychologische Erkenntnis dahinter ist die, dass Menschen sich besser entwickeln können und ein Unternehmen davon profitiert, wenn wir uns eher auf unsere Talente und die daraus entwickelnden Stärken fokussieren als auf unsere Defizite. Hier knüpft der vierte Führungsgrundsatz von Malik an.

Kein Talentthema ist besser als das andere. Sie zeigen in ihren verschiedenen Kombinationen, wie Höchstleistung zustande kommt. Es gibt keine Zusammenfassung, welche Talente eine angehende Führungskraft unbedingt braucht, da dies davon abhängig ist, in welchem Kontext Sie welchen Auftrag als Führungskraft erfüllen sollen. In vier Talentkategorien finden Sie die in Tabelle 3.2 genannten Talente.

Tabelle 3.2 Talentkategorien nach dem StrengthsFinder von Gallup (Rath/Conchie 2016, S. 32)

Durchführung Executing	Einfluss Influencing	Beziehungen Relationship Building	Strategisches Denken Strategic Thinking
In diesem Bereich verfügen Sie über die Fähigkeit, eine Idee zu erfassen und zu realisieren.	In diesem Bereich übernehmen Sie Verantwortung, sagen Ihre Meinung und stellen sicher, dass Ihnen und/oder Ihrer Gruppe Gehör verschafft wird.	In diesem Bereich verfügen Sie über die einzigartige Fähigkeit, feste Beziehungen aufzubauen. Sie schaffen Gruppen und Organisationen, die weitaus mehr sind als die Summe ihrer einzelnen Mitglieder.	In diesem Bereich schärfen Sie kontinuierlich unseren Blick für die Zukunft. Sie nehmen kontinuierlich Informationen auf und analysieren diese, damit gezielte Entscheidungen getroffen werden können.
Arrangeur	Autorität	Anpassungsfähigkeit	Analytik
Behutsamkeit	Bedeutsamkeit	Bindungsfähigkeit	Ideensammler
Disziplin	Höchstleistung	Einfühlungsvermögen	Intellekt

Durchführung Executing	Einfluss Influencing	Beziehungen Relationship Building	Strategisches Denken Strategic Thinking
Fokus	Kommunikationsfähigkeit	Einzelwahrnehmung	Kontext
Gleichbehandlung	Kontaktfreudigkeit	Entwicklung	Strategie
Leistungsorientierung	Selbstbewusstsein	Harmoniebestreben	Vorstellungskraft
Verantwortungsgefühl	Tatkraft	Integrationsbestreben	Wissbegier
Wiederherstellung	Wettbewerbsorientierung	Positive Einstellung	Zukunftsorientierung
Überzeugung		Verbundenheit	

Sie können das Gallup-Beurteilungsverfahren einfach und schnell in 30 Minuten im Internet durchführen. Nach dem Ergebnis ist folgende Reflexion zu empfehlen:

Reflexion

- Wie zeigt sich mein Talentprofil im Berufsalltag?
- Wie zeigt es sich in meinem privaten Umfeld?
- Was sagen andere über mich? Finden sich hier die Talente wieder?
- Welches meiner Talente hat mir schon geholfen, Probleme zu lösen?
- Welche Talente helfen mir, meine Aufgaben als Führungskraft erfolgreich zu bearbeiten?

3.3.3 persolog Persönlichkeits-Modell

Das Modell nach Prof. Dr. John Geier unterscheidet vier menschliche Verhaltensdimensionen: Dominanz, Initiative, Stetigkeit und Gewissenhaftigkeit (Bild 3.3). Es geht davon aus, dass jeder Mensch in einer bestimmten Situation eine – oder mehrere – dieser Verhaltenstendenzen an den Tag legt. Das Persönlichkeitsmodell basiert also auf einem rein situativen Ansatz und ist weit davon entfernt, Menschen in verschiedene Schubladen zu stecken. Es beschreibt anschaulich und pragmatisch die Stärken und Schwächen, die sich in vier Verhaltensdimensionen zeigen und in denen die eigene Kernpersönlichkeit deutlicher wird. Wer sich in der Arbeit eher zurückhaltend erlebt und sich darin wohlfühlt, wird vermutlich eher eine stetige und/oder gewissenhafte Kernpersönlichkeit haben. Dennoch kann diese Person z. B. in der Rolle Vater oder Mutter auch dominant, direkt und entschieden bei Kindern handeln. Dieser Person kostet jenes Verhalten allerdings mehr Anstrengung als einer von Haus aus eher dominanten Person. Nachfolgend werden die vier Verhaltensdimensionen kurz vorgestellt (persolog 2016):

- *Dominant (D)*

    Ein Mensch mit hohem „D" sucht die Herausforderung und will seine Konkurrenten übertreffen. Er trifft schnelle Entscheidungen, visiert unverzügliche Resultate an, ist ein guter Problemlöser, erhebt Anspruch auf Autorität und führt das Kommando. Der Dominante stellt vorherrschende Sachverhalte infrage und gibt neue Anstöße. Sein Verhalten in Teamprozessen kann zu Konflikten führen.

    Der Dominante will wenig Überwachung, geht langatmigen Diskussionen aus dem Weg und wünscht direkte Antworten. Er benötigt ihn ergänzende Menschen, die Risiken prüfen, mit Besonnenheit handeln, Details kontrollieren, um Entscheidungen vorzubereiten, und Sensibilität für die Bedürfnisse anderer mitbringen.

- *Initiativ (I)*

    Der Initiative ist hilfsbereit, ein kontaktfähiger, guter Unterhalter und verbreitet Enthusiasmus. Er spricht gut und klar. Die Zusammenarbeit mit anderen Menschen behagt ihm. Er ist bemüht, einen positiven Eindruck zu hinterlassen. Das Umfeld sollte ihm das Gefühl vermitteln, beliebt zu sein, und Gelegenheit bieten, anderen Menschen Dinge zu vermitteln sowie in einem angenehmen Arbeitsklima freundschaftliche Kontakte entstehen zu lassen.

    Der Initiative braucht ergänzende Personen, die sich lieber mit Dingen als mit Menschen beschäftigen, direkt sind, Fakten bevorzugen und sich auf Aufgabenstellungen konzentrieren, die sie systematisch angehen und selbst kontrollieren. Außerdem benötigt er terminliche Vorgaben, da er gerne an vielen Dingen gleichzeitig arbeitet und dabei schnell die eigentlichen Ziele aus den Augen verliert. Er sollte sich auch um mehr Objektivität in seiner Entscheidungsfindung und ein entschlossenes Auftreten bemühen.

Wie nehme ich mein Umfeld wahr?

	Anstrengend/ stressig	*Angenehm/ nicht stressig*
Bestimmt	Dominanz (direktiv)	Initiative (interaktiv)
Zurückhaltend	Gewissenhaftigkeit (korrigierend)	Stetigkeit (unterstützend)

Wie reagiere ich auf mein Umfeld?

Bild 3.3 Das persolog Persönlichkeits-Modell mit den Verhaltensdimensionen Dominanz, Initiative, Stetigkeit und Gewissenhaftigkeit

- *Stetig (S)*

  Geduld, Loyalität und Treue zeichnen den Stetigen aus. Er ist ein vorzüglicher Zuhörer, der im Bedarfsfall beruhigend auf Menschen einwirkt. Der Stetige konzentriert sich auf seine Aufgaben, liebt seine gewohnte Umgebung und befolgt definierte bzw. akzeptierte Arbeitsabläufe, er ist stark, wenn er sich spezialisieren kann. Er braucht ein Umfeld, das Sicherheit und geregelte Abläufe in einem übersichtlichen, eingegrenzten Aufgabengebiet gewährleistet.

  Die Wertschätzung seiner Person und seiner geleisteten Arbeit ist für ihn ebenso wichtig wie die Achtung seiner Privatsphäre und die Integration in eine Gruppe. Ein sich durch Stetigkeit auszeichnender Mensch entfaltet sich am besten in einem gut organisierten Umfeld, im Kreise zuverlässiger Kollegen, deren Fähigkeiten er vertraut. Zu wissen, welchen Beitrag zum Erfolg er geleistet hat, ist für ihn ebenso nötig wie die Aufforderung, Ideen zu generieren und zu verbalisieren.

- *Gewissenhaft (G)*

  Der Gewissenhafte unterstellt sich vorherrschenden Regeln, verhält sich diplomatisch und befolgt Anweisungen und beachtet Normen. Eine gewissenhafte Person richtet ihre Aufmerksamkeit auf Details, denkt kritisch und prüft alles auf seine Genauigkeit hin. Menschen mit hohem „G" benötigen ein Umfeld, in dem an bewährten Verfahren festgehalten wird. Sie brauchen andere, die „kompromissbereit" sind, grundsätzliche Regelungen nicht als absolutes Muss, sondern eher als Orientierung verstehen und in der Lage sind, rasche Entscheidungen zu fällen. Um sich bestmöglich entfalten zu können, braucht der gewissenhafte Mensch konkrete Arbeitsanweisungen und Zielvorgaben, Aufgaben mit hoher Präzisionserfordernis sowie eine periodische Bewertung seiner Leistung.

Reflexion

- Welche Eigenschaften treffen auf mich zu?
- Welche Stärken sind nach diesem Modell bei mir ausgeprägt?
- Welche Schwächen sollte ich beachten?
- Welche Dimensionen sind in meinem Führungsfeld wichtig?

Welche Dimension braucht eine Führungskraft vorrangig? Eine Führungskraft braucht nicht unbedingt die dominante Dimension als Hauptdimension. Es kommt darauf an, welchen Auftrag Sie haben und in welcher Branche Sie tätig sind. Allerdings benötigt jede Führungskraft Anteile von „D". Denn es ist wichtig, dass Sie Entscheidungen treffen können, unliebsame Maßnahmen durchsetzen und die Ergebnisse im Blick behalten. Eine Marketingleitung braucht eher ein hohes „I", eine

Laborleitung eher ein hohes „G" und eine Teamleitung in der Pflege eher ein hohes „S" – und Vorsicht, sonst geht die Schublade auf – Sie können auch mit einer anderen Dimension wirksam werden, wenn Sie die Anforderungen der Situation mit den Bedürfnissen Ihrer Mitarbeitenden zusammenbringen und gemäß den angesprochenen Führungsgrundsätzen nach Malik handeln.

Entscheidend bleibt auch hier die Selbstreflexion: Wo und in welchem Kontext können Sie Ihre bevorzugten Dimensionen auf die „Arbeitsbühne" bringen, wo können Sie sich selbst und dem Unternehmen am besten dienen. Wenn Sie Ihre Selbsteinschätzung genauer haben möchten, dann können Sie dies mittels Fragebogen im Buch *Das 1x1 der Persönlichkeit* von Seiwert und Gay tun oder speziell für Ihre Rolle als Führungskraft im persolog Leadership-Profil herausfinden.

3.3.4 Die fünf Antreiber

Das Antreiberkonzept der Transaktionsanalyse ist ein bewährtes Konzept zur Selbst- und Fremderkenntnis. Kritiker könnten meinen, es sei in die Jahre gekommen. Dennoch eignet es sich nach wie vor für eine erste Analyse ungünstiger Persönlichkeits- und Beziehungsdynamiken. Gleichzeitig öffnet sich der Blick für persönliche Stärken und Ressourcen, die in den oft als hinderlich erlebten Antreibern liegen. Was sind die Antreiber? Es sind im Grunde Forderungen der Eltern und des frühen Umfeldes, die wir im Kindesalter unbewusst abgespeichert haben und die wir als eine Art Glaubenssätze an uns selbst und andere anlegen (Kälin/Müri 1999, S. 91):

- **Sei immer perfekt** („mach bloß keine Fehler").
- **Mach immer schnell** („beeil dich").
- **Streng dich immer an** („ohne Fleiß kein Preis").
- **Mach es immer allen recht** („sei immer lieb").
- **Sei in jeder Lage stark** („ein Junge weint nicht").

Bei einigen Menschen sind die fünf Antreiber relativ ausgeglichen vorhanden. Andere haben einen oder zwei etwas ausgeprägter. Interessant wird es in Stresssituationen. Dann greifen wir auf unsere bewährten Verhaltensmuster zurück und bedienen uns unserer Antreiber zur Problemlösung: Ein Perfekter wird noch genauer, ein Schneller noch schneller usw.

Die psychologische Tücke ist die, dass wir uns in der Tiefe unserer Existenz sicher fühlen, wenn wir den Antreiber leben. Wir fühlen uns dann quasi okay. Und wenn andere nicht so perfekt oder schnell sind, dann sind die anderen nicht okay – und wir haben herrliche Situationen für Konflikte …

Im Anhang ist der Fragebogen mit 50 Statements abgedruckt. Er ist kostenfrei erhältlich. Sie können ihn auch separat als Datei von meiner Homepage *www.hollpartner.de* downloaden.

Reflexion

- Welche Antreiber habe ich vermutlich stark ausgeprägt?
- Welche Antreiber sind weniger ausgeprägt?
- Welcher Antreiber passt zur Anforderung meines Führungsfeldes?
- Welche Antreiber erkenne ich bei meinen Mitarbeitenden?

Was braucht man als Führungskraft und was nicht? Hochgradig *ungünstig* ...

- ... sind über 40 Punkte bei einem Antreiber – denn das stresst Sie und Ihre Mitarbeitenden (und eventuell auch die Personen, mit denen Sie morgens frühstücken).
- ... ist ein ausgeprägter Antreiber „Sei immer perfekt", denn dieser macht es Ihnen schwer, zu delegieren und abzugeben, und Sie können Mitarbeitende selten loben ... denn keiner kann es Ihnen recht machen.
- ... ist ein ausgeprägter Antreiber „Mach es immer allen recht", denn Sie müssen auch unangenehme Entscheidungen treffen und Leute enttäuschen ... und das fällt Ihnen schwer. Sie können nicht Everybody's Darling sein.

Alle Modelle geben Ihnen eine Orientierung für die Selbstreflexion. Diese brauchen Sie, um festzustellen, ob Ihre Talente, Stärken, Dimensionen und Antreiber zum Auftrag und zum Rahmen der Führungsrolle passen und wo Handlungsbedarf besteht.

Daneben können Sie alle Modelle für die Führung Ihrer Mitarbeitenden nutzen, um die Anforderungen der Situation mit den Bedürfnissen der Menschen zu verbinden und eine optimale „Passung" zu erreichen.

Schlüsselfragen

- Welche Kompetenzen bringe ich mit, um die Anforderungen von Unternehmen zu erfüllen?
- Welche Kompetenzen sollte ich noch ausbauen?
- Welche Kompetenzen „laden mich ein – ziehen mich an"?
- Welche Kompetenzen „laden mich aus – schrecken mich ab"?
- Welche Verhaltensdimensionen habe ich – welche meine Mitarbeitenden? Wo entsteht Ergänzung, wo Reibung?
- Welche Antreiber kann ich für die Führungsrolle nutzen, welche selbstkritisch beachten?
- Wie kann ich für meine Karriere meine Netzwerke gestalten und pflegen?

Es ist wesentlich zielführender, die eigenen Stärken zu stärken, als sich ausschließlich auf eine Verbesserung der Schwächen zu konzentrieren. Natürlich müssen Sie alle Aufgaben einer Führungsrolle erfüllen können, und Sie müssen nicht bei allen Aufgaben perfekt sein.

Literatur

KÄLIN, K.; MÜRI, P.: *Sich und andere führen*, 11. Auflage, Ott Verlag, Thun 1999

KETS DE VRIES, M.: „Führung ist Teamsport", in: *managerSeminare* 02/2016, S. 31–37

LÖHKEN, S.: *Leise Menschen – starke Wirkung*, 4. Auflage, GABAL Verlag, Offenbach 2012

MALIK, F.: *Führen, Leisten, Leben,* vollständig überarbeitete Fassung, Campus Verlag, Frankfurt am Main 2014

PERSOLOG: *Wissenschaftlicher Bericht zum persolog Persönlichkeits-Modell*, persolog Verlag, Remchingen 2016

RATH, T.; CONCHIE, B.: *Führungsstärke*, 5. Auflage, Redline Verlag, München 2016

SAUM-ALDEHOFF, T.: *BIG FIVE*, 3. Auflage, Patmos Verlag, Ostfildern 2015

4 Werte: Wandel und Bedeutung

Hotspot

In diesem Kapitel erhalten Sie einen Überblick über die Bedeutung von Werten und deren Wandel in der Gesellschaft. Sie können erarbeiten, welche Werte Ihnen wichtig sind und ob diese mit einer Führungsrolle zusammenpassen.

- Das Alter/eine Generationszugehörigkeit prägt die Wahl unserer Werte. Angeblich hat die Generation der Jahrgänge ab 1980, auch Generation Y bezeichnet oder „Digital Natives", andere Werte als die Jahrgänge davor, wobei diese Aussage umstritten ist.
- Haltungen und Werte verändern sich im Laufe der Zeit in einer Gesellschaft – unter allen Generationen. Realitätsnah beschreibt das SINUS-Lebensweltenmodell die Heterogenität der Jugend.
- Wir leben in einer VUKA-Welt (Volatilität/Wandel, Unsicherheit, Komplexität, Ambiguität/Mehrdeutigkeit).
- Wichtig ist, dass Sie sich Ihrer eigenen Werte bewusst sind, um zu entscheiden, wie Sie die Führungsrolle einnehmen wollen.

Stimmen aus der Praxis

Zur Generation Y „gibt es ja viele Mythen. Manche sagen dieses, manche jenes. ... Die berühmte Work-Life-Balance ist tatsächlich ausgeprägter. Es wird nicht mehr selbstverständlich angenommen, dass man Zehn-Stunden-Arbeitstage einfach hat." (Norbert Coors)

„Die Arbeitswelten sind geprägt durch die Generation X und vorherige, welche um vieles sehr hart kämpfen mussten. Die Generation Y musste in vielen Fällen um nichts mehr kämpfen und hat daher eine komplett andere Erwartungshaltung." (Melanie Schillinger)

„Ich habe den Eindruck, dass die Zeitabläufe kürzer geworden sind, dass der Arbeitsprozess schneller läuft, dass viele Dinge weniger Zeit zur Verfügung haben, als sie vielleicht brauchen." (Jörg Machek)

> "... die junge Generation muss sich ihre eigenen Werte auf einer ganz neuen Basis, nämlich auf dieser Basis der digitalen Welt dann entwickeln." (Albrecht Proebst)
>
> „Wenn ich vor 20 oder 30 Jahren in einem Managementkreis erwähnt hätte, dass ich auf mein Bauchgefühl höre, dann wäre ich ausgelacht und nicht ernst genommen worden." (Gabriele Zange)

4.1 Generation X, Y und Z in der VUKA-Welt

Es kommt nicht nur darauf an, ob Sie die Kompetenzen haben für eine Führungsrolle, sondern ob Ihre Lebens- und Wertvorstellungen auch zu einer Führungsrolle passen.

Wozu überhaupt Kategorisierungen? Wir Menschen versuchen, Komplexität zu reduzieren, Dinge und Prozesse zu operationalisieren, Strukturen zu finden, um uns leichter zu orientieren. Das Arbeiten und Beobachten mit Modellen und Strukturen in Systemen ist hilfreich, um individuelles Verhalten beschreibbar zu machen. Letztendlich ist jeder von uns aber mehr als ein Modell oder eine Kategorie. Stereotype helfen, die Welt zu ordnen. Aber eine automatische Zuschreibung, dass ein direktes Gegenüber so oder so ist, weil es einer bestimmten Kohorte zugehört, wird der Individualität eines Menschen nicht gerecht. Aussagen wie: „Jemand, der nach 1980 geboren ist, kann wahrscheinlich souveräner mit den digitalen Medien umgehen als jemand, der 1930 geboren ist", haben schon eher Gültigkeit.

Menschen, die von 1950 bis 1965 geboren wurden, gelten als die sogenannten „Babyboomer". Die darauffolgenden Jahrgänge bis 1980 wurden, aufgrund des Kultromans von Douglas Coupland, als Generation X bezeichnet. Seit 1993 benennen erstmals Medien, Managementmagazine und Personalverantwortliche die Jahrgänge 1980 aufwärts als Generation Y (Klaffke 2011, S. 5). Sie wurden danach auch Millennials, Digital Natives, Digital Bohemians oder provokant Generation Maybe genannt – die erste Generation, die in einer digitalen Kommunikationswelt aufgewachsen ist. Seit einer großen europäischen Studie 2016 werden sie auch Generation What genannt. Als Generation Z werden die Jahrgänge 2000 aufwärts bezeichnet; diese wachsen ausschließlich in der 2.0- bis 4.0-Welt auf.

Aus der Generation Y werden aktuell die meisten zukünftigen Führungskräfte hervorgehen. Es gibt etliche Studien, die beschreiben, dass sich ihr Verhalten von anderen Generationen unterscheidet. Unser menschliches Verhalten ist eine Funktion aus unserer Persönlichkeit und unserer Umwelt, dem System, in dem wir agieren. Eine grobe Unterscheidung der Persönlichkeitsmotive der Generation Y und der Generation Babyboomer (die Generation, die heute die oberen Führungsetagen innehat) treffen Wolfgang Jenewein und Marcus Heidbrink (Tabelle 4.1).

Tabelle 4.1 Unterschiede zwischen den Generationen Babyboomer und Y (Burkhart 2016, S. 98)

		Generation Babyboomer	Generation Y
WERTE		Disziplin	Individualität
		Gehorsam	Flexibilität
		Pflichtbewusstsein	Spaß/Freude
MOTIVE		Geld	Sinnerfülltes Tun
		Status	Internationalität
		Macht	Gesellschaftliche Relevanz

Unternehmen (und damit auch die Führungskräfte) sollten folgende **Präferenzen** der jungen Generation beachten, wenn sie Vertreter dieser Generation als Arbeitnehmer binden wollen (Thoma in Klaffke 2011, S. 173):

- Wunsch nach größerer Work-Life-Balance (Balance von Arbeit und Freizeit/Familie),
- Interesse an herausfordernder und wirkungsvoller Arbeit,
- Parallelität von Unternehmens- und persönlichen Werten,
- Interesse an der Weiterentwicklung eigener Fähigkeiten,
- Interesse am raschen Erfolg und Feedback,
- Wunsch nach Flexibilität.

Ähnliche Motive beschreibt die Präsidentin des Wissenschaftszentrums Berlin für Sozialforschung, Jutta Allmendinger, in ihrem Artikel „Die Jungen eint der Wunsch nach Zeitsouveränität" (Allmendinger 2013):

- Arbeit wird in einem umfassenden Sinn verstanden, gemeint sind bezahlte wie unbezahlte Tätigkeiten.
- Finanzielle Sicherheit und sichere Arbeitsplätze wollen so gut wie alle.
- Die Erwerbstätigkeit soll ein eigenständiges Leben ermöglichen.
- Die Arbeit soll zeitliche Flexibilität ermöglichen.

In der Befragung von jungen Frauen erhält sie meist die Antwort: „Erwerbstätigkeit und Familie, Geld und Zeit, Geben und Nehmen". Das „und" steht im Vordergrund und ist für viele selbstverständlich. Dieses „und" sieht auch der Jugendforscher Klaus Hurrelmann: „Sie wollen alles und alles auf einmal: Familie plus Feierabend. Beruf plus Freude plus Sinn. Und das verfolgen sie kompromisslos" (Hurrelmann 2013). Den Grund sieht er in dem Erleben der Y-Vertreter, dass sie mit unzähligen Optionen im Leben groß geworden sind, im Alltag und im Internet. Obwohl sie wirtschaftlich behütet aufgewachsen sind, mussten sie sich doch selbst stark um sich selbst kümmern und haben „biographisches Selbstmanagement betrieben".

Doch es gibt auch Stimmen, die keine signifikanten Unterschiede bezüglich der Haltungen und Einstellungen der Generation Y und anderer Generationen sehen. Die Haltungen in der Gesellschaft z. B. bezüglich Gesundheit, Work-Life-Balance, Umgang mit Information oder Arbeitsfokus haben sich insgesamt geändert. Auch unter Älteren hat sich dies gewandelt (Twenge et al. 2010). Die Studie *Workforce 2020*, durchgeführt von Oxford Economics mit Unterstützung von SAP, überrascht auch mit dem Ergebnis, dass sich die Millennials nur wenig von den Nicht-Millennials unterscheiden (O. V. 2015). Die Studienergebnisse bekräftigen allerdings jenes Bedürfnis der Generation Y – mehr als bei älteren Mitarbeitenden –, häufiger Feedback vom Vorgesetzten zu erhalten.

Die Einteilung in Generation Y und Z löst das SINUS-Institut in Heidelberg auf und beschreibt die nachwachsende Generation im Alter von 14 bis 17 Jahren in sieben verschiedenen Lebenswelten (Bild 4.1).

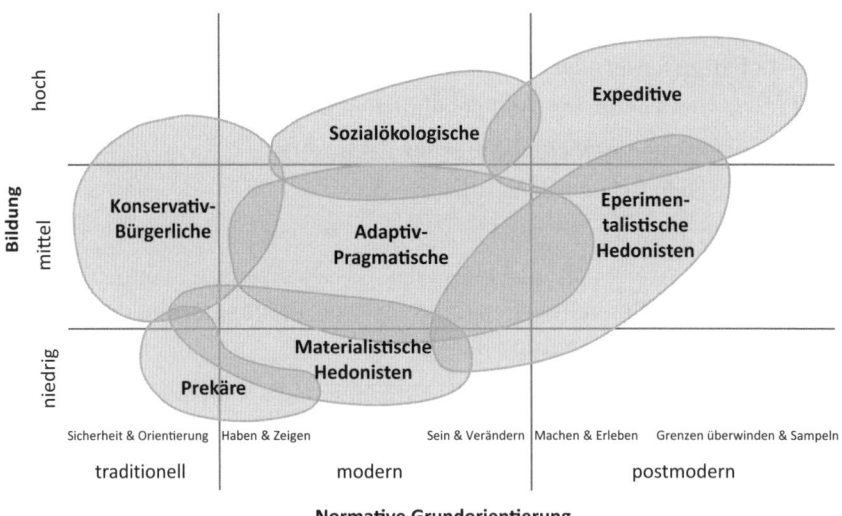

Bild 4.1 SINUS-Modell für die Lebenswelten der 14- bis 17-Jährigen (SINUS 2017)

Wir sehen, dass die junge Generation keine homogene Gruppe darstellt mit einheitlichen Werten und Bedarfen. Unter ihnen sind Werte und Erwartungen ans Leben verschieden. Darin zeigt sich auch, dass z. B. die Werte der konservativ-bürgerlichen Lebenswelt den Werten der Babyboomer entsprechen oder die Werte der Jugendlichen aus der prekären Welt den häufig beschriebenen Präferenzen der Generation Y nicht entsprechen, weil sie die ökonomischen Möglichkeiten dafür nicht mitbringen. Der Jugendforscher Peter Martin Thomas vom SINUS-Institut meint, dass sich der Generationsbegriff überlebt hat. Es gibt keine geschichtlichen Ereignisse mehr, die Trennungen plausibel machen, und die Migrationsgesellschaft führt zu einer Vielfalt an Jugendwelten (vgl. Kapitel 10.2).

Sicher scheint zu sein, dass die bildungsnahen Vertreter der jungen Generationen gegenüber den Vorgängergenerationen deutlicher und selbstbewusster abwägen, was sie tun wollen und was nicht, ob die Arbeitsangebote für sie in ihrem Lebenskontext wirklich Sinn machen. Nach den Untersuchungen von Thomas bewerten viele in der jungen Generation Freizeit und Familienleben wesentlich höher als früher, und der Beruf soll genug Zeit und Verdienst bringen, um Freizeit und Familienleben zu ermöglichen. Dies erleben wir bei der jungen Generation, weil sie es sich erlauben kann, dies zu wünschen aufgrund der komfortablen Rahmenbedingungen, genug Arbeitsplätze angeboten zu bekommen (mit Ausnahme der prekären Jugendwelt). „Sie vertagen nicht mehr so viel auf die Zukunft!", so Thomas. Manche der älteren Generation meinen, dass die Jüngeren sich Führungsverantwortung nicht unbedingt antun wollen, weil sie diese Belastung scheuen. Manche der Jüngeren wägen genau ab, ob sie wirklich den Schritt hin zur Führungskraft tun wollen. Thomas meint, dass die junge Generation die Verantwortung nicht um der Verantwortung willen annehmen will, was mit Macht, Einfluss, Status zu tun hat, sondern eher Verantwortung tragen will, wenn die Tätigkeit, die Aufgabe, das Projekt sinnvoll und interessant für einen erscheint.

Jede Generation will anders geführt werden. Stimmen Sie Ihr Verhalten auf Ihr Gegenüber ab.

Motivation und Sinngebung müssen den eigenen Werten entsprechen. So wird sich beispielsweise eine Person einer jungen Generation weniger durch feste Arbeitszeiten, sondern eher durch offene, flexible Arbeitszeitmodelle motivieren lassen. Eine Person mit eher traditionellen Werten wird sich hingegen über klare Regeln freuen. Aber Vorsicht: Hüten Sie sich vor Verallgemeinerungen, nicht alle Babyboomer sind beispielsweise konservativ orientiert! Ihr Gegenüber ist immer ein Individuum mit individuellen Werten.

Alle Generationen in allen Lebenswelten erleben zwei grundlegende Transformationen unserer Gegenwart: die Globalisierung und den Wandel der Industriegesellschaft in Richtung einer digitalen Transformation. Unsere Welt ist „VUKA" geworden:

- V = **Volatilität** bezieht sich auf die zunehmende Häufigkeit, Geschwindigkeit und das Ausmaß von (meist ungeplanten) Veränderungen.
- U = **Unsicherheit** bedeutet das generell abnehmende Maß an Vorhersagbarkeit von Ereignissen in unserem privaten und beruflichen Leben.
- K = **Komplexität** bezieht sich auf die steigende Anzahl von unterschiedlichen Verknüpfungen und Abhängigkeiten, welche viele Themen in unserem Leben undurchschaubar machen.
- A = **Ambiguität** beschreibt die Mehrdeutigkeit der Faktenlage, die falsche Interpretationen und Entscheidungen wahrscheinlicher macht.

Diese Formel wurde vom US Army War College nach Ende des Kalten Krieges entwickelt, um die immer dynamischer werdenden Veränderungen zu beschreiben, denen sich die Militärstrategen gegenübersahen (https://en.wikipedia.org/wiki/Volatility,_uncertainty,_complexity_and_ambiguity). Inzwischen ist diese Kurzformel in die Berater- und Managementsprache eingeflossen, weil die Kurzbeschreibung die Dynamik in der Weltwirtschaft gut auf den Punkt bringt. Was bedeutet dies für das Führungsverhalten? Sie werden nicht nur mit mehr Unsicherheit, sondern auch mit mehr Ungewissheit leben. Das bedeutet, dass Sie die Folgen von Entscheidungen weniger abschätzen können als früher. Das doppelte Risiko besteht zum einen, Entscheidungen hinauszuzögern, und zum anderen, überstürzt zu entscheiden. Wie bereits in Kapitel 2 beschrieben ist das Risiko von einsamen Entscheidungen gewachsen. Daher ist der agile Ansatz, die Mitarbeitenden mehr als früher in die Entscheidungsprozesse einzubeziehen, in der VUKA-Welt folgerichtig. Pragmatisch gilt es, die rational-analytische Entscheidungsfindung auf mehrere Köpfe zu verteilen und die eigene und fremde Intuition mit zu erfassen, um eine umfassende Datenbasis als Entscheidungsgrundlage zu erhalten. Damit Sie sich und Ihre Mitarbeitenden trauen, in der VUKA-Welt zu entscheiden, ist eine produktive Fehlerkultur hilfreich. Dies war schon früher nützlich und erlaubt es Ihnen heute mehr denn je, zu handeln, statt zu verharren. Die VUKA-Welt bietet uns auch Chancen für Innovation und Wachstum. In der aktuellen Debatte werden häufig die Nachteile genannt. Der Führungsgrundsatz des konstruktiven Denkens nach Malik ist in der VUKA-Welt gefragt, um eher auf Lösungen zu sehen als auf Probleme.

 Reflexion

- Wo erlebe ich die VUKA-Welt in meinem Alltag?
- Welcher Generation bzw. welcher Welt rechne ich mich zu?
- Wie beeinflusst mich die VUKA-Welt in meinem Führungsverhalten?

4.2 Werte: Basis von Entscheidungen

Was ist Ihnen für die Gestaltung Ihres Lebens wichtig? Welche Werte wollen Sie leben, welche beachten, welche nicht riskieren. Mithilfe einer Rangliste können Sie sich Ihrer Prioritäten, Ihrer essenziellen Bedürfnisse und Werte bewusster werden. Schreiben Sie sich Ihre Werte auf und priorisieren Sie diese. Sie können dafür die in Tabelle 4.2 dargestellte Werteliste als Ideenpool nutzen (verfügbar ist diese Werteliste auch als PDF auf *www.holl-partner.de*). Diese Liste ist ein Tool, um Ihnen Klarheit zu geben, wofür Sie im Leben gehen und stehen wollen. Danach können Sie sehen, ob Sie Ihre wichtigsten Werte in der Führungsrolle gut leben können oder ob Handlungsbedarf besteht. Mit der Werteliste steigern Sie auch Ihr Fingerspitzengefühl für die Bedarfe Ihrer Mitarbeitenden und können leichter Motivationsfelder oder Wertekonflikte erkennen. Letztere können z. B. auftreten, wenn in Ihrem Team Alt und Jung und/oder mehrere Nationalitäten zusammenarbeiten. Hilfreich ist ein offenes Ohr und eine Zuhörkompetenz, um die Bedürfnisse und Wünsche der Mitarbeitenden zu verstehen.

Tabelle 4.2 Beispiele von unterschiedlichen Werten

Abwechslung	Gerechtigkeit	Selbststeuerung
Abenteuer	Gesellschaftlich nützlich sein	Sexuelle Erfüllung
Anerkennung	Gesundheit	Sicherheit
Berufliches Weiterkommen	Herausforderungen	Sinnvolles Tun
Demokratisches Handeln	Hilfsbereitschaft	Solidarität
Effizienz/richtig arbeiten	Innere Harmonie	Spiritualität
Ehrlichkeit	Integrität	Toleranz
Einfluss haben	Kontinuität	Tradition
Einfühlungsvermögen/Empathie	Kooperation/Zusammenarbeit	Umweltbewusstsein
Engagement	Kreativität	Veränderungsbereitschaft
Ergebnisorientierung	Kunst/künstlerischer Ausdruck	Verantwortung
Ethisches Verhalten	Lernbereitschaft	Verständnis
Fairness	Loyalität	Vertrauen
Familienglück	Macht/Kontrolle	Vielfalt
Finanzielle Sicherheit	Offenheit	Wachstum/Entwicklung
Flexibilität	Ordnung	Wettbewerb
Fortschritt	Prestige	Wohlbefinden
Freigebigkeit	Ruhe	Zielorientierung
Freundschaft	Ruhm/bekannt sein	

Tipp zum Ausfüllen: Kreuzen Sie alle Werte an, die Sie für sich wichtig finden. Danach vergleichen Sie paarweise Ihre angekreuzten Werte. Pro Paarvergleich bekommt der wichtigere Wert einen Strich: den ersten angekreuzten Wert mit dem zweiten angekreuzten Wert, den ersten angekreuzten Wert mit dem dritten ... den ersten mit dem letzten angekreuzten Wert, danach den zweiten angekreuzten Wert mit dem dritten, den zweiten mit dem vierten usw. Am Ende haben Sie ein genaues Ranking. Diese Liste können Sie auch zur Einschätzung Ihrer Mitarbeitenden nutzen. Je genauer Sie die Werte Ihrer Mitarbeitenden kennen und berücksichtigen, desto engagierter und motivierter werden diese sein.

Schlüsselfragen

- Welche Werte und Prioritäten sind mir für ein sinnvolles Leben wichtig?
- Was ist für mich im Arbeitsleben ein Must-have – ein Nice-to-have – ein No-Go?
- Welche meiner Kernwerte glaube ich mit einer Führungsrolle erst richtig ausbauen zu können, sodass ich eine tiefe Bereicherung in meinem Leben spüre?
- Welche meiner Kernwerte scheinen mir durch eine Führungsrolle eventuell bedroht?
- Welche Wertekonflikte sehe ich eventuell bei mir im Team?

Literatur

ALLMENDINGER, J.: „Die Jungen eint der Wunsch nach Zeitsouveränität", in: *Zeit* 11/2013, S. 25

BURKHART, S.: *Die spinnen, die Jungen*, Gabal, Offenbach 2016

CALMBACH, M. et al.: *Wie ticken Jugendliche 2016?* Springer, Wiesbaden 2016, S. 33

HURRELMANN, K.: „Wollen die auch arbeiten?", in: *Zeit* 11/2013, S. 23

KLAFFKE, M. (Hrsg.): *Personalmanagement von Millennials*, Springer, Wiesbaden 2011

O.V.: „Sind Millennials doch gar nicht so anders?", in: *managerSeminare* 2015, S. 9

ROSA, H.: *„Wir sind Ressourcensammler"*, in: *Andere Zeiten* 3/2015, S. 4–5

SINUS INSTITUT: „Sinus-Lebenswelten u18", www.sinus-institut.de, Heidelberg 2017

THOMA, C.: „Erfolgreiches Retention Management für Millennials", in: Klaffke, M. (Hrsg.): *Personalmanagement von Millennials*, Springer, Wiesbaden 2011, S. 163–179

TWENGE, J. et al.: „Generational Differences in Work Values", in *Journal of Management* 36/2010

5 Was Sie vermeiden sollten

Hotspot

Dieses Kapitel zeigt Ihnen, wie Sie schwierige Situationen am Anfang vermeiden bzw. korrigieren können:
- Fettnäpfe und No-Gos gibt es auf der Sach- und Beziehungsebene:
  - Auf der Sachebene sollten Sie sich genug Zeit nehmen, die vorhandenen Prozesse und Leistungen kennenzulernen.
  - Auf der Beziehungsebene würdigen Sie das bisher vom Team Geleistete und fragen nach den Erwartungen. Seien Sie am Anfang bewusst im Kontakt mit den Mitarbeitenden.
- Sie beugen Verführungen vor, indem Sie Ihr Führungsverhalten reflektieren.
- Möglichkeiten des Mentorings oder Coachings geben Ihnen Sicherheit.

5.1 Fettnäpfe und No-Gos

Stimmen aus der Praxis

„Also ein No-Go ist ganz bestimmt, wenn man es sich heraushängen lässt. Das wird von ehemaligen Kollegen oder auch von anderen Mitarbeitern nie gut geheißen. Für mich wäre noch eine Gefahr, wenn man den Antreiber in sich hat, beliebt zu sein. Das ist schon eine Falle, wenn der zu stark ist, denn als Führungskraft kann man nicht überall beliebt sein, das geht einfach nicht."
(Gabriele Zange)

„Die größeren Fettnäpfe waren, wenn ich mit Kollegen zusammen war, die schon 20 Jahre und länger Führungskraft waren. Die Kommunikation mit denen war teilweise katastrophal. Ich war der Jungfuchs. Deren Strategien waren mir fremd." (Heinz Meck)

> *„Ich hab mich wohl am Anfang sehr wenig diplomatisch verhalten. ... Ich denke mir mittlerweile, sowohl im Verhältnis zu den Vorgesetzten als auch zu den Mitarbeitern in der eigenen Abteilung, dass am Anfang Zurückhaltung ganz, ganz wichtig ist."* (Jörg Machek)
>
> *„Die größte Herausforderung war, dass ich jung war, erst drei Jahre im Unternehmen, nun als Führungskraft das Sagen hatte und eine Frau bin – ich hatte die Vorurteile auf meiner Seite und war mir dessen noch nicht mal bewusst. ... Das größte No-Go ist meines Erachtens, unreflektiert das zu tun, was andere einem als gute Ratschläge mitgeben."* (Melanie Schillinger)
>
> *„Ich habe immer gedacht, was mir gut gefällt, muss den anderen auch gefallen. Ich habe dann gemerkt, dass ich die Menschen überfordert habe. Ich war so ‚sprudelig'. ... Ich wollte Dinge immer zu schnell verändern."* (Doris Feurstein)

In Fettnäpfe treten oder No-Gos umsetzen kann erhebliche Schäden vor allem am Anfang bewirken. Ein „No-Go" ist ein Verhalten, das nicht passieren darf. Wenn Sie als neue Führungskraft beispielsweise einen älteren erfahrenen Mitarbeitenden vor versammelter Mannschaft als unfähig bezeichnen und sich vielleicht auch noch über seine wenig vorteilhafte Frisur doppeldeutig äußern, dann werden Sie nicht nur bei diesem Mitarbeitenden „unten durch" sein, sondern auch alle Anwesenden werden Sie in Zukunft sehr kritisch beäugen. Sie sind aber als Führungskraft darauf angewiesen, dass Ihre Mitarbeitenden Sie unterstützen und respektieren. Verloren gegangenes Vertrauen lässt sich nur sehr schwer wieder aufbauen.

Zudem hat eine Führungskraft auch eine nicht zu unterschätzende Vorbildfunktion. Vergreifen Sie sich beispielsweise im Tonfall, so kann dies auch von manchen als Signal verstanden werden, dem nachzueifern. Gegenseitige Wertschätzung lässt sich so nur sehr schwer erreichen.

 Mitarbeitende orientieren sich an ihrer Führungsperson und beobachten diese genau. Ihr Verhalten hat erheblichen Einfluss auf das Verhalten der Mitarbeitenden.

Die Grenzen zwischen Fettnapf/Fauxpas und definitivem Fehlverhalten/No-Go/Fehler sind fließend. In Tabelle 5.1 finden Sie wesentliche Punkte und Lösungsansätze für Ihr Verhalten, um Fettnäpfe zu umgehen und professionell aufzutreten.

Aus der Fülle der genannten Situationen erhalten Sie mit den Aktionsfeldern in Bild 5.1 eine schnellen Handlungsansatz, um bei Fettnäpfen und No-Gos (im Grunde kleine und große Fehler) die Richtung Ihres Verhaltens bzw. der Teamsteuerung zu erkennen.

Tabelle 5.1 Fettnäpfe und No-Gos vermeiden und professionell auftreten (Beispiele)

Fettnäpfe auf der „Sachebene"	Wege um den Fettnapf herum
Sie lieben Ihr Fachgebiet, kümmern sich um jedes Detail und reden den Mitarbeitenden in Ihrem Team öfters ungefragt hinein; eventuell kommen Sie als Fachspezialist zur Führungsrolle und schwingen sich zum Obersachbearbeiter auf, weil Sie sich in der Führung noch unsicher fühlen; Sie meinen, Führung auszuüben, wenn Sie Mitarbeitenden jedes Komma korrigieren; diese fühlen sich von Ihnen genervt und gegängelt.	Sie sichten die Kompetenzen und Zuständigkeiten in Ihrer Gruppe und erkennen deutlich, wo Sie verführbar sind; wenn Sie ein „Herzblutthema" haben, dann sprechen Sie es an und machen es als solches transparent; loten Sie mit dem Mitarbeitenden Ihre Beteiligung aus; nehmen Sie auch Abschied von einem Lieblingsthema oder einem Sachthema.
Sie beginnen viele Themen auf einmal und hinterlassen als Ergebnis, dass Sie Dinge erst spät abschließen können.	Verschaffen Sie sich einen Überblick und konzentrieren Sie sich auf das Wesentliche; verwenden Sie die Methode der stillen Stunde/des Termins mit sich selbst, um Dinge voranzubringen und abzuschließen.
Sie sprechen überwiegend über die Probleme, die Sie im Team oder in der Abteilung sehen; Sie lassen keine Gelegenheit aus, hier in die „Problemtrance" zu gehen (dies ist im Grunde schon ein No-Go).	Lassen Sie sich Feedback von wohlwollenden fachlich und sozial kompetenten Mitarbeitenden geben, ob Ihr Blick auf die Dinge zu problemorientiert ist; denken Sie konstruktiv, sehen Sie möglichst die Chancen und denken Sie in Lösungen.

Fettnäpfe auf der „Beziehungsebene"	Wege um den Fettnapf herum
Sie übersehen die Leistungen der Mitarbeitenden und Ihres Vorgängers und nehmen Signale, die Ihnen die Mitarbeitenden senden, nicht auf.	Sie lernen Ihren neuen Bereich ausführlich kennen und fragen die Mitarbeitenden nach ihren Erfolgen alleine und als Team; Sie würdigen die Leistungen der Mitarbeitenden und der Vorgänger.
Sie nehmen sich wenig Zeit für einen würdevollen Abschied des Vorgängers.	Sie räumen dem Team genug Zeit ein für die Verabschiedung; Sie bedanken sich für die Vorleistung z. B. in einer Rede.
Sie geben viele Versprechungen (und wollen es allen recht machen) und können diese nicht gut halten.	Sie zeigen echtes Interesse an den Anliegen der Mitarbeitenden und bitten um Geduld, da Ihnen ein gründliches Verständnis des Systems wichtig ist; danach werden Sie auf Anliegen näher eingehen.
Sie belächeln Gewohnheiten im Team, z. B. die Geburtstagskuchen oder privates Kegeln.	Sie beobachten und anerkennen dies und denken sich bei eventuell innerem Kopfschütteln: „Interessant", um eine Wertung zu umgehen; wenn Sie etwas verändern wollen, dann sollten Sie gute Alternativen anbieten mit einem erkennbaren Nutzen für die Gruppe.
Sie merken sich die Namen einiger Mitarbeitenden nicht.	Vielleicht ist Ihre linke Gehirnhälfte nicht ganz so stark wie Ihre rechte, deswegen können Sie sich schlecht Namen merken; verbinden Sie z. B. den Menschen mit einem Bild/Erlebnis, in dem der Name steckt.

Sie gehen mit einigen Mitarbeitenden häufiger zum Essen als mit anderen.	Dieter Tremp rät, am Anfang nur in Gruppen mit Angestellten auszugehen, wenn überhaupt.
Sie übersehen die Bedeutung der internen Netzwerke und rennen gegen Wände.	Sie als „junger Fuchs" (Heinz Meck) beobachten verstärkt die Kommunikation der älteren Führungskollegen und lassen sich von einem wohlwollenden älteren Kollegen in Gepflogenheiten der Kommunikation einführen.
No-Gos auf der „Sachebene"	**Lösungen (die auch für eine förderliche Beziehungsebene gelten)**
Sie bauen kein Wissen über die Historie, die vergangenen Ziele, Erfolge und Misserfolge der Abteilung auf (keine Zeit, oder tatsächliche Überheblichkeit).	Sie erkundigen sich im Vorfeld; Sie sprechen mit den Senioritäten im Team; Sie lassen sich Wesentliches erklären; Sie beleuchten Dinge von verschiedenen Seiten.
Sie bauen sofort neue Strukturen auf.	„Einfach nur wahrnehmen und schauen, wie der Bereich jetzt läuft" (Doris Feurstein); würdigen, was bereits geleistet wurde; fragen, weshalb etwas gemacht wurde und wird; mit Mitarbeitenden Problemfelder diagnostizieren und nach Möglichkeit auf dieser Grundlage erst die Entscheidung treffen.
Sie verkriechen sich in Ihr Büro, arbeiten sich alleine ein und sind wenig ansprechbar für Ihre Mitarbeitenden, um Sachthemen zu klären.	Sie kommunizieren Ihren Bedarf nach Arbeiten bei geschlossener Tür und vereinbaren klar, wann Sie ansprechbar sind; Sie begrüßen die Mitarbeitenden am Tagesanfang und signalisieren, dass Sie für Fragen da sind; Sie halten am Anfang häufiger Besprechungen (diese im Stehen und auf 20 bis 30 Minuten begrenzt).
Sie packen sofort ein Problem an und machen sich kein Bild vom Gesamtkontext. Sie laufen dadurch Gefahr, getestet zu werden.	Klaus Brück nennt in seinem Interview ein gutes Beispiel: Ein Kunde wollte ihn testen und ihn mit einem Großauftrag locken. Klaus Brück prüfte die Kapazitäten und den Kontext und lehnte ab. Daraufhin offenbarte der Kunde den Test und wollte mit ihm deswegen ausdrücklich zusammenarbeiten. Beachten Sie Ihre Antreiber „Mach immer schnell" oder „Mach es immer allen recht" und verschaffen Sie sich erst den Überblick.
Sie folgen allen Ratschlägen der älteren Kollegen (der „alten Füchse").	Sie bedanken sich für alle Ideen und signalisieren, dass Sie sich Zeit nehmen für Ihre Entscheidungen; Sie stellen eine zirkuläre Frage: „Wie sieht es Herr oder Frau XY oder die Abteilung XY?

No-Gos auf der „Beziehungsebene"	Lösungen
Sie treten mit der Haltung auf, dass Sie sofort wissen, was die Mannschaft und der Auftrag brauchen.	Sie mögen eventuell bereits wissen, was fehlt, aber das lebendige System Ihrer Mitarbeitenden verlangt nach Respekt für die bisherigen Leistungen; Sie sind zurückhaltend in Ihren Wertungen.
Sie beachten nicht den eventuell vorhandenen Altersunterschied und missachten das Alter von Mitarbeitenden.	Sie berücksichtigen das Ordnungsprinzip von Teams/von menschlichen Systemen, indem Sie die Dauer der Zugehörigkeit achten, z. B. fragen Sie diese Mitarbeitenden zuerst nach ihrer Meinung und ihren Ideen. Sie können im Extremfall auch offensiv das Offensichtliche ansprechen, was den Mitarbeitenden beschäftigt. Sie können konkret ansprechen: „Ich bin nun Ihre Teamleitung. Gemeinsam haben wir die Aufgaben ... Das Besondere an uns ist, dass ich Ihr Sohn/Ihre Tochter sein könnte. Das ist für mich noch gewöhnungsbedürftig, vielleicht für Sie auch!?" (eventuell noch fragen, was er braucht, um mit einer jungen Kraft gut zusammenarbeiten zu können).
Sie fragen nicht ausführlich nach den Erwartungen der Mitarbeitenden und überhören eventuelle Signale der Mitarbeitenden, die den Wunsch nach Sicherheit und Stabilität zeigen.	Sie führen mit Ihren Mitarbeitenden Kennenlerngespräche; Sie halten am Anfang mehr Kontakt zu den Mitarbeitenden als später; Sie führen mit dem Team nach spätestens 100 Tagen einen Workshop durch mit einem Erwartungsabgleich, von einem neutralen Trainer moderiert. Diese Systematik bestätigt Offensichtliches und zerstreut Vermutungen, gleicht Selbst- und Fremdbild ab. Die Fragen dazu sind: • Was schätzen wir Mitarbeitenden an unserer Führungskraft? • Was brauchen wir mehr oder weniger? • Was vermuten wir, braucht sie von uns? • Was schätze ich als Führungskraft an meinen Mitarbeitenden? • Was brauche ich mehr oder weniger? • Was vermute ich, brauchen sie von mir?
Sie beachten den oder die Mitbewerber aus dem Team nicht.	Das ist eine Herausforderung und kann manchmal darin enden, dass der Wettbewerber das Team verlässt; auf jeden Fall sollten Sie mit derjenigen Person sprechen (siehe Interview Melanie Schillinger), z. B.: „Ich weiß, dass Sie sich auch auf die Stelle bewarben; nun wurde mir die Rolle übertragen; ich möchte mit Ihnen gerne zusammenarbeiten und mit Ihnen überlegen, wie unsere Arbeit für die Erfüllung unseres Auftrages und zu unserer beider Zufriedenheit ausschauen kann."

Sie bedanken sich nicht für kleine und große Leistungen der Mitarbeitenden oder Unterstützungen für Ihren Einstieg.	Man sollte meinen, es nicht erwähnen zu müssen, da dies selbstverständlich sein sollte. Diese Art der Höflichkeit wird von Mitarbeitenden aufmerksam wahrgenommen.
Ein Mitarbeitender zieht über andere Kollegen her und Sie zeigen reges Interesse.	Sie unterbrechen solch ein Gespräch und schlagen vor, mit dem angeschuldigten Kollegen gemeinsam zu sprechen.

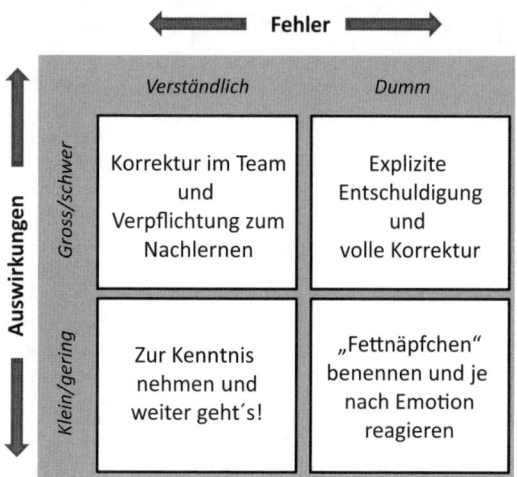

Bild 5.1 Aktionsfelder Umgang mit Fehlern und Fettnäpfen

Es gibt noch ein No-Go, das unsere Interviewpartner nannten, und dies betrifft „Leading Yourself" – dies zielt direkt auf Ihren Wesenskern und Ihre Identität. Ein No-Go ist es, wenn Sie Dinge ausführen sollen, die gegen Ihre Grundüberzeugungen stehen oder die nicht zu Ihrem Typ passen. *„Ich würde als Führungskraft alles ablehnen, wo ich mich nicht mehr im Spiegel ansehen kann"* (Doris Feurstein).

5.2 Verführungen

 Stimmen aus der Praxis

„Als junge Führungskraft wird viel in die Leistung investiert – mitunter hat man das Gefühl, dass die Kraft unendlich ist. Die Kraft möglichst effektiv einzusetzen, ist eine Führungsaufgabe." (Franz Jenewein)

„Ich denke, dass ich anfangs erst auf Mitarbeiter ‚hereingefallen' bin, die mit einem Problem zu mir kamen und von mir die Lösung haben wollten. Das hat mir gefallen, da mein Rat, meine fachliche Lösungskompetenz gefragt war."
(Günter Murmann)

„Verführbar ist ganz am Anfang dieses Durchsetzenkönnen, wo alles neu ist, wo man ungewöhnliche Sachen macht. Da ist die Gefahr, einem gehört die Welt und keiner kann einem widerstehen – so eine Hybris. ... Perfektionisten haben einen hohen Anspruch an sich. Ansonsten ist man von der Ermächtigung schon verführbar. Es gilt, liebevoll an sich hinzusehen und festzustellen, wo meine Schattenseiten sind. Was kann ich gut, aber auch, was kann ich schlecht." (Klaus Brück)

„Gute persönliche Beziehungen mit Kollegen sind ein heikles Umfeld, das man genau im Auge behalten muss. ... Verführerisch – und da müssen wir halt ehrlich sein – war die neue Business Card mit dem Titel. Schrecklich, aber wahr."
(Dieter Tremp)

„Die Gefahr für eine Führungskraft ist immer die Macht." (Doris Feurstein)

„Anspruchsvolle fachliche Aufgaben können sehr verführerisch sein. Damit kann man Menschen unbewusst ködern. ... Das Verführerische dabei aber ist, die technischen Herausforderungen und der dafür notwendige Zeitaufwand lassen dir keine Zeit mehr für deine Mitarbeiter. Die Gefahr ist, wenn du diesen Weg gehst, bunkerst du Wissen. ... du bist dein bester Mitarbeiter."
(Heinz Meck)

Können Sie auch nicht laufen vor lauter Kraft als junger Teamleiter oder sind Sie bis unter die Haarspitzen motiviert von Ihrer neuen Aufgabe als Abteilungsleiterin? Dann sind Sie in guter Gesellschaft zu unseren Interviewpartnern in deren jungen Jahren. An diese junge Kraft von damals konnten sich alle mit einem leicht verklärten Lächeln noch gut erinnern. Genießen Sie es. Hermann Hesse spricht ja vom „Zauber des Anfangs, der uns beschützt und hilft zu leben" (*Glasperlenspiel*, Stufengedicht). Doch seien Sie sich auch der Verführung dieser Kraft bewusst. Im Grunde treffen die Lösungen bei den Fettnäpfen und No-Gos auch bei den Verführungen zu.

Verführungen lauern überall: So gut wie jeder hat eine Portion Eitelkeit, ist empfänglich für Schmeicheleien und wäre gerne ein Alleskönner und Alleswisser. Plötzlich haben Sie nun auch Macht über andere Menschen. Sie können selbst entscheiden, was für Arbeiten Sie übernehmen und welche Sie delegieren wollen oder wie die Beziehungen gestaltet werden. Seien Sie sich Ihrer Rolle als Führungskraft und Ihrer Aufgaben als Führungskraft bewusst. Sie sind weder Superman noch Catwoman, Sie haben eine bestimmte Position mit ganz spezifischen Anforderungen inne. Dabei müssen Sie weder alles können noch von allen gemocht werden. Machen Sie sich auch Ihre Eitelkeiten bewusst. Auf was sprechen Sie besonders an? Reflektieren Sie und setzen Sie Ihre Vorlieben immer wieder in Relation zu den angestrebten Zielen.

Gehen Sie immer wieder in die Selbstreflexion. Betrachten Sie sich nach der englischen Metapher „go to the balcony" selbst „von oben", indem Sie auf die Metaebene wechseln.

Reflexion
- Wem bin ich wie zu schnell?
- Lass ich mir schmeicheln mit meiner Hilfsbereitschaft?
- Will ich meine fachliche Kompetenz unter Beweis stellen?
- Will ich meine Idee unbedingt durchsetzen?
- Lass ich mir Zeit, den Kontext zu betrachten?
- Wie beeinflusst mich mein Machtzuwachs?

Ideal ist in dieser Anfangszeit ein Mentor. **Mentoring** ist in manchen Unternehmen eine erfolgreiche Personalentwicklungsmaßnahme oder im Cross-Mentoring zwischen mehreren beteiligten Unternehmen: Eine ältere Führungskraft aus einem anderen Fachbereich oder einem anderen Unternehmen begleitet eine junge Führungskraft über einen gewissen Zeitraum, gibt wertvolle Impulse aus erfahrener Sicht und stellt wohlwollend kritische Fragen zur Reflexion. Der Vorteil des

Mentors ist, dass er nicht in der Rolle der beurteilenden vorgesetzten Führungskraft ist.

 Vor allem in der Anfangszeit wird viel von einer neuen Führungskraft verlangt. Lassen Sie sich helfen und holen Sie sich Unterstützung von einem Mentor, einem Coach und/oder einer Coachinggruppe.

Der Begriff geht zurück auf Mentor, den Freund von Odysseus, der Mentor bittet, sich um seinen Sohn Telemachos zu kümmern, als er nach Troja in den Krieg zieht. Unsere Interviewpartner hatten alle keinen expliziten Mentor. Bei einigen wurde der direkte Vorgesetzte unterstützend erlebt. Alle hätten sich im Nachhinein einen Mentor gewünscht und finden es zum Teil unverantwortlich, junge Leute ohne Vorbereitung und Begleitung in die Rolle der Führungskraft gehen zu lassen (sogar „ein Verbrechen", Heinz Meck) Der Führungskräfteentwickler Norbert Coors bekräftigt in seinem Interview die Bedeutung von Mentoring, insbesondere während und nach Auslandseinsätzen. Für diese besonderen Übergangsphasen haben die jungen Führungskräfte gänzlich keine Erfahrungsmodelle. Diese können sie nur von älteren Führungskräften bekommen, die jene Erfahrungen schon gemacht haben.

Wenn Ihr Unternehmen kein Mentoring anbietet und Ihre Führungskraft als Berater – aus welchen Gründen auch immer – für Sie nicht zur Verfügung steht, dann suchen Sie sich einen **informellen Mentor**. Gehen Sie alle bekannten älteren Führungskräfte im Geiste durch, die Sie kennen und zu denen Sie Vertrauen haben. Scheuen Sie sich nicht, diese zu fragen, ob Sie sich für einen gewissen Zeitraum bewusst mit Fragen an sie wenden dürfen. Wie wir schon sahen, hat die sogenannte Generation Y einen selbstverständlicheren Bedarf nach Feedback. Scheuen Sie sich nicht, diese Möglichkeit anzugehen.

 Bauen Sie sich gezielt ein Netzwerk auf. Dieses kann Sie in vielerlei Hinsicht unterstützen. Und ohne Unterstützer ist man schnell auf verlorenem Posten …

Scheuen Sie sich nicht, Fragen zu stellen. Es ist noch kein Meister vom Himmel gefallen.

Sehr hilfreich für den Einstieg und die Vermeidung unnötiger Verhaltensfehler sind modulare Führungskräftequalifizierungen, in denen Sie mit Methoden der kollegialen Fallarbeit sich gegenseitig zu konkreten Anliegen und Anlässen beraten. Ideal ist es, wenn sich zwischen den Modulen vier bis sechs Kollegen als **Coachinggruppe** treffen, um sich gegenseitig zu beraten. Damit können Sie nicht nur Methoden- und Führungskompetenz ausbauen, sondern auch das Netzwerk im Unternehmen. Das „Netzwerken" ist für Ihre Karriere unerlässlich. Nutzen Sie all jene Veranstaltungen, bei denen Sie von anderen lernen können und wo Sie auch Ihre Kompetenz zeigen können. Netzwerken geht auch bei Maßnahmen außerhalb des Unternehmens, wenn Sie Zusatzausbildungen an IHKs, TÜV-Akademien und anderen Bildungsinstituten besuchen.

> **Schlüsselfragen**
>
> - In welche Fettnäpfe bin ich schon getreten? Welche Wirkung hatte dies, was habe ich daraus gelernt?
> - Welches No-Go ist mir schmerzlich in Erinnerung? Welche Lernerfahrung habe ich daraus gewonnen?
> - Wo bin ich verführbar? Wo habe ich mich schon verführen lassen? Welche Wirkung hatte dies? Was hilft mir, dass dies nicht mehr passiert?
> - Welche Möglichkeiten des Mentorings sehe ich in meinem Unternehmen?
> - Welchen informellen Mentor kenne ich in meinem Umfeld?
> - Welche Netzwerkmöglichkeiten sehe ich im Unternehmen und außerhalb?

6 Motivierende Teamarbeit und Vertrauen schaffendes Miteinander

„Die stärkste und die beste Droge für den Menschen ist der andere Mensch."
(Bauer 2011, S. 54)

Hotspot

Dieses Kapitel zeigt Ihnen, wie Sie in verschiedenen Teamphasen als Führungskraft steuern können und wie Sie Motivierung erreichen und Demotivierung vermeiden:

- Team- und Gruppenarbeit lassen sich im Wesentlichen pragmatisch mit den vier Phasen Forming, Storming, Norming, Performing beschreiben.
- Die oft gefürchtete Stormingphase wird zum produktiven Prozess, wenn Sie und Ihr Team auf der Sachebene „stürmen" und dies als Chance und nicht als Bedrohung sehen.
- Motivation entsteht, wenn der Sinn und der Auftrag für alle klar sind, die Mitarbeitenden diesen eine subjektive Bedeutung geben und einen Beitrag zur Auftragserfüllung leisten können und wollen.
- Motivation lösen Sie aus, wenn sich Mitarbeitende von Ihnen gesehen fühlen und auch untereinander im wertschätzenden Kontakt sein können; als junge Führungskraft gilt es, den Status und das Alter der Teammitglieder zu beachten und diese bewusst einzubeziehen.
- Lösen Sie durch Ihre Sprache kraftvolle, positiv gefärbte Emotionen bei Ihren Gesprächspartnern aus.
- Motivation entsteht, wenn Sie Ihren Mitarbeitenden vertrauen. Wagen Sie Vertrauen und reagieren Sie unmissverständlich auf Vertrauensmissbrauch.

■ 6.1 Teams steuern

 Stimmen aus der Praxis

„Einfach war es nicht, denn ich kam aus dem Team und es gab schon einige Erfahrenere, die damit innerlich gekämpft haben. Es gab auch einige darunter, die diesen Job für sich beansprucht hätten." (Melanie Schillinger)

„Ich kann jeder Führungskraft, die längerfristig erfolgreich sein und bleiben will, nur das eine empfehlen: Holen Sie sich die besten Fachleute, die Sie bekommen können, sehen Sie diese nicht als Konkurrenz!" (Günter Murmann)

„Und wenn die Jungen so kommen mit dem vielen Elan und den vielen neuen Ideen, dann fühlen sich die Alten eben nicht so gesehen." (Doris Feurstein)

„Also war mein Anspruch, erst mal viel auch von den Mitarbeitern zu lernen und ein Gespür dafür zu bekommen, was die Mitarbeiter da eigentlich selber zu verantworten haben." (Albrecht Proebst)

„Dieser menschliche Austausch in diesen schnellen Wandelprozessen, das wertschätzende Anhören der verschiedenen Perspektiven und dann reagieren – darin, meine ich, liegt die Zukunft für Führungskräfte und Mitarbeiter." (Norbert Coors)

Starteten oder starten Sie Ihre Führungsaufgabe in einer Gruppe, die Ihnen bekannt war, oder kommen Sie von außen? Besteht die Gruppe schon länger oder wird sie erst geformt? Werden Sie disziplinarische Führungskraft sein oder laterale Führungskraft als Fachführungskraft oder Projektleiter? Wird Ihre Teamarbeit eher „konventionell" sein oder verteilt über Standorte und Regionen und damit eher „virtuell? All das hat Einfluss auf Ihre Steuerung der Gruppe.

Die Begriffe „Gruppe" oder „Team" werden zum Teil gleich verwendet, zum Teil bewusst unterschieden, zum Teil unklar verwendet. Eine Gruppe besteht aus zwei oder mehr Mitgliedern, die gemeinsame Ziele verfolgen und dazu kooperieren und sozial interagieren. Daher könnten wir überspitzt sagen, dass sogar Tausende FC-Bayern-München-Fans in der Fankurve als interaktive und zielstrebige Gruppe zu bezeichnen sind. Wir würden aber diese Gruppe nie als Team bezeichnen. Die Teambezeichnung geben wir den elf Personen auf dem Rasen. In einem Team ist die Intensität der Gruppenprozesse höher, und dies geht nur in überschaubaren Gruppengrößen. Die Anzahl der Personen ist eine relevante Unterschiedsgröße. Die genaue Trennlinie zwischen überschaubaren Arbeitsgruppen und Teams bleibt häufig unklar. Daher verwendet die Wissenschaft beide Begriffe in Übersichtsarbeiten oft synonym (Hertel/Scholl 2005, S. 2).

Zum Teil wurden die Begriffe „Team" und „Teamarbeit" in Unternehmen idealisiert, um den sportlichen Schwung und die Gemeinschaft zu fördern oder um mit diesem Label Hierarchie und Leitung zu relativieren. Nicht überall, wo Team draufsteht, ist Team drin – so werden manche Arbeitsgruppen, die an einem übergeordneten Ziel arbeiten, aber wenig miteinander agieren, als Teams bezeichnet. Die Menschen fühlen sich darin falsch „etikettiert", weil die erlebte Realität nicht der Bedeutung des Begriffs entspricht. Daher sollten Sie den stimmigen Begriff für Ihre Gruppe, Ihr Team oder Ihre Abteilung wählen und durchgängig verwenden.

Aus den Zitaten der Interviewpartnerinnen und -partner können Sie die Vielschichtigkeit herauslesen, der Sie in Ihrer Arbeitsgruppe oder Ihrem Team begegnen können. Einige Empfehlungen für den Anfang haben Sie im letzten Kapitel schon kennengelernt. Im Folgenden erhalten Sie Kommunikationshilfen und methodische Anregungen, um die verschiedenen Phasen zu steuern, welche vermutlich Ihr Team oder Ihre Arbeitsgruppe durchlaufen wird.

6.1.1 Phasen der Teamarbeit

Die Wissenschaft entwickelte Phasenmodelle oder Lebenszyklusmodelle, die fast alle vier bis fünf Phasen umfassen. Das Modell von Guido Hertel und Wolfgang Scholl beschreibt den Lebenszyklus einer betrieblichen Arbeitsgruppe beispielsweise in fünf Phasen mit der Nennung der Steuerungsaufgaben (Tabelle 6.1).

Tabelle 6.1 Lebenszyklusmodell (nach Hertel/Scholl 2005)

Phase 1: Aufbau und Konfiguration	Phase 2: Initiierung und Start	Phase 3: Erhaltung und Regulation	Phase 4: Evaluation/ Optimierung	Phase 5: Beendigung
▪ Hauptziele der Gruppe ▪ Auswahl der Mitglieder ▪ Aufgabengestaltung	▪ Kick-off-Veranstaltung ▪ Zielvereinbarungen ▪ Regeln ▪ Schulung und Training	▪ Führung und Coaching ▪ Motivation ▪ Controlling und Feedback	▪ Evaluation ▪ Personalentwicklung ▪ Teamentwicklung	▪ Würdigung der Erfolge ▪ Wissensmanagement ▪ Re-Integration der Mitarbeitenden

Sehr praktikabel ist auch nach wie vor das bekannteste und älteste Modell für Team- oder Gruppenphasen, das Modell nach Bruce Tuckman. Es fokussiert die Entwicklung von Gruppen im Wesentlichen auf vier Phasen bzw. Stufen. Damit können Sie und Ihr Team gut feststellen, wo Sie stehen, und Ihre Zusammenarbeit beschreibbar machen. Mit der Unterscheidung auf Sach- und Beziehungsebene wird das Modell ein nützliches Tool, um herauszufinden, wo und wie interveniert werden kann und auch interveniert werden muss.

Bruce Tuckman stellte die Entwicklung ursprünglich als Uhr dar. Bild 6.1 zeigt das Modell, ergänzt um die fünfte Phase des Adjournings, die Tuckman als die Beendigungsphase eines Teams beschreibt. Tuckman hält die Beachtung dieser Phase für relevant, da für die eigene Motivation unklare Abschlüsse und Beendigungen lähmend sind. Daher bedenken Sie auch den Abschluss für sich und Ihre Mannschaft. Beachten Sie, dass es schleichende Abschiede von einzelnen Personen geben kann. Das würde die Gruppe schwächen und ein demotivierendes Gefühl hinterlassen. Bereiten Sie den Abschied rechtzeitig vor.

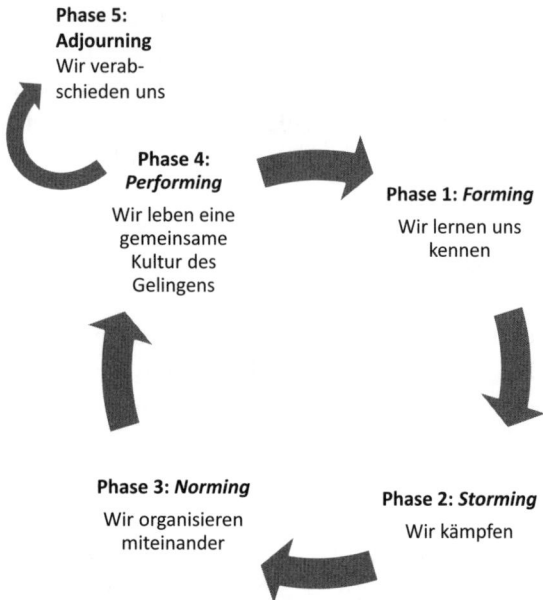

Bild 6.1 Die Teamentwicklungsuhr nach Bruce Tuckman veranschaulicht die Dynamiken in einem Team

6.1.2 Forming: Wir lernen uns kennen (Phase 1)

Annahme: Das Team wird neu gebildet bzw. das Team bekommt zahlreiche neue Mitglieder oder die Aufgabenstellung ändert sich signifikant. Sie selbst haben die Fachkompetenz für die Aufgabenstellung. Sie erstellen in der Formingphase durch die Absprachen und die Einbeziehung der Mitarbeitenden eine Vereinbarung (im Grunde einen „Kontrakt") über die Zusammenarbeit (Tabelle 6.2). Am Ende der Vereinbarungen könnten Sie z. B. fragen: „Können wir mit diesen Vereinbarungen leben, auf einer Skala von 1 bis 10, wie gut passt es für Sie?" Wenn es nicht zufriedenstellend ist, dann arbeiten Sie weiter daran.

Tabelle 6.2 Mögliches Verhalten der Teammitglieder und entsprechende Handlungsempfehlungen für die Teamleitung während der Formingphase

Verhalten der Teammitglieder Beispiele	Das Team steuern (Leitung) Handlungsempfehlungen
Sachebene	
Die Mitarbeitenden suchen Orientierung.	Vermitteln Sie klar die Ziele und den Sinn des Auftrags.
... wollen Aufgabenverteilung.	Klären Sie die Rahmenbedingungen und Rollen der Teammitglieder und Ihre eigene als Leitung.
... brauchen Klarheit über Regeln im Team.	Treffen Sie Vereinbarungen und erstellen Sie gegebenenfalls eine Roadmap/Milestones.
... fragen nach den im Team benutzten Tools, Ressourcen und Methoden.	Stellen Sie Ressourcen zur Verfügung.
Beziehungsebene	
... beschnuppern sich – wahren eher Distanz.	Ermöglichen Sie das Kennenlernen und erfragen Sie die Erwartungen der Mitarbeitenden – eventuell Workshop außerhalb der Firma; für virtuelle Teams besonders wichtig.
... sind eher unsicher/vorsichtig.	Haben Sie ein „offenes Ohr" ins Team, geben Sie Raum für Wünsche, Fragen und Dissens.
... können auch euphorisch und „anfangsbegeistert" sein.	Um die Situation und Mitarbeitenden einschätzen zu können, suchen Sie sich einen vertrauten Mentor.
... orientieren sich an der Leitung.	Seien Sie präsent und offen für Kontakt.
Ältere Mitarbeitende sind skeptisch und erwarten Anerkennung ihres Status.	Würdigen Sie die Leistung der älteren Mitarbeitenden. Gehen Sie auf diese zuerst zu bei der Umsetzung von Neuerungen, fragen Sie diese nach deren Erfahrung. Beachten Sie Ihr Tempo, seien Sie nicht zu schnell.

Wenn Sie die einzige neue Person im Team sind und die Aufgabenstellung gleich bleibt, dann ist Ihre Arbeit insbesondere auf der Beziehungsebene zu leisten. Zeigen Sie Präsenz, halten Sie eine kurze Rede zu Ihrem Einstieg und führen Sie bilaterale Gespräche zum Kennenlernen und Erwartungsaustausch. Sollten Sie selbst nur wenig Erfahrung in dem Arbeitsfeld mitbringen, dann handeln Sie, wie Albrecht Proebst schreibt. Gehen Sie auf die Mitarbeitenden zu und lernen Sie von ihnen. Wenn die Gruppe sich neu formt, sollten Sie auf Sach- und Beziehungsebene steuern und beide Ebenen in Teambuilding-Workshops bearbeiten. Wenn Sie Ihre Mitarbeitenden angemessen einbeziehen, wird sich dies positiv auf die Arbeitsmotivation auswirken.

Bei einem eher **virtuellen Team** ist die Formingphase besonders wichtig, um eine Verständigung über die Aufgaben, Kompetenzen und Verantwortlichkeiten zu erzielen. In virtuellen Teams berichten Mitarbeitende häufig von Zielkonflikten, da sie gleichzeitig in verschiedenen Teams Mitglieder sind. Die Führung erfolgt hier mehr über Struktur und Mediennutzung. Dies erfordert von Ihnen eine „Medienkompetenz", die vor allem am Anfang zu sicheren Konferenzerlebnissen führt und damit das Team motiviert. Regelmäßige gemeinsame Treffen via Video- oder Webkonferenz stützen den Teamzusammenhalt. Ihre Führungskunst wird es sein, nicht kontrollierend als „Big Brother" über die Kommunikationstechnologien zu erscheinen, sondern eher unterstützend und moderierend zu wirken (Hertel/Hüffmeier 2014, S. 251).

Wenn die Formingphase gut gelingt, dann kann es sein, dass das Team rasch produktiv in die Norming- und Performingphase übergeht. Dennoch ist zu beobachten, dass es nach einer Formierungsphase zu Unstimmigkeiten kommt, der Stormingphase. Diese Phase hat zwei Gesichter. Zum einen sind Teams auf Dauer effektiver, wenn sie sich auf der Sachebene wertschätzend auseinandersetzen und über Aufgabenkonflikte sachlich „streiten" (Hertel/Hüffmeier 2014, S. 243). Zum anderen kann die Phase anstrengend bis demotivierend sein, wenn zu viel Energie durch „Kämpfen" auf der Beziehungsebene verbraucht wird.

6.1.3 Storming: Wir kämpfen (Phase 2)

 Ihre Haltung ist entscheidend: Sehen Sie das „Streiten" auf der Sachebene als Chance.

Annahme: Das Team ist länger zusammen, und aufgrund von Aufgabenverschiebungen, Personalwechsel und Leistungsdruck kommt es zu mangelnder Zusammenarbeit, E-Mails werden gesendet, statt miteinander zu sprechen, Übergaben sind zu kurzfristig etc. (Tabelle 6.3).

Tabelle 6.3 Mögliches Verhalten der Teammitglieder und entsprechende Handlungsempfehlungen für die Teamleitung während der Stormingphase

Verhalten der Teammitglieder Beispiele	Das Team steuern (Leitung) Handlungsempfehlungen
Sachebene	
Unproduktiv: Mitarbeitende diskutieren über den Nutzen der vereinbarten Methoden und Regeln ohne Lösungsvorschläge und zeigen unterschiedliche, nicht vereinbarte Herangehensweisen. **Produktiv:** Mitarbeitende diskutieren, stellen Vereinbarungen infrage und bringen Lösungsvorschläge.	Sie machen Unterschiede transparent, achten darauf, dass sich alle äußern können, und fragen nach den Motiven. Sie wägen gemeinsam Nutzen und Aufwand sowohl für den Einzelnen als auch für das Team ab (z. B. mit einer Kosten-Nutzen-Matrix). Sie erneuern oder modifizieren Ihre Vereinbarungen und erwarten die Einhaltung (Sie beobachten in der Folgezeit aufmerksam und geben bei Nichteinhaltung sofort Feedback).
Unproduktiv: Mitarbeitende konfrontieren sich zunehmend über den Fortschritt und die Ergebnisse der Arbeit und kommen in eine „Problemtrance". **Produktiv:** Mitarbeitende konfrontieren sich über die gemeinsame Arbeit, benennen Auswirkungen und bringen Ideen zum Optimieren.	Sie fragen offen nach, fassen immer wieder zusammen (Methode „aktives Zuhören") und fragen nach den konkreten Bedarfen, damit Transparenz herrscht. Sie beschönigen nichts, doch bringen das Team durch lösungsorientierte Fragen und Brainstormingmethoden in eine „Lösungstrance". Sie fordern die Mitarbeitenden auf, sich gegenseitig rechtzeitig zu informieren und proaktiv zu handeln.
Unproduktiv: Mitarbeitende verlieren die gemeinsame Zielrichtung.	Sie stellen den gemeinsamen Auftrag heraus und den Sinn dessen, die Einbettung in das große Ganze. Sie klären ab, ob jedes Teammitglied ein ähnliches Verständnis hat: „Welchen Sinn siehst du in …?" Eventuell führen Sie einen Workshop durch, in dem die verschiedenen Perspektiven geäußert werden können und in dem es am Ende eine gemeinsame Orientierung gibt (Alignment).
Unproduktiv: Es kommt zu unklaren Verantwortungsverschiebungen und ungenauer Entscheidungshoheit.	Sie klären dies gemeinsam ab oder nur mit den betreffenden Personen und machen die Ergebnisse für alle transparent. Sie bearbeiten dies in dem Alignment-Workshop und schaffen klare Kompetenzzuweisungen (im Zweifel müssen Sie anordnen).
Beziehungsebene	
Einige Mitarbeitende haben Konflikte miteinander, die offen oder verdeckt ablaufen können.	Sie machen unterschiedliche Haltungen/Sichtweisen in Gesprächen transparent (einzeln oder im Team, je nach Verlauf des Konflikts); auch hier arbeiten Sie mit aktivem Zuhören. Sie bringen die Beteiligten in die Selbstverantwortung: „Was ist Ihr Beitrag zur Lösung?" Sie beobachten und begleiten den Fortgang und intervenieren erneut. Persönliche Angriffe müssen zeitnah von Ihnen „geächtet" werden („Dieses Verhalten akzeptiere ich nicht").

Verhalten der Teammitglieder Beispiele	Das Team steuern (Leitung) Handlungsempfehlungen
Es kommt zu ungünstigen Cliquenbildungen (es lässt sich nicht immer vermeiden, es kommt darauf an, ob die Prozesse und Ergebnisse der Gruppe darunter leiden).	Sie beobachten, hören die Stimmung dazu heraus und entscheiden sich für Teammaßnahmen oder, falls möglich, neue Aufgabeneinteilungen. Sie verlangen, dass sich bei jedem Meeting die Kollegen immer wieder an einen neuen Platz setzen mit einem neuen Nachbarn.
Einzelne bemühen sich um Positionen und Status (oft langjährige Mitarbeitende oder sich sehr kompetent fühlende Mitarbeitende) untereinander und Ihnen gegenüber.	Sie würdigen die Leistung der Mitarbeitenden. Sie beziehen diese bei passenden Aufgaben als Erstes mit ein (siehe Interview Jörg Machek) und/oder vergeben Sonderaufgaben. Ihre Grundhaltung sollte sein: Das ist in Ordnung so! (Es verunsichert nämlich erst mal, wenn man als Neuling so etwas feststellt.)
Mitarbeitende haben nun den Mut, auch Ihnen kritische Fragen zu stellen, bzw. wollen Sie in Bezug auf Leitungsstärke und Sachkompetenz testen.	Bleiben Sie gelassen! Hören Sie heraus, worum es geht. Häufig wollen die Mitarbeitenden ihre Bedeutung und Kompetenz vermitteln und Anerkennung spüren. Falls Sie sich angegriffen fühlen, ist eine Selbstreflexion sinnvoll (Was hat das mit mir zu tun?).

Grundlage für eine wirksame Steuerung in den zunehmenden Veränderungsprozessen, die zu Stormingphasen führen, ist Ihre angemessene Balance zwischen „Führungsintervention" und „Eigenverantwortlichkeit im Team". Diese Balance können Sie leichter finden, wenn Sie Ihre Art, Konflikte anzugehen, kennen sowie sich Ihrer Stärken und Schwächen und des Auftrags Ihres Unternehmens deutlich bewusst sind. Für die passende Gestaltung dieser Balance sind Sie als Führungskraft da. Dies bringt Bestsellerautor Reinhard Sprenger auf den Punkt: „Führung hat ihren Aufgabenbereich ‚jenseits' der Routine, nämlich im Konflikt, in dilemmatischen Situationen … Die Wahrscheinlichkeit von Konflikten macht Führung notwendig" (Sprenger 2012, S. 148).

In diesen konfliktreichen Phasen entwickeln wir uns am meisten. Wenn Sie darin eine Möglichkeit der Weiterentwicklung sehen, dann fällt es Ihnen leichter, sich mental auf die nächste Stormingphase „einzutunen". Sie sagen sich z. B.: „Interessant, eine neue Lern-/Trainingseinheit für mich!" Mit dieser Einstellung geraten Sie nicht in eine „Ohnmachtshaltung", sondern streben nach Lösungen und werden Erfolg ernten.

6.1.4 Norming: Wir organisieren miteinander (Phase 3)

Annahme: Das Team hat sich aus der Stormingphase befreit. Falls sich die Gruppe auf der Beziehungsebene auseinandergesetzt hat, wird sie nun in der Normingphase verstärkt versuchen, die Vertrautheit zu pflegen und die informellen Prozesse zu stabilisieren. Vielleicht übernehmen Sie aber auch eine Arbeitsgruppe, die wenig Reibungspunkte miteinander hatte und ihr Potenzial für eine Performingphase noch nicht ausschöpfte. Dann erleben Sie vermutlich eher die in Tabelle 6.4 genannten Beispiele.

Tabelle 6.4 Mögliches Verhalten der Teammitglieder und entsprechende Handlungsempfehlungen für die Teamleitung während der Normingphase

Verhalten der Teammitglieder Beispiele	Das Team steuern (Leitung) Handlungsempfehlungen
Sachebene	
Mitarbeitende haben einen offenen Informationsaustausch, und dieser funktioniert zeitnah.	Sie sorgen von Ihrer Seite für eine transparente Information und Dokumentation der Prozesse.
… treffen Vereinbarungen/Absprachen und halten sich daran.	Sie festigen Ihre Verantwortlichkeiten und die Rollenklarheit durch Transparenz in Ihrer Führungskommunikation.
… handeln lösungsorientiert, d. h., sie suchen gemeinsam nach Lösungen.	Sie beziehen das Team bei Problemlösungen deutlich mit ein und können Aufgaben mit Unterstützung des Teams „fein justieren".
… teilen Ressourcen im Team.	Sie geben mehr Verantwortung in die Hände des Teams.
Beziehungsebene	
Konflikte sind gelöst, Mitarbeitende probieren neue Verhaltensmuster aus.	Pflegen Sie zu jenen Mitgliedern Kontakt, die diesen zur Stabilisierung brauchen.
Mitarbeitende akzeptieren sich untereinander und die verschiedenen Sichtweisen.	Sie betonen bewusst den Nutzen des Perspektivenwechsels und bringen Mitarbeitende in Tandems oder Trios zu Miniprojekten zusammen.
Team reflektiert sich gemeinsam in wertschätzender Form.	Sie halten sich zurück mit schnellen Wertungen, sondern stellen eher Fragen wie: „Welche Wirkung hat das für dich?", „Was war dein Beitrag zur Veränderung?"

Verhalten der Teammitglieder Beispiele	Das Team steuern (Leitung) Handlungsempfehlungen
Wir-Gefühl entsteht.	Sie fördern bewusst die Stärken des Teams/der Teammitglieder: Wo sind die Talente? Sie loben und anerkennen die Beiträge der Teammitglieder für die Umsetzung der Vereinbarungen und den gemeinsamen Erfolg. Sie verwenden bewusst das Wort „wir", wenn Sie vom Team sprechen (kein „man").

Sie können diese Phase schon genießen, da das Team produktiv und eigenverantwortlich handelt. Nach einer heftigen Stormingphase kann die Normingphase noch fragil sein. Daher achten Sie auf die vertrauensbildenden Maßnahmen. Dabei dürfen Sie die Grenze zwischen Leitung und Teammitglied nicht verwischen. Die gemeinsame Aufgabe darf nicht an Bedeutung verlieren und braucht Ihr Augenmerk.

Aktives Zuhören

Nicht nur in der Stormingphase müssen Sie als Führungskraft genau zuhören. Generell ist aktives Zuhören eine Ihrer wichtigsten Kommunikationsmethoden. Es besteht aus **zwei Teilen**:

- Sie halten Blickkontakt und zeigen volle Aufmerksamkeit.
- Sie geben in eigenen Worten wieder, was Sie glauben, verstanden zu haben, z. B.: „Verstehe ich dich richtig, du meinst …?" oder: „Geht es dir darum, dass …?" (der Sachinhalt wird zusammengefasst/rückformuliert) oder: „Fühlst du dich aktuell unterfordert, überfordert, missverstanden, ausgebremst etc.?" (der Gefühlsinhalt wird verbalisiert/gespiegelt)

Die Methode entfaltet dann eine große Wirkung, wenn Sie nicht nur danach handeln, sondern auch die **Haltung** haben, dass Sie den anderen verstehen wollen.

6.1.5 Performing: Wir leben eine gemeinsame Kultur des Gelingens (Phase 4)

Annahme: Ihr Team, Ihre Arbeitsgruppe hat die bisherigen Phasen durchlebt, und Sie erleben nun ein High Performance Team. Vielleicht ist Ihr Team aber auch auf der Beziehungsebene in der Performingphase und auf der Sachebene in einer produktiven Stormingphase. Es bildet sich eine Kultur, in der nachhaltig effektiv und effizient gearbeitet wird (Tabelle 6.5).

Tabelle 6.5 Mögliches Verhalten der Teammitglieder und entsprechende Handlungsempfehlungen für die Teamleitung während der Performingphase

Verhalten der Teammitglieder Beispiele	Das Team steuern (Leitung) Handlungsempfehlungen
Sachebene	
Mitarbeitende zeigen hohes gemeinsames Engagement bei der Erfüllung der Aufgaben.	Sie beobachten, beraten, koordinieren, delegieren und moderieren Prozesse.
… leben die vereinbarten Prozesse/Strukturen, sie erleben sich effektiv und effizient.	Sie initiieren Reflexionsschleifen bei Projektabschlüssen und führen diese umfassend durch („Lessons Learned").
… zeigen hohen Selbststeuerungsgrad und gehen in die Verantwortung.	Sie behalten trotz der hohen Selbstorganisation des Teams den Überblick. Auf der Aktionsebene: Sie begleiten Ihre Mitarbeitenden nur.
… gehen mit neuen An- und Herausforderungen kreativ/flexibel um. … leben nicht nur eine „Lösungskultur", sondern auch miteinander eine „Innovationskultur".	Sie positionieren/präsentieren das Team nach innen und außen und betreiben „Marketing". Sie geben immer wieder den perspektivischen Blick: Wo die Reise hingeht!
Beziehungsebene	
Mitarbeitende sehen sich mit ihren Stärken und Schwächen und ihren Eigenarten wahrgenommen, Beziehungen und Rollen im Team sind geklärt.	Sie haben die Stärken der Mitarbeitenden im Blick und betreiben eine gezielte Personalentwicklung.
Team erlebt die Zusammenarbeit spürbar vertrauensvoll; statt Schuldzuweisungen wird kollegiale Beratung und Unterstützung angeboten.	Sie würdigen das Erreichte mit Zwischenlob und suchen gemeinsam nach angemessenen „Festen". Sie initiieren und fördern Problemlösungsrunden mit der Methode „kollegiale Beratung".
Konstruktive Konfrontations- und Konfliktkultur wird gelebt, und auch offenes Feedback und Lob.	Sie bauen auch auf dieser Ebene Reflexionsschleifen ein: Wo steht das Team?
Mögliches Risiko: Team fühlt sich gegenüber Außenwelt und Schnittstellen autonom, eventuell auch besser als andere.	Sie steuern gegen, wenn sich das Team zu autonom gegen den „gegen den Rest der Welt" positioniert.

Wenn Ihr Team über einen längeren Zeitraum besteht, dann ist es normal, dass Sie die Performingphase auch wieder verlassen, wenn sich der Auftrag mit den Aufgaben oder die Personalzusammensetzung wesentlich ändert. Eines soll mit dieser Darstellung deutlich werden: Wenn die Beziehungsebene in Ordnung ist, dann werden Sie leichter auf der Sachebene die Probleme lösen und Ihre Aufträge erfüllen. Doch es geht für die wirksame Steuerung einer Gruppe nicht darum, ein „schöner Wohnen" zu erreichen, bei dem fast alle Teammitglieder Freundesstatus erlangen. Die Generation Y möchte sich zwar wohlfühlen, möchte mehr Feedback, will eine gute Work-Life-Balance, doch sie will auch Sinn in der Arbeit sehen – und diesen gilt es, als Führungskraft zu vermitteln. Dieser liegt überwiegend im Beitrag des einzelnen Teammitglieds zum Gesamtziel/-erfolg auf der Sachebene.

6.1.6 Adjourning: Wir verabschieden uns (Phase 5)

Annahme: Das Projekt geht dem Ende entgegen oder das Team wird aufgelöst oder umstrukturiert.

Tabelle 6.6 Mögliches Verhalten der Teammitglieder und entsprechende Handlungsempfehlungen für die Teamleitung während der Adjourningphase

Verhalten der Teammitglieder Beispiele	Das Team steuern (Leitung) Handlungsempfehlungen
Sachebene	
Die Mitarbeitenden wollen bilanzieren und die Ergebnisse bewerten.	Führen Sie rechtzeitig einen „Lessons Learned"-Workshop durch und bilanzieren Sie Ihren Anfangskontrakt: Feiern Sie die Erfolge, benennen Sie die Defizite, blicken Sie auf die Lernaspekte für die Zukunft.
… wollen sichere Integration in ein neues Projekt oder neue Gruppe und eine neue Herausforderung.	Unterstützen Sie rechtzeitig eine Re-Integration der Mitarbeitenden.
Beziehungsebene	
… wollen ihren speziellen Beitrag gewürdigt wissen.	Geben Sie den Teammitgliedern ein abschließendes Feedback, eine einfache Systematik ist: „Das behalte bei, das mach mehr, das mach weniger beim nächsten Mal."
… betrauern eventuell das Ende und das Auflösen der Vertrautheit.	Nehmen Sie sich Zeit, stimmen Sie bedingt zu: „Ja, es war eine vertraute Zeit, es ist schade, dass es zu Ende geht, und wir haben viel für uns gelernt. Dies nehmen wir mit und das bleibt uns …"
… wollen eventuell weiter Kontakt.	Machen Sie keine Versprechungen. Es ist oft unrealistisch, dass Sie Zeit haben für viel Kontakt.

In diesen fünf Phasen haben Sie zahlreiche Anregungen zur Analyse/Selbstreflexion/Steuerung erhalten, die direkt oder indirekt auf Ihre eigene Orientierung und die Motivierung der Mitarbeitenden wirken. Die Phasen treffen in der vertikalen und lateralen Führung zu. Als laterale Führungskraft gilt es, besonders mittels Kommunikation und Vertrauen eine Verständigung unter dem Team herzustellen. Ihren Einfluss, ihre „Macht" können Sie durch Fachwissen, Analyse- und Koordinationstalent sowie Einfühlungsvermögen stärken. Wichtig ist, dass Sie die Unterstützung der vertikalen Führungskräfte Ihrer Teammitglieder im Rücken haben.

■ 6.2 Motivierung, Motivation, Vertrauen

Stimmen aus der Praxis

„Kommunikation ist das A und O. Die Motivation der Mitarbeiter erfolgt über Kommunikation." (Albrecht Proebst)

„Indem ich ihnen immer das Gefühl gab, dass sie und ihre Arbeit wichtig für den Erfolg der Abteilung und damit für das Unternehmen sind und dass ihre Leistung anerkannt wird." (Günter Murmann)

„Also erst mal zu allen Ideen, die die Mitarbeiter haben, Ja sagen. ... Die Ideen der Mitarbeiter bewirken Wunder, und wir brauchen diese Wunder. Ohne diese Wunder arbeiten wir einfach vor uns hin." (Doris Feurstein)

„Die Motivation zu steigern ist für mich ganz entscheidend, wie wohl fühlen sich Mitarbeiter in ihren Aufgabenbereichen ... dass man Mitarbeiter auch ganz konkret anspricht, ob sie sich wohlfühlen, oder sie beobachtet, wie sie sich einsetzen in ihrem Arbeitsbereich." (Franz Jenewein)

„Und schließlich glaube ich, dass es kaum bessere Motivatoren gibt, seinen Chef zu akzeptieren und ihm folgen zu wollen, als diesen als harten Arbeiter sehen zu können. Wirklich erfolgreiches ‚Leadership' kommt nun mal nicht per Edikt von oben, sondern als Preisverleihung von unten." (Dieter Tremp)

Wenn eine Aktivität für uns sinnvoll ist, wir sie für nützlich oder weniger nützlich definieren, wir einfach nur Spaß daran haben, sie herausfordernd definieren, sie die Chance birgt, ein Flow-Erlebnis zu erreichen, dann beeinflusst dies unsere intrinsische Motivation. Die intrinsische Motivation kommt von innen, entsteht aus sich selbst heraus. Es geht bei der intrinsischen Motivation nicht darum, eine Belohnung von außen zu bekommen oder Bestrafung zu vermeiden, sondern bestimmte eigene Ansprüche zu erfüllen.

Die extrinsische Motivation dagegen wird mit dem Begriff „Motivierung" beschrieben und meint alle Maßnahmen, die das Motivationssystem im Menschen von außen anregen sollen, z. B. gute Entlohnung, individuellen Freiraum, Entscheidungshoheit, Lob, Feiern, Geschenke, angenehme Räume, reichhaltiges und günstiges Kantinenessen etc.

Extrinsische und intrinsische Motivation schließen sich gegenseitig nicht aus, sondern ergänzen sich.

Vorsicht vor Motivierungsstrategien. Diese führen nicht immer zu mehr Freude und Leistung, sondern wirken manchmal sogar demotivierend (Sprenger 1995, S. 50 ff.).

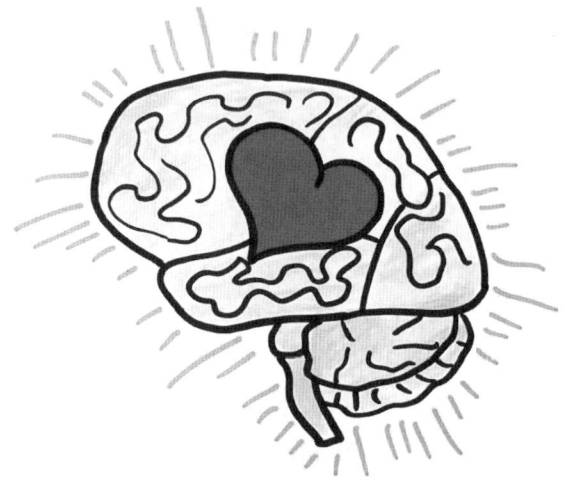

Als verantwortliche Führungskraft können Sie nur von Wahrscheinlichkeiten ausgehen, die Ihre Mitarbeitenden motivieren. Die größte Wahrscheinlichkeit, dass Sie Ihren Mitarbeitenden motivieren können, ist, dass Sie als „geheimer Neurologe" seine Nervenzellen im „Nucleus accumbens", einer Kernstruktur im unteren Vorderhirn, anregen und Ihr Mitarbeiter – ohne es bewusst zu steuern – Dopamin ausschüttet. Dopamin ermöglicht Bewegung und ist eine der drei wesentlichen Antriebsdrogen im Gehirn: Opioide, Oxytocin und Dopamin werden als Motivationssysteme bezeichnet. Erst Anfang des Jahrtausends hat die Gehirnforschung eindeutig festgestellt:

 „Nichts aktiviert die Motivationssysteme so sehr wie der Wunsch, von anderen gesehen zu werden, die Aussicht auf soziale Anerkennung, das Erleben positiver Zuwendung und – erst recht – die Erfahrung von Liebe ... Die Motivationssysteme schalten ab, wenn keine Chance auf soziale Zuwendung besteht." (Bauer 2011, S. 37)

Sie müssen Ihre Mitarbeitenden nicht lieben wie Ihren Partner oder Ihre Kinder – doch gehen Sie in den wertschätzenden Kontakt, den die spezielle Person braucht. Manche Mitarbeitende brauchen mehr Kontakt und Zuwendung, manche weniger. Eine der häufigsten unzufriedenen Aussagen von Mitarbeitenden über ihre Führungskraft ist: „Unsere Führungskraft ist so oft unterwegs und nicht da." Präsenz in unserer schnelllebigen Zeit zu zeigen ist eine Herausforderung und Notwendigkeit für Motivierung.

Neben Ihrem Kontakt zu den Mitarbeitenden ist wichtig, dass diese untereinander gut in den Kontakt gehen. Daher sollten Sie aufmerksam eine Stormingphase beobachten, damit der Kampf nicht von der Sachebene auf die Beziehungsebene rutscht, denn das wäre Gift für die Motivationssysteme.

Doch allein „netter" Kontakt schafft noch keine Motivation, die zu einer Spitzenleistung führt. Neben dem wertschätzenden Kontakt untereinander und zu Ihnen wird die Motivation von Menschen in Arbeitsgruppen durch vier Faktoren beeinflusst (VIST-Modell nach Hertel/Scholl 2005, S. 11):

- *Valenz (Wertigkeit):* Wenn Ihre Teammitglieder den Zielen Ihres Teams oder Ihrer Abteilung eine große Bedeutung und Wertigkeit beimessen, dann können Sie davon ausgehen, dass alle Beteiligten ihre Motivation zum Erreichen des Zieles aufbringen. Die zentrale Aufgabe von Ihnen als Teamleitung ist es, den Sinn und den Nutzen, das „Wozu" der Tätigkeit, anschaulich zu erläutern. Nicht immer werden Mitarbeitende bei einem neuen Auftrag „Hurra" rufen und der neuen Tätigkeit die gewünschte Bedeutung geben. Dann sollten Sie am besten mit den Mitarbeitenden das Für und Wider, den Nutzen und den Aufwand einer Aufgabe aus verschiedenen Perspektiven besprechen. Dazu hilft Ihnen die Nutzen-Aufwand-Matrix (Tabelle 6.7), die Sie in den Mitarbeitergesprächen oder in Meetings verwenden können. Insbesondere bei Change-Prozessen ist der Vergleich von vorher/nachher mit der Gegenüberstellung von Aufwand und Nutzen wichtig, damit sich die Mitarbeitenden umfassend auseinandersetzen können und sich ernst genommen fühlen, wenn beide Seiten ehrlich betrachtet werden. Wenn Sie den Nutzen und den Sinn einer Aufgabe gut herausgearbeitet haben, dann steigt die Wahrscheinlichkeit, dass Ihr Mitarbeitender in der ihm innewohnenden Autonomie motiviert sagt: „Dieser Auftrag/diese Veränderung/dieses Ziel macht für mich Sinn."
- *Instrumentalität (Auswirkung):* Ich bin motiviert, wenn ich merke, dass mein Tun und Handeln für den Erfolg der Gruppe wichtig ist und ich meiner persönlichen Anstrengung eine Bedeutung gebe. Es kann zu einer Reduzierung der Motivation kommen, wenn ich als Mitarbeitender den Eindruck habe, dass mein Beitrag keine Rolle spielt, auch wenn die Ziele sehr hoch eingestuft werden. Vielleicht erinnern Sie sich an jene unglücklichen Kindheitsmomente, wenn man als jüngstes Kind beim Fußballspielen noch gnädigerweise gewählt wurde. Es war klar, dass man so gut wie keinen Ballkontakt bekommt, und die eigene Anstrengung verlor an Bedeutung. Die Anfangsmotivation wich der Enttäuschung. Damit diese Gefühle im Erwachsenenalter nicht reaktiviert werden, sollten Sie als Teamleitung den Beitrag eines jeden Teammitglieds würdigen und bilateral und/ oder im Team nennen. Fragen Sie Ihre Mitarbeitenden, wie es ihnen geht im Arbeitsprozess, und weisen Sie auf deren Beiträge zum Gesamtgelingen hin (denken Sie an die Geschichte der drei Bauarbeiter bei Malik).
- *Selbstwirksamkeit:* Ich möchte als Mensch nicht nur meinen Beitrag für etwas leisten wollen, ich möchte auch überzeugt sein, dass ich es kann. Ich möchte meinen Beitrag kompetent leisten. Wenn ein Mitarbeitender in dem Zusammenhang glaubt, dass sein fachliches Know-how ungenügend ist, dann wird die Arbeitsmotivation gering ausfallen. Als Führungskraft sollten Sie abklären, welche

Mitarbeitenden welche Weiterbildungsmaßnahmen benötigen, um die Aufgaben gut erfüllen zu können. Bieten Sie darüber hinaus auch Unterstützung von Ihrer Seite oder von Kollegenseite an und übertragen Sie Aufgaben, die der Mitarbeitende auch wirklich gut erfüllen kann.

- *Teamvertrauen:* Die Arbeitsmotivation wird stark beeinflusst, wenn eine hohe Erwartung bezüglich der Zuverlässigkeit der anderen Mitglieder im Team und bezogen auf die Teamprozesse vorhanden ist. So kann die Motivation sinken, wenn die Teammitglieder mangelhaft kooperieren oder auch im Team verwendete technische Abläufe nicht funktionieren. Als Teamleitung sollten Sie hier ein waches Auge haben und immer wieder den Stand der Teamarbeit auf Sach- und Beziehungsebene monitoren, d. h., in einem Meeting oder Workshop den Stand der Zusammenarbeit besprechen und bei Defiziten im Prozess rasch für Abhilfe sorgen.

Tabelle 6.7 Nutzen-Aufwand-Matrix

	Mögliche Überschriften: Nutzen/Vorteile/Gewinn/ Mehrwert/Chancen	Mögliche Überschriften: Aufwand/Nachteile/ Verlust/Kosten/Risiken
Was bedeutet der neue Auftrag, die neue Aufgabe für unser Team, für unser Unternehmen? • Organisatorisch • Emotional, kulturell		
Was bedeutet es für den einzelnen Mitarbeitenden? • Organisatorisch • Emotional, beziehungsmäßig		
Was bedeutet es für mich als Führungskraft? • Organisatorisch • Emotional, beziehungsmäßig		

Wenn Sie den Sinn und die **richtigen Ziele** vermitteln können, dann sind Sie **effektiv**. Die Ziele sollten Sie mit Ihren Mitarbeitenden konkret und schriftlich vereinbaren. Ihr „Management by Objectives" sollte eindeutig und nicht zu kleinteilig sein.

Management by Objectives bedeutet ein Führen durch Zielvereinbarung. Formulieren Sie gemeinsam mit dem Mitarbeitenden Ziele, die dieser erreichen soll. Diese Ziele sollten dabei SMART sein, also spezifisch, messbar, akzeptiert, realistisch und terminiert (**s**pecific, **m**easurable, **a**ccepted, **r**ealistic und **t**imed).

Führen durch Zielvereinbarung ist auch durch den Anstieg der flexiblen Arbeitszeitmodelle ein zukunftsfähiges Führungsmodell.

Effizient werden Sie und Ihr Team sein, wenn Sie die Ziele **richtig bearbeiten**. Dazu gehört, dass Sie die Mitarbeitenden mit ihren Stärken dort einsetzen, wo sie stark sein können und der Mitarbeitende seine „Selbstwirksamkeit" spüren kann. Wenn er Unterstützung braucht, dann bieten Sie ihm diese an oder entwerfen einen Personalentwicklungsplan.

Der bereits erwähnte Stärkenansatz motiviert Menschen. Es steigt die Wahrscheinlichkeit, dass die Mitarbeitenden auch mal „eine Schippe" drauflegen oder die „Extrameile" gehen, wenn die Führungskraft die Stärken der Mitarbeitenden fördert. Die Stärkenorientierung wirkt dann besonders, wenn die Mitarbeitenden sich emotional ans Unternehmen gebunden fühlen. Dies trifft laut Gallup zu, wenn Ihre Mitarbeitenden zwölf elementare Aussagen bejahen können (Rath/Conchie 2016, S. 219). In diesen Aussagen finden sich einige unserer bisherigen Motivationserkenntnisse wieder:

- Ich weiß, was bei der Arbeit von mir erwartet wird.
- Ich habe die Materialien und die Arbeitsmittel, um meine Arbeit richtig zu machen.
- Ich habe bei der Arbeit jeden Tag die Gelegenheit, das zu tun, was ich am besten kann.
- Ich habe in den letzten sieben Tagen für gute Arbeit Anerkennung oder Lob bekommen.
- Mein Vorgesetzter oder eine andere Person bei der Arbeit interessiert sich für mich als Mensch.
- Bei der Arbeit gibt es jemanden, der mich in meiner Entwicklung fördert.
- Bei der Arbeit scheinen meine Meinungen zu zählen.
- Die Ziele und die Unternehmensphilosophie meiner Firma geben mir das Gefühl, dass meine Arbeit wichtig ist.
- Meine Kollegen haben einen inneren Antrieb, Arbeit von hoher Qualität zu leisten.
- Ich habe einen sehr guten Freund innerhalb der Firma.
- Innerhalb der letzten sechs Monate hat jemand in der Firma mit mir über meine Fortschritte gesprochen.

- Während des letzten Jahres hatte ich bei der Arbeit die Gelegenheit, Neues zu lernen und mich weiterzuentwickeln.

Auf diese Kernelemente haben Sie als direkte Führungskraft größtenteils Einfluss. Sie sollten sich auf jeden Fall einmal im Jahr die Zeit nehmen und den Ist-Stand der zwölf Einflussgrößen erfassen.

Das A und O in der Motivation bleibt die Kommunikation. Daher erhalten Sie hier noch einige Anregungen von motivierenden, aber auch demotivierenden Formulierungen. Jedes Wort, das Sie äußern, löst emotionale Speicherungen in Ihrem eigenen und im Gehirn des anderen aus – im Sinne von „eher angenehm/kraftvoll" oder „eher unangenehm/schwächend" oder „neutral". Je nach Erfahrung oder Situation kann die Speicherung verschiedene Emotionen auslösen. In Tabelle 6.8 finden Sie Worte und Formulierungen, die das Miteinander und damit den Kontakt fördern, die an den Kompetenzen und Ressourcen der Beteiligten andocken und die Kampf- und Stresssprache vermeiden.

Tabelle 6.8 Motivierende und demotivierende Formulierungen (Beispiele)

Eher motivierende Formulierungen	Eher demotivierende Formulierungen
Wir ...	Man ...
Wir haben den Auftrag ...	Man muss nun Folgendes tun ...
Zur Erfüllung des Auftrags brauche ich von Ihnen ...	Sie müssen mir noch Folgendes liefern ...
Wir haben die Möglichkeit ...	Uns bleibt nichts anderes übrig ...
Dies wird unsere größte Herausforderung ...	Das wird ein riesiges Problem für uns ...
Dafür brauchen wir all unsere Erfahrung ...	Schauen wir mal, ob es gut geht ...
Ich sehe bei Ihnen die Fähigkeit ...	Irgendwie kriegen Sie das schon hin ...
Das ist eine knifflige Situation ...	Das ist eine schwierige Situation ...
Wo ist unser Verbesserungspotenzial?	Wo sind unsere Schwächen?
Damit sind wir bereits auf der Reise ins elektronische Zeitalter.	Ob Sie wollen oder nicht, Sie müssen sich mit der Elektronik abfinden.
Wir wachsen an dieser Aufgabe.	Es geht hier für uns ums Überleben.
Da werden wir äußerst gefordert.	Da werden wir nicht ungeschoren davonkommen.
Das Thema werden wir lösen.	Die Beschwerde wird problematisch.
Bei dem Kontakt brauchen wir unser Fingerspitzengefühl ...	Bei dem Kontakt könnte es eskalieren und es könnten Köpfe rollen ...
Da brauchen wir unsere besten Ideen und Argumente.	Da müssen wir scharfes Geschütz auffahren und uns rüsten.

Ihre Sprachkompetenz können Sie fördern durch gezielt ausgesuchte Kommunikationstrainings. Für die Selbstlerner sind z. B. das Buch oder die Sprachkarten *Die Kraft der Sprache* von Mechthild R. von Scheurl-Defersdorf und der Klassiker von Friedemann Schulz von Thun *Miteinander reden* zu empfehlen.

Sie „müssen" dennoch nicht immer so „positiv" sprechen. Wenn ein Problem offensichtlich ist, dann benennen Sie es auch als Problem. Die Gesprächspartner fühlen sich andernfalls nicht ernst genommen und manipuliert. Verfallen Sie nicht ins Gegenteil und reden „wachsweich" und sprechen am Ende nur noch davon, „Themen lösen zu dürfen" oder: „Ich darf heute mit Ihnen das Meeting durchführen." Sie tun es einfach, ohne „müssen" und ohne „dürfen" (dabei auch Stressbegriffe wie „schnell", „kurz" oder „müssen" weglassen). Seien Sie wachsam mit dem Sprachgebrauch, denn die Grenze zur Manipulation ist schnell überschritten.

Die Menschen, die Sie führen, sind motiviert, wenn Sie ernst und ehrlich behandelt werden. Und je nach Branche gibt es Formulierungen, die nur dort passen oder verstanden werden. Wer schon mal am Bau oder in der Fertigung gearbeitet hat, weiß, dass dort ein hartes, aber ehrlich gemeintes Wort besser verstanden wird als ein ungewohnt positiv klingendes Wort, das der Empfänger nicht versteht. Entscheidend in der Kommunikation ist, dass Ihre Mitarbeitenden Ihnen vertrauen und Sie als verlässliche Führungskraft erleben. Da darf Ihnen ein „man", ein „Problem", ein „muss" herausrutschen. Solange Sie authentisch, echt und mit vollem Einsatz für das Thema und für die Mannschaft agieren, Sie Ihre Mitarbeitenden mit deren Kompetenzen einbeziehen und ihnen Ihr Vertrauen schenken, schaffen Sie günstige Rahmenbedingungen für die Motivation bei Ihren Mitarbeitenden.

Vergewissern Sie sich, ob eine Nachricht so ankommt, wie sie ankommen soll. Verdeutlichen Sie sich die unterschiedlichen Ebenen einer Nachricht. Vor allem bei heiklen Themen oder Konfliktsituationen ist hier Ihre Sensibilität gefordert.

Das Teamvertrauen untereinander und das Vertrauen von den Mitarbeitenden zu Ihnen und umgekehrt sind als vierter Faktor des VIST-Modells in der Zusammenarbeit wesentlich. Alle Interviewpartnerinnen und -partner nannten das Vertrauen zum Mitarbeitenden als wesentlichen Erfolgsfaktor.

Grundvoraussetzung für den Aufbau von Vertrauen ist, dass für Sie jeder Mitarbeitende zählt und Sie die Mitarbeitenden ehrlich respektieren mit ihren Werten und Bedürfnissen. Für Ihre Kommunikation gilt eine einfache Aussage: **Meinen Sie, was Sie sagen – und handeln Sie danach** (Malik 2014, S. 142).

In manchen Unternehmen ist Geradlinigkeit nicht immer möglich, vielleicht sogar nicht erwünscht. Misstrauen ist eine Haltung, die wir oft in Unternehmen antreffen, doch wir entscheiden, ob wir uns dieser Haltung anschließen und bleiben. Seien Sie nicht naiv und vertrauen Sie nicht blind. Vertrauen Sie jedem, soweit Sie können, und gehen Sie dabei an Ihre Grenze. Bieten Sie zuerst Vertrauen an, auch wenn Sie sich dadurch verwundbar machen. Dabei stellen Sie unbedingt Folgendes sicher (Malik 2014, S. 147):

- Dass Sie jederzeit erfahren, ob und ab wann Ihr Vertrauen missbraucht wird.
- Dass Ihre Mitarbeitenden und Kollegen wissen, dass Sie das erfahren werden.
- Dass jeder Vertrauensmissbrauch eindeutige Folgen haben wird.
- Dass Ihre Mitarbeitenden dies wissen.

Vertrauen hat nichts mit der säuselnden Stimme „vertraue mir" der Schlange Ka aus dem *Dschungelbuch* zu tun. Es ist eine handfeste Größe in unserer Realität, die im Mikrokosmos einer Beziehung oder einer überschaubaren Arbeitsgruppe und im Makrokosmos einer Volkswirtschaft wirkt. Der aktuell an der Stanford University tätige Politologe Francis Fukuyama (Welterfolg: *Das Ende der Geschichte*) hat Vertrauen als volkswirtschaftliche Größe bezeichnet, als soziales Kapital, denn es senkt die Transaktionskosten im System. Nach dem Systemforscher Niklas Luhmann hat Vertrauen auch „die Funktion, Komplexität zu reduzieren" (Luhmann 1973, S. 97).

Sollte Ihnen manchmal die Faktenbasis für Vertrauen fehlen, dann orientieren Sie sich an dem Kabarettisten Frank-Markus Barwasser, alias Erwin Pelzig: Haben Sie dann „Vertrauen auf Verdacht".

Schlüsselfragen

- In welcher Phase und auf welcher Ebene befindet sich mein aktuelles Team oder meine Arbeitsgruppe?
- Welche Führungsinterventionen habe ich schon erfolgreich eingesetzt?
- Welche Führungsintervention will ich als Anregung verwenden?
- Wie beurteile ich den Kontakt zu meinen Mitarbeitenden? Löse ich Dopaminausschüttungen aus? Gibt es Handlungsbedarf für mehr oder anderen Kontakt?
- Wie gut gelingt es mir, Sinn zu stiften? Mit welchen Wörtern, welchen Aktionen ist mir dies schon gut gelungen?
- Wie schätze ich die emotionale Mitarbeiterbindung ans Unternehmen ein? Wie kann ich diese fördern?
- Wie schätze ich meine Fähigkeit ein, Vertrauen aufzubauen? Woran merken meine Mitarbeitenden, dass ich ihnen vertraue?

Literatur

ALLHOFF, D.-W.; ALLHOFF, W.: *Rhetorik & Kommunikation*, 14. Auflage, Verlag Ernst Reinhardt, München 2006

BAUER, J.: *Prinzip Menschlichkeit – Warum wir von Natur aus kooperieren*, 5. Auflage, Heyne Verlag, München 2011

FUKUYAMA, F.: *Das Ende der Geschichte*, Kindler Verlag, München 1992

HERTEL, G.; HÜFFMEIER, J.: „Teamarbeit: Wirkmechanismen und Rahmenbedingungen", in: Schuler, H.; Moser, K.: *Lehrbuch Organisationspsychologie*, Verlag Hans Huber, Bern 2014, S. 219-262

HERTEL, G.; SCHOLL, W.: *Grundlagen der Gruppenarbeit in Organisationen*, Universität Würzburg, Technische Universität Berlin, 2005, S. 1-17

LUHMANN, N.: *Vertrauen – Ein Mechanismus der Reduktion sozialer Komplexität*, 2. erweiterte Auflage, UTB, Stuttgart 1973

MALIK, F.: *Führen, Leisten, Leben*, vollständig überarbeitete Fassung, Campus Verlag, Frankfurt am Main 2014

RATH, T.; CONCHIE, B.: *Führungsstärke*, 5. Auflage, Redline Verlag, München 2016

SCHEURL-DEFERSDORF, M.: *Die Kraft der Sprache*, 9. Auflage, Lingva Eterna Verlag, Erlangen 2012

SCHULZ VON THUN, F.: *Miteinander reden: Störungen und Klärungen: Psychologie der zwischenmenschlichen Kommunikation*, rowohlt Verlag, Reinbek bei Hamburg 1981

SPRENGER, R.: *Mythos Motivation*, 9. Auflage, Campus Verlag, Frankfurt am Main 1995

SPRENGER, R.: *Radikal führen*, Campus Verlag, Frankfurt am Main 2012

STORCH, M.: *Machen Sie doch, was Sie wollen!*, Verlag Hans Huber, Bern 2015

7 Entscheiden, Loben, Konfrontieren

„Man muss sein Herz über die Hürde werfen!"
Helmut Schmidt (Schmidt 2012)

Hotspot

In diesem Kapitel finden Sie praktische Tipps für Entscheidungssituationen und ein methodisches Vorgehen für konstruktive Rückmeldungen und Kritik:
- Entscheidungen zu treffen ist eine Kernaufgabe von Führungskräften.
- Entscheidungen treffen wir schnell und intuitiv (Denksystem 1) sowie langsam und analytisch (Denksystem 2).
- Wir produzieren systematisch Denkfehler und überschätzen uns.
- Wir brauchen Auszeiten zur Selbstreflexion und sollten uns diese als Termine setzen.
- Wir sollten auf unser Bauchgefühl hören und es analytisch „kalibrieren".
- Sie kommunizieren nachteilige Entscheidungen für die Mitarbeitenden am besten mit der rhetorischen Methode der Schlussfolgerung.

■ 7.1 Zwischen Denkfehlern und rationalen Überlegungen

Stimmen aus der Praxis

„Als Führungskraft Entscheidungen zu treffen ist etwas Besonderes. Das ist für mich eine tolle Aufgabe ... Ich suche nach Möglichkeiten, Betroffene bei Entscheidungen miteinzubinden." (Franz Jenewein)

> *„Die meisten der wichtigen und kontroversen Entscheidungen habe ich … getroffen, indem ich das Thema mit der gesamten Abteilung besprach und sich dann eben verschiedene Meinungen entwickelt haben, aus denen sich dann die überzeugendste herauskristallisiert hat."* (Jörg Machek)
>
> *"… bin ich überzeugt, dass es nie geschadet hat, noch mal eine Nacht darüber zu schlafen. Lassen Sie sich nicht drängen, selbst wenn damit ihre Entscheidungskompetenz angezweifelt wird."* (Günter Murmann)
>
> *„Wir haben über Jahre hinweg … Personalabbauprogramme durchgeführt. … Mir war dabei immer wichtig, ich musste morgens noch in den Spiegel schauen können."* (Heinz Meck)
>
> *„Schwierige Entscheidungen waren immer, wenn es um Personal, um Menschen ging … Wann immer ich Zweifel hatte, merkte ich, dass diese meistens berechtigt waren. Ich konnte sie bloß nicht rationalisieren. Die schwierigen Entscheidungen waren auch, wenn die Faktenlage extrem dünn war. Da geht's um Mustererkennung …"* (Klaus Brück)

Unter welchen Bedingungen können Sie sich gut entscheiden? In welchem Kontext fällt Ihnen Entscheiden schwer? Geht es Ihnen vielleicht ähnlich wie den Interviewpartnern, denen vor allem Entscheidungen schwerfielen, bei denen es um erhebliche Auswirkungen auf Menschen ging? Wer diese Zweifel spürt, zeigt die notwendige Empathie für die Führung von Menschen.

Sich entscheiden wollen

Die Führungsrolle zeigt zwei Seiten einer Medaille. Zum einen können Sie eine tiefe Befriedigung erleben, indem Sie Menschen fördern und ihre Entwicklung beeinflussen. Zum anderen müssen Sie Menschen Grenzen setzen und zum Teil über existenziell bedrohliche Entlassungen entscheiden. Das gehört zum Beruf Führungskraft dazu. Wenn Sie dies nicht lernen können oder lernen wollen, dann sollten Sie die Führungslaufbahn nicht wählen, sondern eher eine Fachexpertenlaufbahn einschlagen. Entscheiden können und wollen ist eine der wichtigsten Kompetenzen im Handwerkskoffer einer Führungskraft.

Bei einer Entscheidung fehlen uns oft Begründungen und sichere Voraussagen. Wir müssen mit der Unsicherheit leben, dass unsere Entscheidung auch erhebliche Risiken bergen kann. Zu vielen Sachverhalten gibt es sich widersprechende Studien, und die Welt hat mehr Ambiguität (Mehrdeutigkeit) als früher. Sie brauchen Mut zur Lücke oder eine „aufgeklärte Ignoranz" (Sprenger 2012, S. 173).

Eine mentale Hilfestellung bei der Entscheidungsfindung liefert der Begriff „Wahl". Wenn Sie wählen, dann haben Sie die Wahl zwischen Alternativen, über die Sie eine Faktenlage haben. Die eine Variante erscheint Ihnen günstiger als die andere, und Sie können das Ergebnis abschätzen, z. B. wählen Sie nach Vorstellungsgesprächen den einen Bewerber statt den anderen. Bei einer Wahl können Sie sich vorbereiten, Sie können recherchieren und abwiegen. Sie können sich hier auch von Ihren Mitarbeitenden unterstützen lassen bzw. diese in die Wahl einbeziehen und agil führen.

Verzerrte Wahrnehmung und Fehlinterpretationen

Unser Denksystem lässt sich in zwei Bereiche einteilen (Kahnemann 2012):

- Denksystem 1: schnell, intuitiv, mühelos, ohne willentliche Steuerung.
- Denksystem 2: langsam, analytisch, anstrengend, willentlich, bewusstes Nachdenken.

Unsere Entscheidungen basieren nur zu einem geringen Teil auf rationalen Überlegungen, auf einer Aktivierung des Denksystems 2. Meistens entscheiden wir oder interpretieren wir die Welt intuitiv, also mittels des Denksystems 1.

Wir glauben z. B. manchen Informationen mehr als anderen, obwohl keine Information bewiesen ist, wir schätzen das Risiko eines Flugzeugabsturzes plötzlich als sehr hoch ein, wenn vorher zwei Flugzeuge hintereinander abgestürzt sind, eine Person ist sympathisch, weil sie uns an eine andere Person erinnert. Von einem Kollegen, den wir als Witzbold einschätzen, werden wir viel mehr humoristische Einlagen wahrnehmen, obwohl er objektiv genauso viele Witze macht wie andere Kollegen. Wir neigen auch dazu, Aussagen von Gruppen oder Aussagen von als kompetent eingestuften Personen trotzdem zu glauben, auch wenn objektive Kriterien gegen diese Aussagen sprechen. Wir erliegen dem sogenannten Halo-Effekt und schließen von einer Eigenschaft der Person auf viele andere. Unsere Wahrnehmung wird in erheblichem Maße von unserem Vorwissen und unseren Erwartungen gelenkt. Und unsere Entscheidungen basieren auf dieser selektiven und subjektiven Wahrnehmung, was zu erheblichen Verzerrungen führen kann.

Seien Sie sich Ihrer subjektiven Wahrnehmung bewusst und nutzen Sie auch hier die Kraft der Selbstreflexion. Dafür brauchen Sie die Verbindung bzw. das Zusammenbringen von Denksystem 1 und 2. Hierfür einige Anregungen, die mit einem gewissen Zeitinvestment ihre nützlichen Wirkungen zeigen werden:

> **Reflexion**
>
> - Schreiben Sie sich wie bereits in Kapitel 6 beschrieben Vor- und Nachteile, Nutzen und Aufwand, Gewinn und Kosten bezogen auf Ihren Sachverhalt auf.
> - „Kalibrieren" Sie Ihr Bauchgefühl, indem Sie verschiedene Argumente paarweise vergleichen und mit Prioritäten versehen; betrachten Sie diese Liste in gewissen Abständen in Ruhe.

- Priorisieren Sie generell Ihre Aufgaben nach A, B, C und schreiben Sie diese auf und gleichen Sie diese mit Ihrer Intuition ab.
- Nutzen Sie die Zeitmanagementmethode der stillen Stunde und analysieren Sie in dieser Stunde Ihre Themen (benennen Sie diese Stunde als „Termin mit mir selbst" und vergeben Sie diesem Termin A-Priorität und in Outlook einen Termin).
- Nehmen Sie sich Zeit und diskutieren Sie Ihr Entscheidungsproblem mit Kollegen, Mitarbeitenden oder Freunden, um es von neutraleren Seiten zu beleuchten. Dieser Perspektivenwechsel ermöglicht es Ihnen, neue Sichtweisen zu erhalten.
- Nehmen Sie sich eine Auszeit, wie Klaus Brück es mit einer Analogie beschreibt: *„Ich machte eine saubere Analyse, wo stehe ich und gibt es andere Alternativen. Da gibt es eine Analogie beim Klettern. Wenn man gut klettern will, muss man von der Wand weg, damit man die Griffe sieht. Aber wenn man nicht gut klettern kann, meint man, man verliert Sicherheit. Also dachte ich, bevor ich mich in dem Problem verbohre, geh ich einfach zwei Tage vom Problem weg."*
- Nutzen Sie die Natur und gehen alleine wandern, und starten Sie Ihre Wanderung mit der Fragestellung, die Sie beschäftigt. Lassen Sie alle Eindrücke der Natur als Metaphern in Ihre Entscheidungssituation einfließen und ziehen Sie am Ende der Wanderung eine erste Bilanz.
- Erlauben Sie sich bei emotional belastenden Entscheidungsprozessen die Unterstützung durch einen Coach.

Die aktuelle Gehirnforschung hat die Nervenverbindungen von Bauch und Gehirn nachgewiesen. Achten Sie also auch auf Ihr Bauchgefühl, es speist sich aus Ihrem Vorwissen und sollte nicht ignoriert werden. Das Bauchgefühl können wir im Denksystem 1 ansiedeln. Die Angst vor Neuem, Unbekanntem ist beispielsweise ein Bauchgefühl. Und es ist bis zu einem gewissen Grad sinnvoll, dem auch nachzugehen, denn Neues, Unbekanntes ist mit Unsicherheit und eventuell auch mit Gefahren verbunden. Wichtige Entscheidungen sollten Sie aber nie nur aufgrund eines Bauchgefühls treffen, hierzu sollten Sie immer bewusst das Denksystem 2 aktivieren, sich Ihrer Wahrnehmungsverzerrungen und Denkmuster bewusst sein.

Entscheidungen richtig kommunizieren

Wichtig sind nicht nur die Argumente, sondern auch der Aufbau der Argumentation, wenn Sie eine Entscheidung mitteilen. Die passende rhetorische Methode ist die der Schlussfolgerung. Sie führen zuerst Ihre Argumente an und nennen dann die Schlussfolgerung und Konsequenz, z. B. bei der Ankündigung der Schließung einer Produktionslinie an die Mitarbeitenden: „Unsere finanzielle Ausstattung ist seit zwei Jahren angespannt. Wir müssen uns in unserem Bereich konzentrieren. Analysen legen nahe, dass die Produktlinie A mehr Erfolg hat als die Linie

C. Daher haben wir entschieden, die Linie C zum 31.10. stillzulegen. Wir wollen gemeinsam überlegen, wie und wo Sie nach Stilllegung von Linie C im Werk einen guten Beitrag leisten können." Mit dieser Reihenfolge können die Mitarbeitenden die Argumente noch hören, bevor sie die enttäuschenden Aussagen hören. Würden Sie erst die bittere Schlussfolgerung bringen und dann die Begründungen, würden die Mitarbeitenden die Begründungen nicht mehr genau verfolgen.

Wenn Mitarbeitende eine Entscheidung wollen, aber Sie noch keine nennen dürfen, stehen Sie in einem Interessenkonflikt zwischen Ihrer Führungskraft/dem Unternehmen und den Mitarbeitenden. Sie können hier z. B. den Mitarbeitenden antworten: „Ich verstehe euch, dass ihr bald eine Entscheidung braucht, um euch sicher zu fühlen. Das kann ich gut nachvollziehen. Wenn ich eine Entscheidung nennen kann und vom Management dazu ermächtigt bin, dann werde ich es umgehend tun. Aktuell kann (und darf) ich euch noch keine Entscheidung nennen." Drucksen Sie nicht herum, das wird durchschaut und Ihnen schlecht angerechnet. Kommunizieren Sie offen.

■ 7.2 Loben und Kritisieren

 Stimmen aus der Praxis

„Die einfachste und kürzeste Antwort ist unter Erwachsenen ‚Ehrlichkeit'. Leeres Lob ist dabei genauso übel wie ungerechter Tadel." (Dieter Tremp)

"... echt bayerisch: Nicht geschimpft ist gelobt genug. Ich weiß, das Loben ist eine meiner Schwächen. Unbedingt loben, wenn jemand an etwas nicht geglaubt hat, es trotzdem probiert und es funktioniert hat." (Melanie Schillinger)

„Wenn dann Gespräche anstehen, bei denen es um Loben und Kritisieren geht, dann stell ich mich innerlich auf den Menschen ein. ... Und zwar so, dass ich mich auf diesen Menschen positiv einstimme. Ich denke an seine Stärken als Mitarbeiter und vor allen Dingen als Mensch." (Gabriele Zange)

„Lob und Anerkennung müssen ehrlich sein und dürfen, wenn dies in der Öffentlichkeit geschieht, niemanden vor den Kopf stoßen." (Günter Murmann)

„Konstruktive Kritik ist unerlässlich. Man muss Fehler und Probleme ansprechen. Du kannst das nicht wegschweigen. Solange es nicht angesprochen ist, bleibt es." (Jörg Machek)

Was fällt Ihnen schwerer, zu loben oder zu kritisieren? Beides lernen wir in unserer Erziehung in der Regel nicht professionell. Meistens fällt uns das Loben schwer, noch schwerer als das Kritisieren. Dies kann an den fehlenden Worten, der fehlenden Übung oder der unklaren Haltung, ob Lob oder Kritik angemessen ist, liegen.

Doch in der Rolle der Führungskraft sind beide Dimensionen – Lob und Kritik – unerlässliche Kommunikationsaufgaben.

Im richtigen Maße zu loben und zu kritisieren ist je nach Persönlichkeit eine besondere Herausforderung. Eine aufgabenorientierte Person vergisst leicht das Loben, eine personenorientierte Person tut sich mit Kritik schwer. Daher macht es Sinn, dass Sie sich gut kennen und wissen, wie Sie „gestrickt" sind. Zudem ist wichtig, dass Sie sich Ihrer Rolle als Führungskraft bewusst sind und angenommen haben, dass Loben und Kritisieren Teil Ihrer Führungsaufgabe sind. Zudem brauchen Sie geeignetes Handwerkszeug.

„Unser Abteilungsleiter war auf einem Seminar, jetzt lobt er jede Woche jeden einmal. Das wirkt nicht echt." Aussagen wie diese zeugen zwar von einer lernoffenen Führungskraft, die den Mut hatte, etwas an sich zu ändern, dies die Mitarbeitenden aber nicht abnehmen können. Wenn aus einem Saulus durch ein außergewöhnliches Erlebnis ein Paulus mit einer neuen Haltung wird, dann ist es für die Außenstehenden irritierend und noch nicht glaubwürdig. Neue Verhaltensmuster brauchen Zeit und sollten der Zielgruppe angemessen vermittelt werden. Daher wählen Sie aus den folgenden Empfehlungen jene aus, die zu Ihnen, Ihrer Sprache und Ihren Mitarbeitenden passen.

Lob ist ein Ausdruck von Wertschätzung. Wertgeschätzte Mitarbeitende fühlen sich dem Unternehmen stärker verbunden und werden ihre Arbeit engagierter erledigen. Seien Sie ehrlich und übertreiben Sie nicht. Ihr Gegenüber merkt sehr schnell, wenn Sie mit Ihrem Lob strategische Ziele verfolgen.

Ihr Lob kann kurz und knackig sein oder ausführlich. Sie können es folgendermaßen vermitteln:

- kurze emotionale Wörter: gut, toll, klasse, genial, super, wunderbar, schön,
- nur das Wort „danke",
- den Dank in Form von Brotzeit, Getränkerunde, Kuchen etc. ausdrücken,
- nonverbale Signale (z. B. in der Produktion) wie Daumen hoch, Kopf zunicken, anlächeln, auf einen Mitarbeitenden zugehen und wohlwollend den Vorgang anschauen.

Ausführlich die Wirkung benennen mit der 3-W-Methode. Diese Form gibt Ihrem Lob ein viel größeres Gewicht als nur ein kurzes „toll" oder „gut".

- *Wahrnehmung:* Schildern des Sachverhaltes, z. B.: „Das Konzept ist sehr übersichtlich dargestellt."
- *Wirkung:* „Dadurch konnte ich mir den Überblick schneller verschaffen, als ich dachte. Das hat mich gefreut."
- *Wunsch:* „Behalten Sie diesen Stil (bitte) bei."

Generell sorgen Sie für Anerkennung und Lob, wenn Sie „präsent" sind, wenn Sie Kontakt zeigen und aufmerksam sind, eine Form „unbedingter Freundlichkeit" (Sprenger 2012, S. 257). Dann lösen Sie die Motivationssysteme im Gehirn aus, die wir schon im Kapitel 6 erwähnten.

> Überfallen Sie niemals Ihren Mitarbeitenden mit Kritik. Sie wollen mit Ihrer Kritik ja ein Verhalten in eine bestimmte Richtung verändern, fühlt sich ein Mitarbeitender überrollt, dann wird er in Abwehrhaltung gehen.

Ihre Kritik sollte weniger kurz und knackig sein als vielmehr „klar und konkret". Wenn wir heute von Kritik sprechen meinen wir meistens negative Rückmeldungen. Dabei bedeutet Kritik laut *Duden* erstens „Beurteilung, Begutachtung, Bewertung", zweitens bedeutet es „Beanstandung, Tadel". Letzteres hat sich im Alltag durchgesetzt. Sie können für sinnvolles „Tadeln", egal ob beruflich und privat, auch die 3-W-Methode in leicht abgewandelter Form verwenden:

- Zuerst wählen Sie einen Ort, wo Sie Ihre Kritik unter vier Augen äußern können.
- Bereiten Sie den Mitarbeitenden auf die Situation vor, z. B.: „Herr Müller, ich möchte mit Ihnen über das Projekt XY sprechen. Mir passt es gut heute Nachmittag oder morgen Vormittag. Wann passt es für Sie?"
- Sie starten nach Möglichkeit mit einer Beziehungsbotschaft, z. B.: „Schön Herr Müller, dass wir uns die Zeit nehmen. Das Projekt und Ihr Beitrag in dem Projekt sind wichtig. Vieles freut mich, wie es läuft, und insbesondere Ihre Recherchen sind außerordentlich hilfreich. Doch es gibt einen Punkt Ihres Verhaltens, der mich stört. Darüber will ich mit Ihnen sprechen" (vermutlich äußert sich nun der Mitarbeitende und fragt, was los ist).

Ihre Argumentation könnte dann wie folgt aufgebaut sein:

- *Wahrnehmung:* „In den letzten drei Abstimmungsmeetings, die Sie als Gesprächsleiter durchführten, habe ich beobachtet, wie Sie die beiden Vertreter von unserem Zulieferer jedes Mal in deren Ausführungen unterbrochen haben. In dem Meeting letzte Woche kamen beide fast nicht zu Wort."
- *Wirkung:* „Ich konnte beobachten, wie sich die Mimik von beiden verfinsterte und beide in ihren verbliebenen Wortmeldungen auf Konfrontation gingen. Alle Optionen unsererseits wurden abgelehnt. Es wurde vereinbart, dass wir vom Zulieferer alle relevanten Daten erhalten. Es kam noch keine Mail. Ich befürchte, dass sie uns hängen lassen."
- *Wille/Anliegen* (als Führungskraft wünschen Sie weniger, Sie wollen etwas): „Wie Sie von mir wissen, ist mir eine faire Kooperation mit unseren Zulieferern wichtig. Daher brauche ich von Ihnen einen eindeutig anderen Gesprächsführungsstil, nämlich einen wertschätzenden. Wie sehr ist Ihnen Ihr Verhalten bewusst, was können Sie tun, um Ihr Gesprächsverhalten zu optimieren?" (Nun kommt es

zu einem Austausch, einer Klärung der Wahrnehmung und von Lösungsvorschlägen.)
- *Vereinbarung am Ende des Gespräches*, z. B.: „Herr Müller, ich freue mich, dass Sie meine Kritik annehmen können, und ich werde bei den nächsten Meetings Ihr Verhalten zu den Zulieferern beobachten. In sechs Wochen möchte ich Ihnen dazu noch mal eine Rückmeldung geben."
- Eventuell auch noch eine *Vereinbarung über Unterstützung durch die Führungskraft oder Kollegen*.

Diese Vorgehensweise bewirkt, dass der Mitarbeitende anschaulich nachvollziehen kann, welches Verhalten genau gemeint ist und welche Wirkungen er damit auslöste. Mit den konkreten Willensäußerungen bzw. dem Nennen Ihres Anliegens und Bedarfs hat der Mitarbeitende die Chance, sich zu verändern. Er kann in dem geschützten Rahmen des Vieraugengespräches widersprechen, sich rechtfertigen, über Kollegen lästern (Ihre Antwort sollte in so einem Fall sein: „Wir sprechen jetzt nur von Ihnen"), offen über persönliche Probleme sprechen – und Sie sind aufmerksam, hören zu und finden mit ihm eine Lösung, die Sie klar vereinbaren.

Das Beispiel kann auch als kritisches Feedback bezeichnet werden. Der Begriff „Feedback" (Rückmeldung) hat sich seit vielen Jahren eingebürgert und wird oft für Lob und Tadel verwendet. Manchmal ist seine Bedeutung für die Menschen unklar. Im Grunde bedeutet es, dass ein Mensch einem anderen eine subjektive Rückmeldung gibt, wie er auf einen selbst wirkt. Es geht um die subjektive Wirkung.

Wir erhalten seit Beginn unseres Lebens von unseren Eltern und Mitmenschen Feedback, indem diese auf uns reagieren. Zum Beispiel kann ein ruhiger Mensch bei einem ebenso ruhigen Menschen das Feedback geben: „Du wirkst angenehm zurückhaltend." Von einem extrovertierten Menschen könnte das Feedback kommen: „Du wirkst so still auf mich, was ist los mit dir?" Je mehr Feedback wir erhalten, umso mehr werden wir uns bewusst, wie wir in der Welt wirken. Daher ist es günstig, wenn in Unternehmen die Führungskräfte auch Feedback geben, wie Mitarbeitende auf sie wirken, und wenn die Mitarbeitenden sich untereinander Feedback geben (das entspräche der Performingphase).

 Eine ausgeprägte Feedbackkultur fördert die Zusammenarbeit. Es senkt die Rate von Missdeutungen sowie Missverständnissen und erhöht die Motivation.

Eine Rückmeldung wird zur konkreten Kritik, wenn objektive Sachverhalte missachtet wurden, wenn z. B. mehrmals Termine nicht eingehalten oder Qualitätsvereinbarungen missachtet werden und Ähnliches. Überspitzt ausgedrückt zeigt sich der Unterschied von Feedback und Kritik, wenn wir eine rote Ampel überfahren. Die Polizei sagt uns nach dem Überfahren der roten Ampel nicht: „Wir möchten

Ihnen ein Feedback geben." Sie kritisiert unser Verhalten erheblich in Form einer Verwarnung. Verwenden Sie also die Begriffe sorgfältig. Feedback kann allerdings auch kritisch sein: Ein Mitarbeitender verhält sich nach einer engagierten Probezeit aus Ihrer Sicht zunehmend ruhiger und zeigt weniger Engagement. Auch dann sollten Sie ihm mit der 3-W-Methode eine Rückmeldung geben, um zu klären, was los ist (kleine Eselsbrücke: Merken können Sie sich die 3-W-Methode gut mit dem Ausdruck *www.feedback.de*).

Wenn sich ein Mitarbeitender trotz wiederholter Kritikgespräche nicht bemüht, sich zu entwickeln, dann müssen Sie die Formen der Sanktionen wählen, die Ihnen im Unternehmen angeboten werden. Sie haben in der Regel die Möglichkeiten der Ermahnung, der Abmahnung und der Versetzung. Bevor Sie diese Sanktionen wählen, sollten Sie mit Ihrer Führungskraft sprechen und auch kollegialen Rat von älteren Führungskräften suchen.

Schlüsselfragen

- Wie gut kann ich entscheiden?
- Welche Denkfehler kenne ich an mir? Wie kann ich mich davor bewahren?
- Wie gut kann ich Entscheidungen kommunizieren?
- Wie gut kann ich andere loben, wie gut kann ich Lob annehmen?
- Welche Art von Loben passt zu mir? Welche Mitarbeitenden in meinem Team brauchen es mehr, welche weniger?
- Wie gut kann ich konfrontieren und kritisieren? Was ist mir hier schon gut gelungen?
- Welchen Aspekt der 3-W-Formel möchte ich mehr beachten?

Literatur

ALLHOFF, D.-W.; ALLHOFF, W.: *Rhetorik & Kommunikation*, 14. Auflage, Verlag Ernst Reinhardt, München 2006

GLADWELL, M.: *Überflieger, warum manche Menschen erfolgreich sind – und andere nicht*, 7. Auflage, Piper Verlag, München/Berlin 2016

KAHNEMANN, D.: *Schnelles Denken, langsames Denken*, 8. Auflage, Siedler Verlag, München 2012

SCHMIDT, H.: „Weltmacht wird Europa nicht", in *Zeit* 28/2012, S. 4

SPRENGER, R.: *Radikal führen*, Campus Verlag, Frankfurt am Main 2012

STORCH, M.: *Machen Sie doch, was Sie wollen!*, Verlag Hans Huber, Bern 2015

8 In Balance bleiben

Hotspot

Nach diesem Kapitel sollte Ihnen bewusst sein, wie bedeutsam ein selbstbestimmter und ausgeglichener Lebensstil ist, damit Sie gesund, zufrieden und erfüllt leben und alt werden können:

- Machen Sie sich klar, welchen Nutzen Sie aus einer Führungsrolle ziehen und welchen Aufwand Sie dafür bereit sind, aufzubringen.
- Eine strikte Trennung von Arbeitswelt und Privatwelt ist unrealistisch, es gilt, eine Balance zu finden, die sogenannte „Work-Life-Balance" oder „Life-Balance".
- Sie werden gesund bleiben, wenn Sie eine Balance erreichen zwischen den Lebensfeldern Beruf – Beziehungen – Gesundheit – Sinn.
- Leading Yourself im Sinne von Selbstfürsorge oder Selbstpflege ist Führungsaufgabe und gewinnt dank der Generation Y an Bedeutung.
- Sie werden gesund und zufrieden sein, wenn Sie sich treu bleiben; dies hat mit Ihren Werten zu tun, die für Sie klar sein sollten.

■ 8.1 Bilanz ziehen

Die persönlichen Aussagen der Interviewten zum Nutzen und zum Aufwand der Führungsrolle können Ihnen in diesem Kapitel eine weitere Entscheidungshilfe geben, ob und wie Sie den Weg als Führungskraft (weiter)gehen wollen.

- Als wesentlichen Gewinn und Nutzen der Führungsrolle nennen die Interviewpartnerinnen und -partner:
  - persönliche Weiterentwicklung,
  - Gestaltungsmöglichkeiten und etwas bewegen können.

- Als wesentlicher Aufwand und Preis für die Führungsrolle nennen sie:
  - weniger Zeit für Kinder und Familie,
  - weniger Raum für eigene private Bedürfnisse.

Nutzen und Gewinn der Führungsrolle

 Stimmen aus der Praxis

„Die Rolle Führungskraft hat mir das Glück gegeben, dass meine Fähigkeiten und meine Arbeit, mein Job zusammenpassen ... Verantwortung für andere zu übernehmen, sie zu sehen, zu begleiten, das ist ein Entwicklungsprozess, eines der größten Geschenke ... Das Wichtigste für mich ist an sich die Wertschätzung, die ich bekommen habe, von oben, von unten, von der Seite. Das ist eines der größten Geschenke." (Klaus Brück)

„Na ja, es ist schon total cool, einfach Entscheidungen zu treffen ... Du kannst unheimlich innovativ sein, Ideen kreieren, du kannst alles sein. Du bist der, der vorgeht und Menschen begeistert. Schon cool, ja total!" (Doris Feurstein)

„Ich habe schon das Gefühl, man kann steuern, man kann Sachen entwickeln. Ich kann was bewegen und ich kann auch Veränderungen herbeiführen." (Franz Jenewein)

„Diese Rolle als Führungskraft hat mich als Mensch verändert. Ich hab einen guten Teil meiner Arroganz verloren ... das hat mein Leben wirklich zum Positiven verändert. Das findet meine Familie auch." (Jörg Machek)

„Innere Zufriedenheit und Stolz, dass ich in der Lage war, gemeinsam mit meinen Mitarbeitern über Jahre hinweg eine erfolgreiche Arbeit geleistet zu haben. ... Das, was ich zurückgelassen habe, war eine gute Grundlage für die Zukunft des Bereiches und damit aller meiner Mitarbeiter, welche mit dieser Basis auch gut mit Veränderungen umgehen werden." (Heinz Meck)

„Die Herausforderungen, die mit dieser Führungsrolle verbunden waren und denen ich mich täglich stellen musste, haben mich persönlich reifen lassen. Ich bin heute sehr froh, dass ich mit so vielen verschiedenen Leuten auf der ganzen Welt zu tun hatte." (Günter Murmann)

> *„Sie hat mir schon das Gefühl gegeben, ein sehr lebendiges Arbeitsleben zu führen. Ich glaub, die Lebendigkeit ist vielleicht das Entscheidende."* (Albrecht Proebst)
>
> *„Da Wertschätzung einer meiner Werte ist, habe ich durch die Rolle als Führungskraft diese auch zurückbekommen."* (Melanie Schillinger)
>
> *„Geld, Spaß, Erfüllung, Gelegenheit zur Kreativität und zum Lernen."* (Dieter Tremp)
>
> *„Ich bin mir sicher, was es mir gegeben hat, nämlich mich immer weiter zu entwickeln und mich Herausforderungen zu stellen. Ich glaube, das wäre nicht passiert, wenn ich es mir einfach und bequem im Leben gemacht hätte."* (Gabriele Zange)

Aufwand und Kosten der Führungsrolle

 Stimmen aus der Praxis

> *„Es hat mich einen erheblichen Teil meiner Arbeits-, meiner Lebenszeit gekostet. … Ich hab ein Stück auf meine Freizeitaktivitäten verzichtet, weil ich in der Arbeit meine Erfüllung gefunden hab."* (Klaus Brück)
>
> *"… dass meine Familie, meine Geschwister, meine Eltern, meine Partner immer das Gefühl hatten, dass das Nothburgaheim wichtiger sei als sie."* (Doris Feurstein)
>
> *„Der zeitliche Aufwand ist schon immens. … Mitunter drückt einen auch das schlechte Gefühl, weil man damit leben muss, dass man nicht alle Menschen zufriedenstellen kann."* (Franz Jenewein)
>
> *„Der Preis war bezahlbar, aber hoch. Ich hatte wirklich gerade am Anfang und immer wieder zwischendurch Phasen, wo ich von der Arbeit wirklich geschlaucht nach Hause gekommen bin, kaputt war, aufs Bett gefallen bin und geschlafen hab. … Das war über Strecken wirklich schwierig."* (Jörg Machek)

> *„Das hat mir manchmal ganz schön viel Nerven gekostet ... Der Preis privat war, dass ich viel zu wenig Zeit für die Familie hatte."* (Heinz Meck)
>
> *„Der berufliche Aufstieg als Führungskraft geht eindeutig zulasten der Familie. Das ist der Preis, den vor allem die Ehefrau, aber auch die Kinder zahlen müssen. Nur, was ist die Alternative? Aus meiner Sicht gibt es keine, wenn man erfolgreich sein will und Familie haben möchte."* (Günter Murmann)
>
> *„Ich habe dafür keinen Preis zahlen müssen. ... Ich glaube, das ist das schönste Geschenk, das ich überhaupt gehabt habe."* (Albrecht Proebst)
>
> *„Der Preis war bei mir sicherlich auch, dass wir keine Kinder haben. Stopp, stimmt nicht, ich habe drei tolle Leasingkinder, meine Nichten. Und ich darf an ihrem Leben teilhaben."* (Melanie Schillinger)
>
> *„Viel Zeit, viel Arbeit, manchmal etwas Einsamkeit."* (Dieter Tremp)
>
> *"... dass es gut gewesen wäre, mich etwas mehr um meine Kinder zu kümmern. ... Der zweite Preis ist der, dass ich in meinem Leben viel Zeit für den Beruf aufgewendet habe und mit dem Älterwerden so langsam das Gefühl kommt, dass ich gerne auch etwas mehr für mich machen möchte."* (Gabriele Zange)

Welche Aussagen, welches Fazit wollen Sie einmal nennen? Die Zitate der Interviewpartnerinnen und -partner bringen wesentliche Erfahrungen von Führungskräften auf den Punkt und bedürfen keiner weiteren Kommentierung. Wir zahlen für alles Schöne und Bereichernde im Leben auch einen Preis. Jede und jeder von Ihnen hat im Sinne der Selbstfürsorge die Aufgabe, dies immer wieder abzuwägen.

Schlüsselfragen

- Welche Aussage zum Nutzen hat für mich Charme und ist für mich attraktiv?
- Welche Aussage zum Aufwand schreckt mich eher ab oder macht mich nachdenklich?
- Wie ist mein persönlicher Nutzen-Aufwand-Vergleich in meiner aktuellen Rolle?
- Angenommen ich werde am Ende meiner Führungslaufbahn interviewt, welche Aussagen möchte ich treffen, welchen „Nutzen" für mich möchte ich nennen, welchen „Preis" wäre ich bereit, zu nennen?

Sie haben es in der Hand, ob Sie den bereits eingeschlagenen Weg weitergehen oder einen anderen Weg wählen. Neben einer Kosten-Nutzen-Abwägung sollten Sie sich aber auch über Ihre Bedürfnisse, Wünsche und Träume klar sein. Arbeit bietet enorme Glücksmomente, aber als alleiniger Sinnstifter reicht sie auf Dauer nicht aus. Die Folge sind zumeist ein Leistungsabfall, gesundheitliche Probleme oder vielleicht auch nur ein diffuses Unzufriedenheitsgefühl. Wenn Sie dauerhaft zufrieden und leistungsfähig sein wollen, dann müssen Sie den nicht immer leichten Spagat zwischen Arbeits- und Privatleben schaffen.

8.2 Spagat zwischen Arbeits- und Privatleben

 Stimmen aus der Praxis

„Schlüssel ist in jedem Falle in meiner Erfahrung, die beiden Bereiche nicht getrennt zu behandeln, nicht so zu tun, als wäre man selbst zwei völlig unabhängige Personen." (Dieter Tremp)

„Ich denke, das ist überhaupt die größte Herausforderung für eine Führungskraft." (Doris Feurstein)

„Ich habe mich bewusst oft abgegrenzt. Ich bin auch nicht zu jedem Meeting hingegangen, zu dem ich eingeladen worden bin. Oder ich lese auch nicht jede cc-Mail, die an mich geschickt ist. Ich habe aber auch im Urlaub ... meine Mails gelesen und war dann immer online, was mich aber nie wirklich belastet hat." (Albrecht Proebst)

„Auch wenn ich spät aus der Arbeit kam, habe ich daheim erst mal meine Joggingschuhe angezogen und zu meiner Frau gesagt, jetzt muss ich erst mal laufen. Die Konsequenz daraus, ich hatte noch weniger Zeit für die Familie. ... Arbeit und Familie ist als Führungskraft grundsätzlich schon schwierig." (Heinz Meck)

„Ich hatte mir das einfacher vorgestellt. Ich dachte, als Führungskraft bin ich Herr über meine Zeit. ... Irgendwann muss man sich schon auch eine Priorität setzen." (Jörg Machek)

„Die Balance zwischen Arbeit und Privatleben zu halten, zählt zur Eigenverantwortung jeder Führungskraft. In diesem Punkt haben Führungskräfte auch eine gewisse Vorbildfunktion. ... Ganz wichtig ist auch die Erkenntnis, dass die Führungskraft die Chance hat zu delegieren und ‚Nein' zu sagen." (Franz Jenewein)

„Arbeit ist eine wichtige Säule für unsere Identität. Dazu kommen Familie, Freunde und Gesundheit. Und es kommt die Pflege von einem selbst dazu. Das vergessen viele." (Klaus Brück)

Das Bewusstsein für eine gesunde Balance zwischen Arbeits- und Privatwelt, die sogenannten Work-Life-Balance, ist in unserer Gesellschaft in den letzten Jahren deutlich gestiegen. Dieses veränderte Bewusstsein, gesellschaftliche Trends oder die häufiger diagnostizierten Burn-out-Erkrankungen machen dieses Thema auch für Unternehmen zunehmend wichtiger. Mehrere Hightech-Firmen wie Google und Apple bieten Ihren Mitarbeitenden bereits zahlreiche Angebote im Unternehmen an, um sich fit zu halten, gesund zu ernähren und Einfluss auf das Wohlbefinden im Unternehmen zu nehmen. Fitnessräume, Massagemöglichkeiten, Entspannungsräume, höhenverstellbare Schreibtische, Grünanlagen, Heimarbeitsplätze etc. werden immer häufiger angeboten.

An der Haltung der Generation Y wird der gestiegene Wunsch nach einer Balance zwischen Arbeits- und Privatwelt deutlich. Einige von ihnen fragen z. B. bereits zum Berufseinstieg die Personalverantwortlichen, ob und wann das Unternehmen ein Jahr Auszeit anbietet, das sogenannte Sabbatical. Das wäre für Berufsanfänger vor 20 Jahren noch undenkbar gewesen.

„Die berühmte Work-Life-Balance ist tatsächlich ausgeprägter. ... Da haben die Jungen andere Bilder, und das ist auch gut so. Das sollten wir auch nicht mehr zurückdrehen. Flexible Arbeitszeit- und Arbeitsortmodelle sind wichtig."
(Norbert Coors)

Damit Sie im Trubel des Führungsalltags gesund bleiben können, sollten Sie das Lebensbalancemodell im Blick haben, welches der deutsch-iranische Psychotherapeut Nossrat Peseschkian entwickelte. In seinen transkulturellen Untersuchungen hat Peseschkian die gesundheitlichen Wechselwirkungen von Psyche, Körper und sozialem Umfeld in vier Bereichen beschrieben (Bild 8.1).

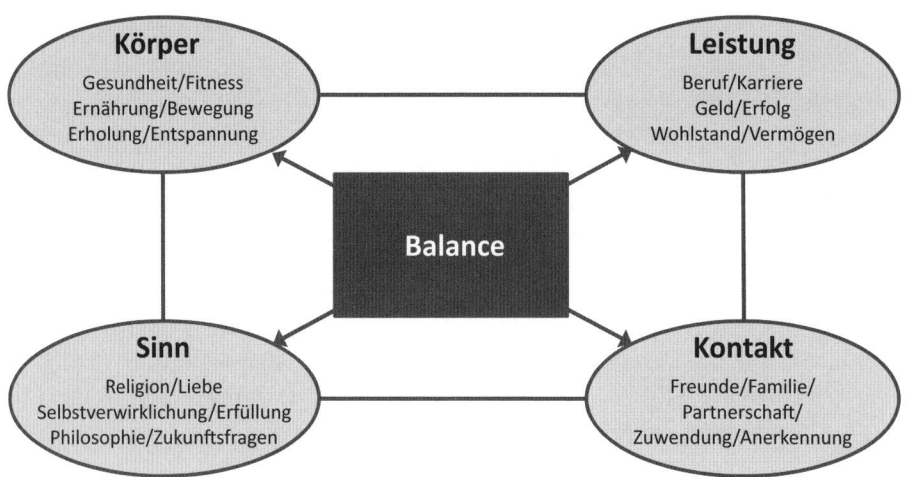

Bild 8.1 Zeit-Balance-Modell (in Anlehnung an Seiwert 1998, S. 77)

Wenn wir mit diesen vier Einflussfaktoren auf unsere Gesundheit in einem ausgeglichenen Zustand sind, können wir dauerhaft leistungsfähig, zufrieden und gesund bleiben. Es geht in dem Modell nicht nur um die Frage, wie wir Familie und

Beruf vereinbaren. Es geht ganzheitlich um die Frage: Wie erreichen wir Zufriedenheit im Leben und erhöhen die Wahrscheinlichkeit, gesund zu bleiben?

Wie sind Sie in diesen Feldern „aufgestellt"? Hier einige Reflexionsfragen für Sie:

Reflexion

- Wie viel Prozent meiner Zeit und Energie widme ich mich dem Feld *Leistung/Beruf*?
  - Erfüllt mich meine Arbeit?
  - Bin ich ausreichend gefordert, eventuell über- oder unterfordert?
  - Stimmt für mich das Gehalt?
- Zu wie viel Prozent widme ich mich dem Feld *Körper/Gesundheit*?
  - Was tue ich, um mich genug zu bewegen?
  - Wie ernähre ich mich?
  - Wie sorge ich für ausreichend Schlaf?
- Wie viel Prozent gehören dem Feld *Kontakt/Beziehungen*?
  - Verbringe ich genug Zeit mit meiner Familie, meinem Partner?
  - Pflege ich jene Freundschaften, die mir guttun?
  - Welche Kontakte möchte ich mehr aktivieren, welche reduzieren?
- Wie viel Prozent rechne ich dem Feld *Sinn/Werte* zu?
  - Welche Werte sind mir wichtig und welchen fühle ich mich verpflichtet?
  - Woraus schöpfe ich Kraft?
  - Was wünsche ich mir für die Zukunft?
- Mit welchem Feld bin ich zufrieden?
- In welchem Feld sehe ich Handlungsbedarf? Wenn ja, was kann und will ich tun, um die Balance zu verbessern?

Es wird in Ihrer Zeit als Führungskraft Arbeitsphasen geben, in denen Sie eine Überbetonung des Feldes Beruf haben werden. Das ist normal. Wichtig ist, dass Sie nicht in dieser Überbetonung bleiben, sondern Ausgleiche schaffen in den anderen Bereichen. Wenn Sie kleine Kinder haben, dann wird der Bereich Leistung und Kontakt bezogen auf Kinder wahrscheinlich intensiv sein. Dennoch bleibt es Ihre Aufgabe und Herausforderung, dass Sie sich auch Zeit für andere Kontakte nehmen (z. B. mit dem anderen Elternteil, mit dem Sie „noch" frühstücken, oder für die Pflege von Freundschaften) oder für Ihre Gesundheit (z. B. Sport treiben).

Wenn Sie sich dauerhaft unwohl fühlen, wenn Sie beispielsweise Schlafstörungen haben, unter Antriebslosigkeit leiden, sich häufig erschöpft oder unausgeglichen fühlen oder sich immer wieder die Sinnfrage stellen, dann scheint Ihre Balance aus den Fugen geraten zu sein. Steuern Sie dagegen!

Seien Sie achtsam zu sich selbst! Denken Sie auch hier daran, als Führungskraft erfüllen Sie eine Vorbildrolle.

Verbinden Sie Ihre Bedürfnisse so gut und so „geschmeidig" wie möglich. Schaffen Sie für sich eine „Work-Life-Romance", die auf diese Verbindungen schaut und nicht auf das Entweder-oder (mehr unter www.workliferomance.de). Gestalten Sie Ihr Leben und nicht, dass es sie lebt. Fragen Sie sich von Zeit zu Zeit: Entspricht das Leben, das ich führe, meinen Wünschen? Bin ich da, wo ich sein will? Tut mir dieses Leben gut?

 Stimmen aus der Praxis

„Was Menschen, die gut leben und glücklich sterben, am meisten von anderen abhebt, ist, dass sie sich permanent fragen, ob ihr Leben auch ihren Wünschen entspricht, und ihren Weg danach ausrichten, was ihnen am Herzen liegt ... Seien Sie sich selbst treu und gestalten Sie Ihr Leben bewusst." (Izzo 2008, S. 45)

■ 8.3 Sich treu bleiben und Grenzen setzen

 Stimmen aus der Praxis

„Ehrlichkeit zahlt sich aus. Für Überzeugungen muss man auch mal Schläge einstecken ... Bewusst Perspektivenwechsel zu betreiben ist ganz wichtig. Vor allem sich auch Zeit zu geben mal eine Entscheidung zu vertagen, wenn die augenblickliche Entscheidung einfach nicht gut ist." (Klaus Brück)

„Ich würde als Führungskraft alles ablehnen, wo ich mich nicht mehr im Spiegel ansehen kann." (Doris Feurstein)

„Ich würde nicht zulassen, dass jemand bei mir über Kollegen herzieht." (Günter Murmann)

„Was ich nie gemacht habe, war, gegen Gesetze und gute Sitten zu handeln. ... Wenn z. B. ... die Forderung nach Samstagsarbeit oder Sonn- und Feiertagsarbeit aufkam, war bei mir Alarm angesagt. ... Unabhängig, woraus diese Situationen entstanden sind, war stets meine erste Aussage dazu: ‚Bis hierher und nicht weiter.'" (Heinz Meck)

„Ich würde etwas ablehnen, wenn etwas gefordert wird, was nicht mit meinen persönlichen Werten zu vereinbaren ist." (Melanie Schillinger)

Diese Gedanken sind individuell und sprechen vom „Eingemachten" – dort, wo Sie Ihre Identität deutlich spüren und es sich nicht verzeihen könnten, wenn Sie gegen Ihre Überzeugungen handeln. Als neue Führungskraft werden Sie in solche Situationen kommen, die Sie vorher noch nicht erlebten. Sie werden innere Wertekonflikte erleben, ähnlich wie zitiert. Was können Sie dann tun?

Nehmen Sie sich Zeit, um sich zu sortieren, um zur Ruhe zu kommen und alle inneren und äußeren Stimmen zu ordnen und zu gewichten. Dafür brauchen Sie Auszeiten und immer wieder die passenden Gesprächspartner. Vielleicht hilft Ihnen auch die Methode der Imagination, die Sie alleine verwenden können. Stellen Sie sich vor, Sie sind 75 Jahre alt und sitzen in einem Schaukelstuhl auf Ihrem Balkon oder Ihrer Terrasse. Sie blicken auf Ihr Leben zurück und denken an jene für Sie aktuell herausfordernden Situationen so, **als ob** Sie sich in Ihrer Handlung treu waren, und so, **als ob** Sie sich nicht treu waren. Wie fühlen sich die Vorstellungen an? Wenn Ihnen bei einer Vorstellung ganz unwohl wird, dann sollten Sie im Hier und Jetzt handeln, um sich treu zu bleiben. Wenn Ihnen dies nicht möglich erscheint oder Ihnen die Optionen fehlen, dann lassen Sie sich beraten von Freunden oder Kollegen oder professionellen Beratern.

Setzen Sie auch klare Grenzen. Sie wissen bereits: Sie müssen kein Held sein, um eine erfolgreiche Führungskraft zu sein. Zentral ist, sich selbst möglichst gut einschätzen zu können. Was kann ich leisten? Wie weit will ich gehen? Können die anvisierten Ziele erreicht werden? Brauche ich weitere Ressourcen zur Zielerreichung? Denken Sie daran, es gibt so gut wie immer alternative Lösungswege. Ein „Nein" verlangt oft Mut, aber auch das ist eine Führungsaufgabe, die Realität zu erkennen und entsprechend besonnen zu reagieren.

> **Schlüsselfragen**
>
> - Wie fühle ich mich aktuell in meinem Lebensbalancemodell?
> - Wo bin ich zufrieden, wo ist Handlungsbedarf?
> - Bei welchen Werten will ich mir unbedingt treu bleiben?
> - Finde ich diese Werte in dem Unternehmen, in dem ich Führungskraft bin oder werden will?

Literatur

IZZO, J.: *Die fünf Geheimnisse, die Sie entdecken sollten, bevor Sie sterben*, 2. Auflage, Riemann Verlag, München 2008

SEIWERT, L.: *Wenn du es eilig hast, gehe langsam*, 2. Auflage, Campus Verlag, Frankfurt am Main 1998

9 Die Interviews

In diesem Teil können Sie je nach Interesse die Erfahrungen der verschiedenen Führungskräfte lesen. Sie können sich nach Beruf, Branche oder Geschlecht leiten lassen. Die Interviews sind gekürzt mit den wesentlichen Aussagen für Sie wiedergegeben und stellen ca. 80 % des jeweiligen Gesamtinterviews dar. Sie lesen aus den Interviews deutlich den Werdegang und die Haltung der jeweiligen Führungskraft heraus und können fragmentarisch in die Wirklichkeit einer erfahrenen Führungskraft eintauchen. Wenn Sie Auszüge der Interviews hören wollen, dann können Sie diese auf meiner Homepage *www.holl-partner.de* als Audioversion hören und auch herunterladen.

Die Fragestellungen sind bei fast allen Interviewpartnern identisch. Dennoch gab es bei dem einen oder anderen Interview spezifische Nachfragen und Vertiefungen, die zum Interviewpartner bzw. der Interviewpartnerin passten. Mit den meisten Interviewpartnern war ich aufgrund der langjährigen Zusammenarbeit per Du, mit den anderen per Sie. Ich habe den verbalen Stil der Antworten meistens gelassen, sodass die emotionale authentische Sprechweise für Sie mitschwingen kann.

9.1 Klaus Brück – Leitung Konsumforschung

Klaus Brück, Industriekaufmann

Führungserfahrung: 37 Jahre bis 2017
Führungstiefe: 5–150 Mitarbeitende
Unternehmen: GfK – Gesellschaft für Konsumforschung in Nürnberg

Wie sind Sie zur Rolle Führungskraft gekommen?

Meine Führungskarriere startete bei der Bundeswehr. Die Bundeswehr war für mich eine extrem prägende Zeit. Die Bundeswehr hat zwei Leitmotive. Zum einen den Bürger in Uniform und zum anderen – und das war für mich prägender – „Führen durch Vorbild". Ich hatte zwei Beispiele für das Gute und zwei Beispiele für das Schlechte. Ich hatte einen Oberleutnant, der war ein Profisoldat. Er hat seine Haltung vorgelebt. Das Gegenstück war mein Hauptmann. Der war machtgeil. Auch da habe ich gesehen, was man mit Führung anrichten kann. Er konnte mich nicht leiden, der Spieß (Hauptfeldwebel) auch nicht. Sie piesackten mich, wo es nur ging. Sie haben nur Macht ausgeübt. Niemals im Leben wollte ich mir das gefallen lassen. Das war die erste Erfahrung mit Führung. Das waren so richtige Machtspiele. Wenn ich argumentierte, wurde es abgebügelt. Ich sagte mir, wenn ich mal Führungskraft werde, dann mache ich das anders.

In welche Fettnäpfe sind Sie am Anfang getreten? Was würden Sie heute anders machen?

Mein Verständnis als Führungskraft ist, dass ich mit dem Geld der Firma umgehe, als wäre es mein eigenes Geld. Ich sicherte damals mit Bändern alle Daten. Ich führte einen Bereich und merkte, wir heben zu lange Daten auf, und analysierte dies. Ich schrieb die Abnehmer der Daten auf und forderte quasi eine Kostenstelle ein. Daraufhin wurde ich von meinem Direktor ermahnt, die Kollegen hätten sich fürchterlich beschwert, wie ich sie anspreche. Ich könne so die anderen Abteilungen nicht ansprechen. Es ging nicht um die Art und Weise, sondern um die Novität, den Akt als solchen, dass eine junge Führungskraft das Kostenthema ändern will. Ich habe das bestehende System gestört! Würde ich es wieder so machen? In der Sache ja, weil es inhaltlich richtig war. Manchmal muss man gegen den Strom schwimmen. Man muss überlegen, ob man gute Argumente hat, wenn man etwas tut. Dann kann man in so eine Auseinandersetzung gehen. Der Fettnapf an sich war, dass ich zu jung war, um mir das zu erlauben. Es ging nicht um die Sache, sondern um die Macht.

Was ist Ihnen als junge Führungskraft gut gelungen?

Ich habe neue Bereiche aufgebaut und bestehende Bereiche ausgebaut. Ich hatte Spezialprojekte aufgebaut. Ich hatte Freiraum dafür bekommen. Das fand ich sehr positiv, weil man mir das zugetraut hat, dass ich so eine Sache zu Ende bringen kann. Und der Firmenbereich ist gewachsen. Stolz bin ich auf einen Großkundenkontakt. Dieser Kunde hatte hohe Qualitätsstandards und wollte uns einen großen Auftrag geben. Mein Kollege vom Verkauf und ich erkannten, dass wir die Standards nicht einhalten können. Daraufhin haben wir gemeinsam diesen Auftrag abgelehnt. Das war ein Sakrileg, so einen Auftrag abzulehnen. Worauf unsere Geschäftsführung bei uns auftauchte. Ich argumentierte, dass es in der Sache richtig ist. Wir hatten zu spät reagiert, wir hatten nicht genug Ressourcen eingestellt. Die Vertreterin des Kunden hat uns beim Weihnachtsessen gesagt, dass es sehr gut von uns war, abzulehnen. Denn es stellte sich heraus, dass diese Kundenanfrage ein Test an uns war, ob wir in der Lage sind, auch Nein zu sagen, wenn wir es nicht leisten können. Dies hat die Zusammenarbeit nur verstärkt. Wir haben im Folgejahr die doppelte Auftragsmenge erhalten! Das heißt, Ehrlichkeit zahlt sich aus. Für Überzeugungen muss man auch mal Schläge einstecken. Und auch eine Lösung anbieten, wie man es in Zukunft besser macht. Das war ein sehr wichtiges Learning, dass wir rechtzeitig Ressourcen aufbauen hätten müssen. Um eine gewisse Qualität zu liefern, muss man Voraussetzungen haben und im Zweifelsfall auch mal ablehnen.

Was war Planung Ihrer Karriere, was war Fügung?

Unsere Firma war am Anfang eine deutsche Firma. Doch es war klar, dass es international werden wird. Da habe ich begonnen, Englisch zu lernen. Das stieß damals auch auf hohen Widerstand in der Führung. Für was brauchen wir denn Englisch. Ich war der Meinung, gerade im IT-Bereich ist das wichtig. Das war Planung. Fügung war letztendlich, dass es immer neue Aufgaben gab, neue Herausforderungen, auf die ich nicht zielgerichtet hinarbeitete, sondern wo ich gefragt wurde: „Traust du dir das zu?" Diesen Moment der Gunst kann ich nicht selbst machen. Das ergibt sich eventuell durch Kunden, eventuell durch einen Zukauf etc. Das An-sich-Arbeiten kann ich planen, an der Führungsqualität, an der Selbstreflexion. Dann ergibt sich vieles, dann ergeben sich die Chancen, die man einfach nutzen sollte.

Was ist verführerisch gewesen als junge Führungskraft?

Verführbar ist ganz am Anfang dieses Durchsetzenkönnen, wo alles neu ist, wo man ungewöhnliche Sachen macht. Da ist die Gefahr, einem gehört die Welt und keiner kann einem widerstehen – so eine Hybris. Normalerweise regelt das das Leben selbst. Doch eine gesunde Selbstkritik ist sinnvoll: Bin ich wirklich so gut, wie ich meine? Selbstkritik war bei mir schon immer etwas gegeben, weil ich perfektionistisch veranlagt bin. Perfektionisten haben einen hohen Anspruch an sich. Ansonsten ist man von der Ermächtigung schon verführbar. Es gilt, liebevoll an sich hinzusehen und festzustellen, wo meine Schattenseiten sind. Was kann ich gut, aber auch, was kann ich schlecht.

Wann haben Sie begonnen, über Ihre Führungsrolle nachzudenken, diese zu reflektieren?

Das war Ende der 80er-Jahre. Die Anfangsjahre waren geprägt von purer Kraft und Ausprobieren, und auch mal durch Türen zu gehen, wo keine waren. Das macht einerseits müde, man bekommt blaue Flecken. Dann machte ich einen Schritt zurück und dachte noch mal nach, ob pure Kraft und Überzeugung wirklich reichen. Ich machte eine saubere Analyse, wo stehe ich und gibt es andere Alternativen? Da gibt es eine Analogie beim Klettern. Wenn man gut klettern will, muss man von der Wand weg, damit man die Griffe sieht. Aber wenn man nicht gut klettern kann, meint man, man verliert Sicherheit. Also dachte ich, bevor ich mich in dem Problem verbohre, geh ich einfach zwei Tage vom Problem weg. Meine Frau meinte auch oft, dass ich meinte, wo eine Tür zu haben sei, muss sie auch da sein! Das Zurücktreten, nach links und rechts schauen und sehen, ob es eine elegantere Methode gibt oder jemand anderen, der etwas glaubwürdiger rüberbringt. Das habe ich nach den ersten Führungsjahren gelernt. Bewusst Perspektivenwechsel zu betreiben ist ganz wichtig. Vor allem sich auch Zeit zu geben, mal eine Entscheidung zu vertagen, wenn die augenblickliche Entscheidung einfach nicht gut ist.

Führen heißt entscheiden. Welche Entscheidungen fielen Ihnen leicht, welche schwer?

Leichte Entscheidungen waren fachliche, faktisch basierte Entscheidungen. Da, wo ich das Risiko relativ gut bewerten konnte. Natürlich bleibt ein Risiko, dass man einen Fehler macht. Es zählt auch Erfahrung, da wird man sicherer. Schwierige Entscheidungen waren immer, wenn es um Personal, um Menschen ging. Da wollte ich nicht einen blinden Fleck bei mir selbst haben. Ich fragte mich immer, ob das wirklich objektiv ist, was ich sehe. Wie nehme ich den anderen wahr. Ist das eventuell ein Teil von mir, was ich ein Stück weit verdränge. Bei Personalentscheidungen war ich immer vorsichtig und habe im Zweifel „für den Angeklagten" entschieden oder für ihn gekämpft. Im Laufe der Zeit habe ich gemerkt, dass meine Intuition mich relativ gut berät. Wann immer ich Zweifel hatte, merkte ich, dass diese meistens berechtigt waren. Ich konnte sie bloß nicht rationalisieren. Die schwierigen Entscheidungen waren auch, wenn die Faktenlage extrem dünn war. Da geht's um

Mustererkennung – war ich schon in solchen Situationen, wie habe ich da entschieden? Und wenn es mal zu kritisch ist für mich, dann entscheide ich, dass ich mal keine Entscheidung treffe und es eskalieren lasse, und berate mich mit anderen.

Wie konnten Sie die anspruchsvolle Arbeit mit der Familie und Ihrer Freizeit verbinden?

Arbeit ist eine wichtige Säule für unsere Identität. Dazu kommen Familie, Freunde und Gesundheit. Und es kommt die Pflege von einem selbst dazu. Das vergessen viele. Und man muss sich selbst auch mögen, mit seinen Stärken und mit seinen Schwächen. Mein Weg war so: Ich hatte relativ schnell kleine Kinder. Ich habe versucht, mir Zeit zu nehmen. Und es war immer zu wenig. Doch in meiner Partnerschaft hat meine Frau hier viel gemacht. Und ich habe etwas gemacht, wo ich mich ganz aus der Welt herausgezogen habe. Als Führungskraft ist man auch mit der eigenen Ohnmacht konfrontiert, ich kann nicht alles planen, ich bin abhängig von der Qualität meiner Mitarbeiter. Da muss ich ein Stück Vertrauen aufbauen. Balance heißt ganz einfach: Was ist mir wichtig im Leben? Ein Coach sagte mir mal, wenn dir wirklich etwas wichtig ist, dann hast du Zeit dafür. So hat meine Art des Arbeitens dazu geführt, dass ich meinen Freundeskreis bewusst rigide gehalten habe. Das war eine bewusste Entscheidung. Ich habe mir bewusst Auszeiten genommen, wo ich fünf Tage meditierte und nur mit mir war. Das galt es natürlich in der Partnerschaft zu kommunizieren. Es kommt auf den Typ an. Mir waren die Zeiten mit mir selbst ganz wichtig, um mit mir ins Reine zu kommen. Ganz einfach mal eine Pause zu machen. Da gibt es den Spruch, so ein Hamsterrad ist auch eine schöne Karriereleiter. Wenn man halt nur noch läuft, läuft man Gefahr, das Wesentliche zu verlieren. Pause machen gehört dazu.

Wir sind in der Zeit der Smartphones. Wir sind immer erreichbar. Wie verfahren Sie mit dieser Neuerung?

Erstens, wenn ich in einem Meeting bin, dann ist das Gerät aus. Mir wurde schon rückgemeldet: „Ja, du warst nicht erreichbar." Meine persönliche Assistentin weiß, wo ich bin. Wenn etwas wichtig genug ist, dann erreichen Menschen mich. Es gibt wenige Sachen, die so extrem drängend sind. Der Urlaub – das war das Gute an meinem Chef – war bei uns wirklich Urlaub. Wir haben ausgemacht, wenn etwas richtig brennt, also extrem wichtig ist, dann schreibt man eine SMS, dann wird nicht angerufen – die Mailfunktion bleibt dann ausgeschaltet. Das ist mir wichtig. Ich habe abends oft lange gearbeitet. Aber ich habe erst einen Break gemacht mit meiner Frau, gut gegessen, Gespräche geführt oder einfach zum Absacken einen lustigen Krimi angesehen und dann noch mal gearbeitet, immer meine To-do-Liste abgearbeitet, was steht an, damit ich nachts gut schlafen konnte. Samstags war der freie Tag. Sonntags habe ich oft abends gearbeitet. Das war ein Deal mit mir selbst. Ich halte meine freie Zeit. Ich hatte lange gearbeitet, auch freitags. Dann war mal ein Tag, wo Pause war. Das hat was mit Selbstdisziplin zu tun. Und es gibt nur wenige Ausnahmen, wo ich nicht einen Tag Pause machte.

Was ist das Besondere an Ihrem Führungsstil?

Ich bin der tiefen Überzeugung, dass jeder Mensch erst mal seinen Beitrag leisten will. Also ich gehe davon aus, dass jeder erst mal ein Gewinner ist. Es gibt Ausnahmen. Das weiß auch ich. Die muss man – so hart es klingt – aus dem System entfernen. Bei mir bekommt jemand erst mal den Vertrauensvorschuss. Den soll er sich mit der Zeit verdienen. Das hat mir geholfen, dass sich Leute entwickeln. Ich manage Komplexität. Ich treffe Entscheidungen. Dafür brauche ich gute Vorbereitung. Und ich bin der Meinung, wenn man den Leuten signalisiert: „Bring dich ein", dann ist der Mitarbeiter auch mal bereit, ein Risiko einzugehen, Fehler zu machen – aber daraus zu lernen – und dann zeigen sie hohe Eigeninitiative und dann zahlen einem die Mitarbeiter das positiv zurück. Wenn sie ernst genommen sind, sie Vertrauen zeigen – das ist für mich ein ganz wichtiges Thema.

Was würden Sie als Führungskraft ablehnen, was ist ein No-Go?

Wenn es total gegen die eigenen Überzeugungen geht. Dann kommt die Gretchenfrage. Wenn etwas überhaupt nicht zu meinem Typ, zu meinem Menschenbild passt. Ich muss dann wissen: Das kann heftige Konsequenzen haben. Ich brauche ein Leitbild für mich selbst. Wie möchte ich gesehen werden? Dann kann ich auch harte Entscheidungen treffen. Ich sollte keine Entscheidungen treffen, wo ich überhaupt nicht dahinterstehe. Das sollte eine Führungskraft nicht machen. Ich habe auch schon Sozialpläne durchgedrückt. Das ist kein Spaß. Das war im großen Kontext richtig. Doch ich mache es nicht gerne. Man tut Menschen weh. Aber was zu machen, wo man gar nicht dahintersteht, das geht nicht. Ich sehe mich als Führungskraft, nicht als Manager, der etwas richtig tut. Es muss ein Sinn dahinter sein in dem, was ich tue. Die Führungskraft muss Sinn stiften. Im Deutschen ist der Begriff „Führer" schwierig. Mein Job ist Führung und nicht Managen. Der Manager ist ein Erfüllungsgehilfe. Ein Manager kann auch etwas exekutieren, hinter dem er nicht steht. Das bin nicht ich. Als Führer muss ein Stück von mir durchkommen, sonst verliere ich die Leichtigkeit meines Tuns.

Mentoring ist aktuell ein Thema in Unternehmen. Hatten Sie einen Mentor?

Es gibt ja eventuell welche im Bekanntenkreis. Der Mentor muss ja nicht aus dem gleichen Geschäftsfeld kommen. Der Mentor muss zuhören können. Es ist ein Austausch mit jemandem, der zuhören kann und der die Information erst mal sacken lässt und dann seine Perspektive hinzufügt. Es geht erst mal darum, sich sprachlich zu artikulieren. Erst beim Schildern wird einem etwas deutlicher. Ich bin ja selbst als Mentor tätig. Meistens haben die Mentees die Antworten schon selbst in sich parat. Wenn ein Mentor zuhört und einige gute Fragen stellt, dann gibt es für den Mentee mehr Sicherheit. Er folgt der Meinung des Mentors nicht, sondern hört aktiv zu und nimmt das an, was zu ihm passt. Mit sich selbst alles auszumachen geht nicht. Dann beginnt das Kreisen um den eigenen Bauchnabel. Es ist einfach gut, wenn jemand zuhört und dann Rückmeldung gibt.

Zu guter Letzt: Was hat Ihnen die Führungsrolle in Ihrem Leben gegeben? Was hinterlassen Sie mit dieser Rolle?

Die Rolle Führungskraft hat mir das Glück gegeben, dass meine Fähigkeiten und meine Arbeit, mein Job zusammenpassen. Es hat mir Erfüllung gegeben, weil ich denke: Mir kommt entgegen, dass ich Leute liebe, an sich Menschen liebe. Wenn man das hat und Menschen führen darf, dann ist das das größte Geschenk. Verantwortung für andere zu übernehmen, sie zu sehen, zu begleiten, das ist ein Entwicklungsprozess, eines der größten Geschenke. Ich mag jeden jungen Menschen ermutigen, diesen Weg zu gehen.

Ganz wichtig sind diese Selbstliebe und die Fähigkeit, zu vertrauen. Wenn ich nicht vertrauen kann, dann kann ich diese Führungsjobs nicht gut machen. Ich bin tief davon überzeugt, dass das nicht geht. Mir hat es eine Zufriedenheit gegeben. Das ist das Wichtigste – und Wertschätzung von den Leuten, mit denen ich sehr viel zusammenarbeite, die mir dann auch Rückmeldung geben, die mir dann auch vertrauen und auch zu mir kommen und mir auch Nicht-Berufliches erzählen und wo ich als jemand gesehen werde, der zuhören und, wenn es gewünscht wird, einen Ratschlag geben kann. Das Wichtigste für mich ist an sich die Wertschätzung, die ich bekommen habe, von oben, von unten, von der Seite. Das ist eines der größten Geschenke.

Hinterlassen werde ich eine Art und Weise, wie man Menschen führen sollte, wie man so einen Bereich führen sollte. Den Menschen bewusst ernst zu nehmen, ihn zu sehen, Stärken und Schwächen, ihn dort einzusetzen, wo seine Fähigkeiten sind. Und da zu sein, wenn mal was nicht stimmt. Wenn die Leistung nicht passt, zu hinterfragen. Ihnen Wertschätzung zeigen, dass sie als Mensch ganz gesehen werden. Da gibt es auch Phasen wie Krankheiten, psychische Krisen bei Mitarbeitern. Ich hatte da Mitarbeiter, die zahlen Ihnen das im Nachhinein in doppelter und dreifacher Währung zurück. Resümee: Den Menschen sehen und auch dann mal helfen, wenn es richtig schwierig ist.

... und was war der Preis der Rolle?

Es hat mich einen erheblichen Teil meiner Arbeits-, meiner Lebenszeit gekostet. Ich war immer ein Typ, der gern und hart gearbeitet hat, weil dies immer auch ein Spiel der Möglichkeiten war. Das ging nur, weil meine Partnerin mit diesem Rollenmodell einverstanden war. Ich hab ein Stück auf meine Freizeitaktivitäten verzichtet, weil ich in der Arbeit meine Erfüllung gefunden hab. Mein Freundeskreis ist relativ klein und eingeschränkt. Aber das war eine bewusste Entscheidung. Bewusst war mir immer wichtig die Partnerschaft, mein persönlicher Freiraum. Ich brauchte Zeit für die Arbeit. Da war in meinem Zeitbudget kein Platz mehr für viel Privates. Irgendwann muss man sich entscheiden. Ist mir der Preis wert? Aus heutiger Sicht war es mir wert. Darum freue ich mich auch, wenn ich nach vorne schaue und mehr Zeit habe für andere Sachen. Ich hatte nie das Gefühl, dass ich was versäume. Das war eine bewusste Entscheidung. Ich setze meine Prioritäten anders. Das ist meine bewusste individuelle Entscheidung. Wenn man immer mit dem Gefühl rumhängt, man macht was, aber es ist immer für das oder jenes zu wenig, dann kreiert man einen Teil seines Leids selbst. Eine bewusste Entscheidung, was bin ich bereit zu investieren und innerhalb des Rahmens zu investieren? Das klingt jetzt sehr reflektiert. Aber es sind halt Erfahrungen von über 40 Jahren Beruf.

... und eingedampft in wenigen Sätzen: Was empfehlen Sie jungen Führungskräften?

Es ist mir eine Herzensangelegenheit, zu vermitteln, Führen ist echt ein toller Job. Es ärgert mich immer wieder, dass Führung so negativ dargestellt wird. Ich will jeden ermutigen, der es sich zutraut, das zu leben. Es gibt eine gute Form von Führung. Das ist eines der größten Geschenke, die man sich machen kann. Wenn ich jünger wäre, würde ich sagen, das ist ein geiler Job! Es ist ein toller Job mit Verantwortung für Menschen, wenn man Menschen mag, und in einem System, in dem Menschen arbeiten, Menschen gemeinsam zum Erfolg zu bringen als Team.

 Hotspot/Nachlese:

Welche Aussagen haben sich für mich bestätigt? Welche überrascht? Welche sehe ich anders?

Welche Entscheidungs- oder Verhaltensimpulse nehme ich mit aus diesem Interview?

Was ist die wertvollste Erfahrung von Klaus Brück, die ich für meinen Weg nutzen will?

9.2 Doris Feurstein – Leitung Altenheim

Doris Feurstein, Diplom-Krankenpflegerin

Führungserfahrung: seit 2001
Führungstiefe: 5–50 Mitarbeitende
Nothburgaheim in Innsbruck

Was würdest du jungen Führungskräften empfehlen, die in der Pflege anfangen?

Also, das Erste was ich jeder jungen Führungskraft mitgeben würde, ist: Einfach nur schauen, wahrnehmen und schauen, wie der Bereich jetzt läuft. Und dann ganz langsam, ganz langsam mit dem Team gemeinsam an Veränderungen zu arbeiten, wenn es welche braucht. Das Wichtige ist, alles gutzuheißen, was bis jetzt in dem Bereich passiert ist. Und nicht zu kommen und zu glauben, weil man als Junger so kraftvoll ist, weil man die Welt verändern will. Ich bin draufgekommen, dass es ganz einfach um Langsamkeit geht, hinschauen, hinspüren, was brauchen die Menschen, und ihnen ganz viel Wertschätzung geben für das, was sie bis jetzt getan haben.

In welche Fettnäpfe bist du am Anfang getreten? Was würdest du heute anders machen?

Ich war immer lebendig in meinen Visionen. Ich habe immer gedacht, was mir gut gefällt, muss den anderen auch gefallen. Ich habe dann gemerkt, dass ich die Menschen überfordert habe. Ich war so „sprudelig". Dann ist genau das passiert, dass ich den Menschen nicht die Wertschätzung gegeben habe, was sie bisher gearbeitet haben. Das ist mir schon öfters passiert. Ich wollte Dinge immer zu schnell verändern.

Was ist dir als junge Führungskraft gut gelungen?

Ich habe das große Glück, dass ich die Menschen liebe. Und wenn du die Menschen liebst, dann hast du es leichter. Und ich sehe eher die Stärken und nicht die

Schwächen. Dann kann ich eher ihn dahin begleiten und sein Potenzial fördern. Du hast dann als Führungskraft ganz andere Möglichkeiten, einen Menschen zu begleiten und ihn zu fragen: „Wo hast du denn deine Stärken, was möchtest du denn leben?"

Was war Planung deiner Karriere, was war Fügung?

Es war schon sehr viel Fügung und sehr viel Glück. Und schon dass die richtigen Menschen mir begegnet sind. Ich habe wenig geplant, und trotzdem zieht sich ein roter Faden durch mein Leben. Meine Bestimmung war schon die, die ich jetzt mache. Das war irgendwo schon eine Fügung. Weil ich war zuerst sozusagen Stockmädchen, dann Pflegehelferin, dann Diplom-Schwester, dann Stationsleitung, dann Pflegedienstleitung und dann Heimleitung. Es ist schon ein sehr spannender Weg. Mit 15 Jahren habe ich eine Ausbildung gemacht zur Einzelhandelskauffrau in einer Bäckerei, wo ich mir dachte, da kann ich nicht arbeiten, das ist jetzt aber nicht meins. Und dann erkannte ich, wenn ich das genau aus mir heraus mache, als der Mensch, der ich bin, dann wird auch das cool. Und dann ist es total cool geworden. Und dann ging ich ein Jahr nach Amerika und dann nach Innsbruck. Hier habe ich die Pflegehelferausbildung gemacht und habe schon immer gemerkt und wahrgenommen, einfach gewisse Dinge zu sehen, und immer gedacht, na das könnte man auch anders gestalten. Danach habe ich das Diplom gemacht und selber eine Station geleitet. Das war total lässig. Da war ich 25. Dann habe ich die Pflegedienstleitung übernommen und 2001 (mit 33 Jahren) die Heimleitung. Und ich habe alles wirklich erlebt, vom Kloputzen bis ... und das macht mich aber auch aus in meinem Sein. Ich habe alles wirklich getan in der Haltung, ich tue es für das Ganze.

Was ist verführerisch gewesen als junge Führungskraft?

Die Gefahr für eine Führungskraft ist immer die Macht. Es gibt ja sozusagen eine Macht, da bringe ich dich dazu, dass du Dinge tust, die du gar nicht tun willst, aber ich bringe dich dazu, dass du sie machst. Das ist die schwierigste Form von Macht für mich. Das würde ich jeder jungen Führungskraft mitgeben, immer zu schauen, dass sie miteinander handeln. Weil Macht hat eine ganz zerstörerische Energie. Und oft ist es ja gar nicht Macht. Oft ist es Unsicherheit oder Überfordertsein oder, den Mut nicht zu haben. Wenn dann Macht ungut eingesetzt wird, liegt oft ein Bedürfnis dahinter, das ich mich nicht traue, zu kommunizieren.

Kann es im sozialen Bereich eine besondere Verführung geben für eine Führungskraft?

Man muss im sozialen Bereich sehr aufpassen, wenn du mit vermeintlich schwächeren Menschen arbeitest, dass du sozusagen der bist, der stärker ist. Ich denk, da muss man sich sicher selber immer überprüfen. Das ist ganz, ganz wichtig. Weil man muss sich bewusst sein, man ist nicht glücklich, wenn man über andere Macht ausübt.

Was empfiehlst du, um Mitarbeiter zu motivieren, auch in die Selbstverantwortung zu gehen?

Also erst mal zu allen Ideen, die die Mitarbeiter haben, Ja sagen. Wirklich Begeisterung wecken und sagen: „Ja mach es, probiere es aus, schau, was passiert." Quasi das Öffnen dieser Quelle in uns, den Raum zu geben, das Fördern der Ideen, statt zu sagen: „Das geht nicht." Die Ideen der Mitarbeiter bewirken Wunder, und wir brauchen diese Wunder. Ohne diese Wunder arbeiten wir einfach vor uns hin. Diese Erfahrung sollten die Mitarbeiter machen können, auch die dazugehörigen Fehler. Dann gemeinsam anschauen und reflektieren, das macht eine starke, unabhängige Führungskraft. Wir lernen dann, den Bauchladen zu füllen. Schon auch die Gestaltung von ihrem Arbeitsbereich. Ich habe das ganz frei gestalten lassen, damit sie sich zusammen mit Bewohnern wohlfühlen. Schaut, dass ihr Geborgenheit schafft, dass es für euch lebbar ist und gut ist.

Und dann ist wichtig, dass die Mitarbeiter wissen, sie können immer zu dir gehen – dass du eine offene Führungskraft bist. Es gibt keine Mitarbeiterin, die nicht weiß, dass wenn sie die Doris braucht, dann ist die Doris da. Da geht es nicht um einfache Bestellsachen, sondern um Wesentliches. Das schafft Vertrauen. Diese emotionale Nähe, die nimmst du spürbar war.

Führen heißt entscheiden. Welche Entscheidungen fielen dir leicht, welche schwer?

Ich glaube, dass ich mich ganz oft in meinem Leben nicht richtig entschieden habe. Aber genau aus diesen Entscheidungen habe ich ganz, ganz viel gelernt. Ich habe mir immer danach angesehen, was waren meine Fehler und woraus habe ich meine Entscheidung getroffen. In diesem Reflektieren für die nächste Entscheidung habe ich einen Bauchladen entwickelt, wo ich was herausnehmen kann, was mich wieder weitergeführt hat. Es hat keine Entscheidung gegeben, woraus ich nicht viel gelernt hätte. In diesen Prozessen habe ich ganz viel über mich selber gelernt und gleichzeitig ganz viel an meine Mitarbeiter und Kollegen weitergeben können. Wenn du oft die gleichen Fehler machst, dann liegt es an was anderem. Und wenn du oft schwierige Entscheidungen triffst, dann gehören die sich angesehen. Für mich ist wichtig, wenn ich eine wichtige Entscheidung treffe, dass ich hinspüre mit meinem Herzen und Verstand. Das in Einklang zu bringen.

Was hat dir in diesen schwierigen Situationen geholfen?

Was ich einfach ganz gerne tue, ist, es einem anderen mitzuteilen, wie ich mich entschieden habe, und ihn zu fragen, was ich eventuell vergessen habe, was ich noch bedenken sollte. Das finde ich einfach cool, dieses Miteinander, auch die betreffenden Menschen fragen, ob das Mitarbeiter, Bewohner sind, Angehörige, Ärzte, immer wieder mit ihnen zu sehen, was ein besserer Weg sein kann, um Entscheidungen zu treffen. Das heißt für mich auch lernen, lernen von anderen Fachkompetenzen, mir Meinungen zu holen, weil ich habe nicht alle Kompetenzen. Es geht ja bei Entscheidungen nicht darum, dass ich mein Ego befriedige, sondern ich entscheide ja für Menschen.

Wie hast du gehandelt, wenn Mitarbeiter Veränderungsprozesse nicht mitgetragen haben?

Da ist wichtig, dass ich als Führungskraft ganz für mich in der Klarheit bin. Dass ich mich vom Außen nicht beeindrucken lasse – von Emotionen, von Widerständen, von Konflikten. Es ist schon was ganz Wesentliches für eine Führungskraft bei sich zu bleiben. Und manches Mal ist es so, dass eine Mitarbeiterin nicht mehr am richtigen Platz ist. Bei aller Liebe – d. h., dass man diesen Menschen dann fragen muss: Bist du noch am richtigen Platz? Trägst du mit uns noch gemeinsam die Philosophie des Hauses? Manchmal ist es so, dass sich jemand schon ganz woanders hin entwickelt hat, z. B., da wollte jemand was selbst leiten. Dann mussten die vom Heim weg, um woanders was Eigenes zu leiten. Das habe ich oft erlebt.

Wie ging es dir als junge Führungskraft gegenüber älteren Mitarbeitern?

Da habe ich schon einige traurige Dinge erlebt, die haben mich schon geprägt. Irgendwann habe ich grundsätzlich das mit der Wertschätzung anderen gegenüber verstanden. Ich habe ihnen einfach auch die Wertschätzung für ihre Arbeit gegeben. Das habe ich erst verstehen müssen, um was es da eigentlich geht. Und wenn die Jungen so kommen mit dem vielen Elan und den vielen neuen Ideen, dann fühlen sich die Alten eben nicht so gesehen, also auch die älteren Führungskräfte, die schon viele, viele Jahre in dem Beruf sind. Ich habe lernen müssen, ihnen immer wieder die Wertschätzung zu geben, und nicht, dass ich ihre Konkurrenz bin.

Was sollte eine Führungskraft tun, um auf der Höhe der Zeit zu bleiben? Wie wichtig ist die fachliche Kompetenz?

Die fachliche Kompetenz halte ich für ganz wichtig. Es kommen fachlich sehr gute Mitarbeiter aus allen Schulen. Ich kann da nur das Beste berichten. Wir müssen in Zeiten des Computers, in Zeiten der Pflegedokumentation und der Standards und der Qualitätsmanagementgeschichten und bei vielem anderen darauf achten, dass wir dennoch immer sehen, um was es geht. Und in unserem Bereich in der Altenarbeit geht es darum, wie ich einem alten Menschen einen guten Lebensabend gestalten kann, dass er sozusagen gut sterben kann und was er dazu braucht. Und all das, was die Menschen mitbringen, das ist alles gut. Doch wir dürfen eins nicht aus dem Auge verlieren, dass wir fürsorglich hinspüren und nicht zu technisch werden, sondern Geborgenheit schaffen. Und Geborgenheit schaffst du immer über Beziehung, über Vertrauen, über emotionale Nähe. Da müssen wir gut schauen, dass wir dranbleiben an diesem Beziehungsfluss. Weil sonst wird alles so standardisiert und dann wird es komisch.

Wie hast du es geschafft, eine gute Work-Life-Balance zu gestalten?

Ich denke, das ist überhaupt die größte Herausforderung für eine Führungskraft. Mir kommt es vor, es geht darum, die eigene Begeisterung in sich zu nähren für das Leben grundsätzlich. Und die Arbeit ist ja nur ein Teil meines Lebens. Und da muss jeder für sich immer wieder hinschauen und hinspüren: Was ist mein Bedürfnis und habe ich gelernt, meine Bedürfnisse zu kommunizieren? Ob das Partnerschaft, Familie oder Freunde sind, nicht nur etwas tun um des Tuns willen, sondern zu schauen, ob das wirklich etwas ist, was mir Kraft gibt und ganz nah meinem Bedürfnis ist, sodass ich in meiner Mitte bleiben kann.

Was ist das Besondere an deinem Führungsstil?

Schon die Beziehung zu den Mitarbeitern.

Was würdest du als Führungskraft ablehnen?

Ich würde als Führungskraft alles ablehnen, wo ich mich nicht mehr im Spiegel ansehen kann.

Mentoring ist aktuell ein Thema in Unternehmen. Hattest du eine Mentorin?

Mein Glück im Leben war für mich, dass mir immer zum richtigen Zeitpunkt die richtigen Menschen begegnet sind. Die hatten für mich alle ein Stück weit Vorbildcharakter. Als ich ganz jung war, wo ich Brot verkauft hab, da hatte ich eine Chefin, von der habe ich mir genauso viel Positives genommen, weil es mich beeindruckt hat, wie sie Brot verkauft hat. Da sagte ich mir, das will ich auch so machen. So ging es weiter bis zum heutigen Tag. Wir sind soziale Wesen. Wir entwickeln uns bis zum Schluss. Meine Vorgängerin, die Helga Stabentheiner, war natürlich eine wichtige Frau, eine hervorragende Führungskraft. Da habe ich am meisten gelernt.

Was hat dir die Führungsrolle in deinem Leben gegeben? Was hinterlässt du mit dieser Rolle?

Ich glaub, dass es wirklich so ist, wenn ich es nur einem Menschen wirklich leichter gemacht hab, irgendetwas zu entscheiden in seinem Leben, dann ist das schon das Größte für mich, was ich getan habe. Wenn es einem besser gelungen ist, etwas zu tun, und er dann sagt, war super, dass ich das getan habe.

Na ja, es ist schon total cool, einfach Entscheidungen zu treffen. Ich liebe das schon, zu sagen: „Ja so machen wir es" (lacht herzhaft). Du kannst unheimlich innovativ sein, Ideen kreieren, du kannst alles sein. Du bist der, der vorgeht und Menschen begeistert. Schon cool, ja total! Echt, ja (lacht).

... und was war der Preis der Rolle?

Also ganzheitlich betrachtet war das so, dass meine Familie, meine Geschwister, meine Eltern, meine Partner immer das Gefühl hatten, dass das Nothburgaheim wichtiger sei als sie. Aber was ich dann herausgefunden habe, ist, dass es da auch um ein Verstehen gegangen ist, und ich lass es mir offen, was das Leben von mir will, ob das Familie ist oder meine Arbeit ist. Ich war da in einer inneren Offenheit da. Vor über zehn Jahren hat mein Bruder einen Film gemacht über das Nothburgaheim. Der hat dann maßgeblich alles verändert. Plötzlich haben die Menschen hineinschauen können, was tut denn die Doris? Und plötzlich haben die gesehen, ja was tut die denn, und haben verstanden, um was es mir geht. Es geht immer ein Stück ums Verstandenwerden. Deswegen ist nicht alles in Ordnung und sagt nicht jeder, das war super. Was ich merkte, jeder hätte gern immer ein bisschen mehr von mir gehabt. Das ist ja auch was Schönes. Und heute denk ich mir, ich bin am Üben – das muss man, muss ich ehrlich sagen, sonst würde man sich da was vormachen, es gilt, zu üben, dem die Balance zu geben. Ich merke immer mehr in mir, vielleicht ist das auch das Alter, dass ich immer mehr Freude und Interesse entwickle auf andere Dinge. Ich werde wieder neugierig. Am liebsten würde ich jetzt reisen und ganz neue Dinge entdecken. Also das Wunder Leben wieder ganz aufnehmen in mein Sein.

Welche Erfahrungen hast du als weibliche Führungskraft gemacht, die nur du machst, weil du Frau bist? Was willst du jungen Frauen dabei mit auf den Weg geben?

Eines will ich mit auf den Weg geben: Einfach authentisch zu sein und sich nicht verbiegen. Und immer wieder schauen: Was sagt mein Herz, was sagt mein Kopf? Und keine Dinge tun, die nur halbherzig sind, um anderen das Gefühl zu geben, sie sind okay. Das Wichtigste für mich ist schon, wenn wir Menschen authentisch sind. Und alles dafür tun, dass ich mir dabei begegne, mich auf den Weg mache, mir zu begegnen.

 Hotspot/Nachlese:

Welche Aussagen haben sich für mich bestätigt? Welche überrascht? Welche sehe ich anders?

Welche Entscheidungs- oder Verhaltensimpulse nehme ich aus diesem Interview mit?

Was ist die wertvollste Erfahrung von Doris Feurstein, die ich für meinen Weg nutzen will?

9.3 Franz Jenewein – Institutsleitung Weiterbildung

Franz Jenewein, Magister

Führungserfahrung: seit 1998
Führungstiefe: 30 Mitarbeitende
Unternehmen: Tiroler Bildungsinstitut Grillhof und TBI-Medienzentrum in Igls/Innsbruck

Wie war für dich die erste Zeit als junge Führungskraft?

Der Start als Führungskraft im Tiroler Bildungsinstitut Grillhof war spannend, aufregend und herausfordernd. Es war kein Bilderbucheinstieg. Die Leitungsstelle wurde vom Träger ausgeschrieben, weil die betriebswirtschaftlichen Kennzahlen und die pädagogische Arbeit als unzureichend beurteilt wurden. Ich musste die Stelle unmittelbar antreten – es waren gerade 14 Tage Zeit, um beim früheren Dienstgeber abzuschließen, und der Start wurde mit 2. Jänner 1998 definiert. Nur das Entgegenkommen meines früheren Chefs ermöglichte diesen Einstieg. Der Einstieg in das neue Berufsleben erfolgte mit einem Fehlstart, da der ausgehändigte Generalschlüssel nicht die Eingangstür öffnen ließ. Nachdem mir der Hausmeister öffnete und seinen Schlüssel übergab, konnte ich mir ein erstes Bild von der Einrichtung machen. Hinzu kam noch, dass alle Mitarbeiter in den Weihnachtsferien waren und erst am 7. Jänner zurückkamen. Somit konnte ich mich in einem provisorischen Büro einarbeiten. Erschwerend kam noch hinzu, dass ich die Leitung noch für eine zweite Einrichtung übernehmen musste, die mit dem Bildungshaus fusioniert wurde. Die erste Zeit als Führungskraft war aber auch sehr spannend, zumal die ersten pädagogischen Schritte sehr erfolgreich waren, und auch die betriebswirtschaftlichen Zahlen besserten sich. Gestaltung und Verantwortung waren zu zwei Begriffen geworden, die mich als Führungskraft begeisterten. Entscheidend war wohl auch, dass die Mitarbeiter diese Veränderung mittrugen – manche mit großer Begeisterung, einzelne abwartend und nur ganz wenige zurückhaltend. Die Zusammenarbeit mit dem Träger war auch sehr positiv, wohlwollend und wertschätzend.

Du warst noch sehr jung? Wie reagierten die Mitarbeiter auf so eine junge Führungskraft?

Für Mitarbeiter ist wichtig, dass sie eine Perspektive haben. Beide Einrichtungen litten darunter, dass es schon Überlegungen gab, sie aufzulösen. Nun gab es ein neues Konzept und eine Strategie. Es wurden aber auch Sätze gesagt wie „Schlimmer kann es gar nicht mehr werden". Alle Mitarbeiter wurden über die Entwicklung in diversen Besprechungen auf dem Laufenden gehalten und erlebten den positiven Aufwärtstrend. Schwieriger gestaltete sich die Zusammenarbeit mit dem früheren Leiter, zumal ich ihm alle Führungsaufgaben nehmen musste. Mit ihm wurde eine neue Vereinbarung getroffen, und für die drei Jahre bis zur Pension war er als pädagogische Kraft aktiv und entwickelte in dieser Zeit auch neue Konzepte. Bei einzelnen Mitarbeitern war durchaus eine abwartende Haltung spürbar, und in einem sensiblen Bereich legte ich einer Mitarbeiterin einen Wechsel nahe. Mit dem gewonnenen Vertrauen konnten neue Ziele und Aufgaben angegangen werden. Wichtig war mir, dass der Veränderungsprozess möglichst alle Bereiche umfasste.

Was ist dir am Anfang gut gelungen, was war dein Beitrag?

Ich habe auf zwei Ebenen angesetzt: Vordergründig war es wichtig, dass ein neues pädagogisches Konzept entwickelt wird. Ein Bildungshaus lebt vom Eigenprofil der pädagogischen Arbeit. Darüber hinaus, und das hängt auch eng mit dem pädagogischen Konzept zusammen, musste das betriebswirtschaftliche Konzept überarbeitet werden. Ein Bildungshaus ist ein besonderer Lernort und lebt von der Wechselwirkung zwischen Teilnehmer und Mitarbeiter, und jeder Mitarbeiter kann in seinem Bereich einen Beitrag leisten. Im betriebswirtschaftlichen Bereich wurden klare Ziele mit Kennzahlen definiert. Auf Basis der sehr guten Kennzahlen und der neuen Profilschärfung wurde das Veranstaltungshaus (2003) renoviert und das Haupthaus (2013) neu gebaut. Mit diesen Investitionen konnten und können wir im Wettbewerb mit anderen Bildungshäusern und Seminarhotels wieder ganz vorne mithalten.

Was war für dich denn am Anfang verführerisch als junge Führungskraft?

Im Begriff der „Führungskraft" stecken die zwei Begriffe „Führen" und „Kraft". Mit der Übertragung konkreter Aufgaben und der Leitungsfunktion bekommt jede Führungskraft eine hohe Verantwortung zugeteilt. Als junge Führungskraft wird viel in die Leistung investiert – mitunter hat man das Gefühl, dass die Kraft unendlich ist. Die Kraft möglichst effektiv einzusetzen, ist eine Führungsaufgabe, und dies betrifft nicht nur die eigene Kraft, sondern auch die der Mitarbeiter. Als Führungskraft will man Erfolg. Erfolg drückt sich in betriebswirtschaftlichen Kennzahlen oder in der Umsetzung des pädagogischen Konzepts aus. Erfolg kann man nicht erzwingen – und Erfolg ist die Summe der Einzelleistungen eines ganzen Teams. Erfolgserlebnisse machen stark und geben Kraft für weitere Aufgaben, daher muss darauf geachtet werden, dass Mitarbeiter nicht überlastet werden.

Ab wann hast du begonnen, über deine Führungsrolle nachzudenken?

Die Reflexion der eigenen Arbeit zählt zu den Grundvoraussetzungen jeder Führungstätigkeit. Kritisch darüber nachzudenken, was verbessert werden kann, ist wichtig, genauso wichtig ist aber auch das Innehalten und sich über Gelungenes zu freuen. Die Reflexion ist im pädagogischen Bereich unumgänglich. Als Pädagoge stellst du dir die Fragen: Was bringt eigentlich Weiterbildung? Welchen Wert hat diese Fortbildung? Was ist der Nutzen? Das ist auch ein Grund, warum ich eher ein Freund von längerfristigen Veranstaltungen bin, weil man den Lernerfolg und -ertrag wesentlich besser beobachten kann, auch im Sinne von steuern des Lernprozesses. Bildungshäuser eigenen sich als Lernorte für differenzierte Lernarrangements.

Kann ein junger Mensch seine Führungskarriere planen? Oder ist auch viel Fügung dabei?

Die Planung war schon beim Einstieg in diese Aufgabe ein wichtiges Kriterium – ich wollte ein Bildungshaus leiten. Die Fügung war vielleicht dahin gehend spürbar, dass ich von einem Politiker angesprochen wurde, ob ich, weil die Situation für den Betrieb so schlecht war, ein Konzept schreibe. Das Zukunftskonzept für den Grillhof war ein Teil des Einstiegs. „Planung ist das halbe Leben", so lautet ein Sprichwort. Es ist auch viel planbar und muss auch geplant und organisiert werden. Dazu zählen das Budget, der Investitionsplan, Stellenplan und auch das pädagogische Konzept. Neben der Planung sind die Kontrolle und das Controlling ein ganz wichtiger Teil in der Geschäftsführung. Ebenso spannend ist aber zu erleben, dass nicht alles planbar ist – vielmehr manches durch Fügung hinzukommt. Entscheidend ist, das zu erkennen und auch zuzulassen. Fügung sehe ich im Kennenlernen interessanter Menschen. Oder in der pädagogischen Arbeit kann viel geplant und organisiert werden, wie sich aber die Teilnehmer verhalten, hängt von ganz vielen Parametern ab, und nur ein Teil ist planbar. Ähnlich verhält es sich mit dem Qualitätsmanagement. Die Norm gibt sehr viel vor, und wir müssen viel dokumentieren, allerdings, wie Qualität erlebt wird, das ist nur zu einem kleinen Teil planbar. In dieser Wechselwirkung zwischen Planung und Fügung ist es wichtig, situativ zu entscheiden, wo ist Planung notwendig und wo schaffe ich so viel Freiraum, dass auch Fügung passieren kann.

Wie kann eine Führungskraft, die so operativ tätig ist wie du, sich Zeit nehmen, um sich neues Wissen anzueignen?

Nach meinem Studium habe ich die Gelegenheit genutzt, um mich im Bereich der Erwachsenenbildung weiterzubilden. Dazu zählten Lehrgänge wie Erwachsenenbildung, Bildungsmanagement, Projektmanagement und Qualitätsmanagement. Alle Lehrgänge wurden berufsbegleitend angeboten und boten daher eine ideale Möglichkeit für einen Austausch von Theorie und Praxis. Zudem ergaben sich neue Kontakte. Sich permanent weiterzubilden ist eine Grundvoraussetzung für eine pädagogische Leitung. Daher lege ich auch Wert auf eine gute interne Weiterbildung aller Mitarbeiter. Zudem bin ich ein begeisterter Leser und lese auch gerne Fachbücher und Zeitschriften. Eine gute und professionelle Öffentlichkeitsarbeit bringt auch mit sich, dass wir über unsere Tätigkeit in wissenschaftlichen Magazinen publizieren. Dienstreisen mit dem Zug eignen sich bestens, um fachliche Literatur zu studieren. Das ist mir heute immer noch wichtig neben dem Erfahrungsaustausch, auch mit den Gesprächen, die man auf Kollegenebene führt. In Tirol haben wir ein gutes Netzwerk im Erfahrungsaustausch innerhalb der Erwachsenenbildungseinrichtungen. Für ganz wichtig erachte ich auch die Mitarbeit in Expertengruppen auf Bundes- und Landesebene. Diese Mitarbeit erfordert eine entsprechende Einarbeitung in das Thema, und zudem sind alle auf dem aktuellsten Stand der Diskussion. Von daher lohnt sich auch der hohe Zeitaufwand.

Wie hast du die Balance zwischen Arbeit und Familie und Freizeit geschafft?

Wie bereits gesagt ist die Leitung einer Einrichtung eine spannende und zeitaufwendige Aufgabe, speziell am Beginn, weil man hier die Strukturen festlegen muss. Man muss Erfolge vorzeigen können und muss sicherlich mehr Zeit investieren, speziell im Bereich der Konzeptentwicklung und Konzeptumsetzung. Die Balance zwischen Arbeit und Privatleben zu halten zählt zur Eigenverantwortung jeder Führungskraft. In diesem Punkt haben Führungskräfte auch eine gewisse Vorbildfunktion. Zudem können und sollen Führungskräfte Aufgaben delegieren. Dennoch ist der Zeitaufwand bei der Erfüllung der verschiedenen Tätigkeiten unterschiedlich, und es bedarf manchmal einer Neujustierung. Wer Zeit und Arbeitskraft investiert, braucht auch Erholungsphasen. Ich schaffe meinen Ausgleich bei Sport, Wandern, Klettern, Musik, Theater und im Winter mit Skifahren. Obwohl ich sonst gerne mit Menschen arbeite, schätze ich privat eher die Ruhe. Klettern und Skitouren im freien Gelände bieten die Chance, sich zu erholen und „abzuschalten". Ganz wichtig ist auch die Erkenntnis, dass die Führungskraft die Chance hat, zu delegieren und Nein zu sagen. Die Aufgabe wächst mit dem Vertrauen, das den Mitarbeitern entgegengebracht wird. Zudem bietet die Möglichkeit der Delegation die Chance, dass Freiräume für neue Aktivitäten oder für die Freizeit geschaffen werden.

Seit einiger Zeit ist das Thema Resilienz in der Weiterbildung aktuell. Was empfiehlst du, um die Fähigkeit auszubauen, mit Krisen umgehen zu können?

Leistung und Leistungsdruck gehören zusammen. Ein permanenter Leistungsdruck macht die Mitarbeiter und die Führungskraft krank. Wir leben in einer sehr schnelllebigen Zeit, allein die Kommunikationsebene ist einem raschen Wandel unterworfen. Meine Erfahrung zeigt auch, dass die interne Kommunikation in Spitzenzeiten ganz wichtig ist. Mitarbeiter sollen und dürfen nicht überfordert werden, allerdings müssen sie auch lernen, mit Grenzsituationen umzugehen. Wer ein Feuer in sich spürt, muss achtgeben, dass er nicht ausbrennt. Die Achtsamkeit gehört daher in der Zeit- und Aufgabenplanung dazu. Auch der Umgang mit Krisen will gelernt sein. Krisen kommen meist rasch und unvorhergesehen. Der Umgang mit Krisen bietet die Chance einer Orientierung, manchmal auch einer Neuorientierung. Krisen bieten die Chance für Veränderungen, und es gehört zu den Aufgaben einer Führungskraft, für die Krisenintervention gerüstet zu sein. Bei Bedarf soll keine Scheu davor herrschen, auf Expertenmeinung von außen zu hören bzw. Hilfe von außen anzunehmen. Aber ich habe auch schon Fälle erlebt, dass es bei manchen ohne medizinische Unterstützung nicht mehr gegangen wäre. Für mich war das immer das Zeichen, wo ich gedacht habe, so weit soll es eigentlich nicht kommen. Ich habe auch lernen müssen, Nein zu sagen. Zum Beispiel Nein zu sagen bei bestimmten Ämtern oder Funktion, die man ganz gerne „umgehängt" bekommt. Der ganze Bildungsbereich ist ja sehr auf ehrenamtlicher Struktur aufgebaut. Aber auch Funktionen im Sinne von Vorstandstätigkeiten, Obmannschaften oder Netzwerkarbeit in der Form, dass man sagt, ich bin engagiert und beteilige mich, aber ich übernehme nicht noch zusätzliche Führungsaufgaben. In der Theorie gilt ein System als resilient, wenn es über ein möglichst großes Repertoire an differenziertem Wissen, unterschiedlichen Fähigkeiten und erprobten Verhaltensweisen verfügt. Entscheidend ist Vielfalt anstelle von Homogenität. Eine wesentliche Aufgabe der Führungskraft besteht daher im Schaffen solcher Strukturen und Arbeitsumfelder.

Entscheidungen kosten Kraft. Welche Entscheidungen haben dich sehr viel Kraft gekostet, welche waren leicht?

Als Führungskraft Entscheidungen zu treffen ist etwas Besonderes. Das ist für mich eine tolle Aufgabe. Ich bin durchaus auch entscheidungsstark. Ich stehe dann auch zu diesen getroffenen Entscheidungen und handhabe das eigentlich so, dass ich mir im Vorfeld ein Meinungsbild mache. Ich suche nach Möglichkeiten, Betroffene bei Entscheidungen miteinzubinden. Mir ist auch wichtig, dass die, die es betrifft, beim Entscheidungsprozess mit dabei sind. Wiewohl ich auch manchmal dann Entscheidungen allein treffe. Ganz wichtig ist, dass zu diesen Entscheidungen gestanden wird. Bei einer Fehlentscheidung gehört der Mut dazu, diese zu korrigieren und den Fehler einzugestehen.

Ganz schwierig ist es bei Personalentscheidungen, wo man vielleicht im Nachhinein zu der Feststellung kommt, dass es nicht die beste Entscheidung war. Im Personalbereich gibt es aber sehr oft die Möglichkeit, Entscheidungen noch zu revidieren in der Hinsicht, dass mit dem Mitarbeiter ein klärendes und wertschätzendes Gespräch geführt wird.

Was soll eine Führungskraft beim Motivieren der Mitarbeiter beachten?

Eine Grundvoraussetzung ist für mich immer, Mitarbeiter gut zu motivieren, dass ich mir anschaue, welche Stärken sie in den verschiedensten Aufgabenbereichen haben. Sicherlich entscheidend sind die fachlichen Kompetenzen, wobei davon oft ausgegangen wird, dass sie diese ohnehin mitbringen, weil sonst hätten sie sich ja nicht für diese Stelle beworben. Fachliche Kompetenzen kann man aber immer noch schärfen in der Hinsicht, dass man ihnen z. B. die nötige Weiterbildung gibt. Oder auch sehr stark die Chance gibt, dass sie das Fachwissen, das sie haben, auch umsetzen können. In weiterer Folge schaue ich dann auch immer darauf in diesem Kompetenzprofil, welche soziale Kompetenz bringen sie auch ein, haben sie ein gewisses Organisationsgeschick, wie können sie sich innerbetrieblich einbringen. Die Motivation zu steigern ist für mich ganz entscheidend, wie wohl fühlen sich Mitarbeiter in ihren Aufgabenbereichen, und das wird sehr stark rückgekoppelt in dem Sinne, dass man Mitarbeiter auch ganz konkret anspricht, ob sie sich wohlfühlen, oder sie beobachtet, wie sie sich einsetzen in ihrem Arbeitsbereich. Bis dahin auch zu schauen, gibt es Aufgaben, wo man sie vielleicht besser einsetzen könnte. Das ist für mich dann schon immer herausfordernd. Ich hab z. B. ein Schlüsselerlebnis gehabt, da habe ich jemanden gesucht für den ganzen Bereich Organisation und Planung. Ich habe dann einen Mitarbeiter konkret drauf angesprochen, ich möchte gerne, dass du das übernimmst, weil du hast Organisationsgeschick und ich traue dir das zu. Die erste Reaktion war damals, glaubst du, ich habe zu wenig zu tun? Nein, du hast genug zu tun. Wir können Aufgaben verändern, aber ich sehe dich speziell in dem Bereich. Das wäre deine Chance, dass du dich da entwickelst und ausleben kannst. Nach dem ersten Gespräch und einer Phase des Nachdenkens hat er dann diese Entscheidung getroffen, und das war genau das Richtige für ihn. Deswegen habe ich mir gedacht, das zu erkennen ist auch noch mal ganz wichtig. Wichtig in der Motivationsfrage ist auch, dass man die Arbeit was gelten lässt. Da spielt das Lob dann schon mit herein. Also im Sinn, er oder sie hat die Arbeit gut geleistet, und dass man dann auch öffentlich ein Lob ausspricht. Eine Mitarbeiterin hat ein Gespür für Dekoration, dass man z. B., wenn Leute fragen, diese Person nennt. Diese ist dafür zuständig und macht das bei uns. Im Beisein von der Person, damit diese das auch erlebt und wird auch nach außen getragen. Das ist auch eine Form der Wertschätzung. Und obwohl Geld nur in kleinen Bereichen ein Motivationsfaktor ist, kann es auch mal ein Motivationsfaktor in der Form sein, dass z. B. eine finanzielle Belohnung ausgesprochen wird. Aber Geld ist nicht unbedingt der Hauptmotivationsfaktor.

Du hast Veränderungen hier erzeugt. Wann sind deine Mitarbeiter gut mitgegangen?

Veränderungsprozesse sind sehr spannend, vor allem weil man beobachten kann, welche Mitarbeiter ziehen sofort mit, welche sind eher zurückhaltend und welche sind sogar ablehnend gegenüber der Veränderung. Am besten gelungen ist die Überzeugungsarbeit, wenn die Mitarbeiter möglichst gut in den Prozess eingebunden waren. Wenn sie kraft ihrer Funktion, ihrer Tätigkeit miteingebunden waren und mit entscheiden haben dürfen, dann ist sehr gut gelungen. Bei manchen Veränderungsprozessen muss man auch als Führungskraft die Gabe haben und klare Entscheidungen treffen. Und dann erst erleben die Mitarbeiter im weiteren Umfeld, ob sich das ausgeht oder nicht. Begeisterung schafft man eher dadurch bei Veränderungsprozessen, wenn die Mitarbeiter einfach erleben, das hat auch Auswirkungen für sie. Das sind meistens bauliche Geschichten, wo sie dann erleben, das ist eine Verbesserung oder Erleichterung im Arbeitsablauf. Meine Empfehlung geht in Richtung „Mut zur Veränderung".

Du hast mit 30 Jahren begonnen, Mitarbeiter zu führen, die zum Teil deine Eltern hätten sein können. Wie ist dir das gelungen?

Das war durchaus sehr herausfordernd. Obwohl ich sozusagen immer die ältere Generation auch sehr schätze im Sinne von Erfahrungswissen und Können und manchmal auch ihr Handeln ohne großen Druck. Deshalb hat es auch Spaß gemacht, mit dieser Generation zusammenzuarbeiten, und ich habe auch immer sehr das Erfahrungswissen geschätzt. Ich habe bewusst eine Stellvertreterin gewählt, die schon älter war. Die mittlere Generation war damals sehr im Aufbruch im Sinne von verändern und gestalten. Aber auch Neues anzugehen. Junge Mitarbeiter gehen die Arbeit ganz anders an und positionieren sich in Teams anders als die Generation vor ihnen. Neue Mitarbeiter bringen neuen Schwung in die Organisationsstruktur einer Einrichtung, haben einen anderen Zugang zu Arbeit und Freizeit und bringen auch neue Ideen. Aufgabe der Führungskraft ist es daher, diesen neuen Ideen Raum zu geben und ihnen auch das Gefühl zu geben, dass wir für Änderungen offen sind. Andererseits beobachte ich bei der jüngeren Generation den Trend, dass sie sich nicht mehr so stark mit der Einrichtung identifizieren.

Hattest du als junge Führungskraft einen konkreten Mentor? Hast du dir einen gesucht?

Ich habe zwei Mentoren gehabt. Einer, das war sogar mein früherer Chef, den ich immer sehr bewundert habe als Erwachsenenbilder, der selber ein Bildungshaus geleitet hat und auch der Gründer vom Grillhof war. In seinem umfassenden Wissen in der pädagogischen Arbeit und der Erwachsenenbildung, aber auch als Führungskraft. Das war für mich immer sehr spannend, und ich habe auch sehr viele Gespräche, darunter auch kritische, mit ihm geführt. Einen zweiten Mentor habe ich mir gesucht. Das war ein Kollege aus Südtirol, der für mich immer sehr prägend war, weil er eine sehr weltoffene Sicht gehabt hat. Er war sehr belesen, hat sich sehr gut ausgekannt, war sehr viel in der Welt unterwegs und hat einen modernen Ansatz der Erwachsenenbildung gehabt.

Was würdest du als Führungskraft ablehnen?

Also ich bin sehr heikel bei parteipolitischen Entscheidungen, die passen für mich nicht in das System. Ablehnen würde ich jegliche Maßnahme, die in Richtung Korruption geht. Da muss man sehr achtgeben darauf. Und ablehnen würde ich auch alles, was einen Angriff auf die Einrichtung bedeutet, im Sinne einer Übernahme oder Aushungern einer Einrichtung. Da bin ich sehr sensibel.

Zu guter Letzt: Was hat dir die Führungsrolle gegeben, was erfüllt, was mit Stolz erfüllt?

Ich habe schon das Gefühl, man kann steuern, man kann Sachen entwickeln. Ich kann meinen Aufgabenbereich auch interessant gestalten. Ich kann was bewegen und ich kann auch Veränderungen herbeiführen. Wenn ich schau, was ich hinterlassen habe, dann sieht man hier den baulichen Teil. Es ist gelungen, das Gebäude zu erneuern oder einen Teil komplett neu zu bauen. Revitalisierung im Sinne von einen Prozess beleben – dies gilt auch für die Mitarbeiter. Also, dass die Mitarbeiter das Gefühl haben, das ist ein spannender, ein schöner Arbeitsplatz, wo die Arbeitsumgebung interessant ist, wo man auch Gehör findet, wo man gerne mitarbeitet. Was ich hinterlassen habe, ist: Es gibt viele Absolventen von Lehrgängen und Kursen, die man immer wieder sieht und die dann einem sagen, was Weiterbildung bewirkt. Dass sie z. B. nun die Arbeit besser machen können oder neue Arbeit gefunden haben oder mehr Erfüllung im Arbeitsleben gefunden haben. Bis dahin, dass sie sich durch Bildung verändern haben können. Das ist etwas, was mich schon bereichert. Das finde ich auch sehr, sehr spannend. Ich schaue immer wieder drauf: Wo kann man was verändern? Die Mitarbeiter auf Expertenebene haben auch so manche Spur hinterlassen.

… und was war der Preis für die Rolle?

Der zeitliche Aufwand ist schon immens. Ich musste immer wieder feststellen, Erwachsenenbildung ist nicht sehr familienfreundlich. Man ist auch oft am Wochenende im Einsatz, weil da Kursteilnehmer Zeit haben. Ein anderer Preis sind manche Ärgernisse. Manchmal gibt es Entscheidungen, wo man sich fragt: Warum wurden die so getroffen? Mitunter drückt einen auch das schlechte Gefühl, weil man damit leben muss, dass man nicht alle Menschen zufriedenstellen kann. Es gibt auch hier Widerstand. Wie geht man auch mit Widerstand um? Bis auch zu der Erkenntnis, man kann nicht mit allen Mitarbeiter gut zusammenarbeiten. Obwohl man gute Arbeitsformen schaffen will, musste ich immer wieder einsehen, es gibt auch Grenzen. Und diese Grenzen zu erkennen ist auch wichtig. Auch wenn man sich dabei manchmal etwas schwertut.

… und welche Empfehlung möchtest du am Ende „eingedampft" in wenigen Sätzen jungen Leuten mit auf den Weg geben, vielleicht auch jungen Kräften, die im Bereich Bildung aktiv werden wollen?

Am Beginn gehört ein gewisses Feuer, eine gewisse Leidenschaft dazu – im Sinne von, ich möchte etwas verändern, ich traue mir das zu, ich möchte meine Ideen umsetzen. Das ist ganz wichtig als Triebfeder. Und dann ein gutes Netzwerk aufbauen, Netzwerke sind in erster Linie auch die Mitarbeiter, aber auch darüber hinaus im Sinne der Kollegenschaft. Ein tragfähiges Netzwerk ist auch wichtig hin zu Entscheidungsträgern, auch zur Politik. Daneben ist Kontakte pflegen wichtig, auch dahin gehend, dass man Kontakt einfordert, präsent ist, dass man in diesem Netzwerk Aufgaben und Funktionen übernimmt, in der Erkenntnis, dass man sich auch Grenzen setzen muss. Manche Dinge muss man auch auf sich zukommen lassen. Beobachten, schauen, Entscheidungen treffen und manchmal den Mut haben, Nein zu sagen, wenn etwas nicht mehr geht, sei es, wenn man eine neue Funktion übernimmt, sei es, wenn man sich von manchen Entscheidungen verabschiedet. Vielleicht sollte man auch als junge Führungskraft den Mut haben, zu sagen: „Nein, das ist jetzt nichts für mich." Man muss als Führungskraft doch einiges aushalten können. Man ist manchmal auch einsam, grad bei Entscheidungen.

Bei finanziellen Entscheidungen ist man oft allein. Man muss auch lernen, mit Kritik umzugehen, mit Kontrollen, die von außen kommen. Vielleicht sollte man auch manchmal den Mut haben, zu sagen: „Ich könnte mich auch zurückziehen." Das Schlimmste ist es als Führungskraft, wenn man seine eigene Persönlichkeit verliert oder in der Aufgabe aufgeht. Bei Bedarf sollte man auch den Mut haben, ein Coaching in Anspruch zu nehmen.

 Hotspot/Nachlese:

Welche Aussagen haben sich für mich bestätigt? Welche überrascht? Welche sehe ich anders?

Welche Entscheidungs- oder Verhaltensimpulse nehme ich aus diesem Interview mit?

Was ist die wertvollste Erfahrung von Franz Jenewein, die ich für meinen Weg nutzen will?

9.4 Jörg Machek – Leitung Patentprüfung Software

Jörg Machek, Diplom-Informatiker

Führungserfahrung: 25 Jahre bis 2016
Führungstiefe: 5–35 Mitarbeitende
Unternehmen: Europäisches Patentamt München

Wie bist du zur Rolle Führungskraft gekommen? Welche Vorstellungen hattest du von einer Führungsrolle?

Ich hatte schon Vorstellungen. Ich hatte damals die Möglichkeit, entweder in die Beschwerdekammer als Richter zu gehen oder einen Direktorenposten in der Sachprüfung und Recherche anzunehmen. Und ich hatte mich für beide beworben, weil ich dachte, ich kann das beides. Woher wusste ich, dass ich führungstauglich bin? Ich hatte diese Vorstellung, wie eine gute Patentprüfung auszusehen hat, und ich meinte, das würde sicherlich auch sehr vielversprechend sein, wenn ich die Möglichkeit hätte, das in einem größeren Rahmen zu machen. Und ich dachte mir eben, das mache ich.

Was würdest du denn sagen, welche Kompetenzen eine junge Führungskraft auf jeden Fall braucht, um gut in die Rolle hineinzuwachsen?

Also meinem Gefühl nach ist es so, dass man sehr viel Empathie braucht, um zu verstehen, warum manche Leute anders reagieren, als man selbst reagieren würde, warum andere Leute in Situationen einen anderen Weg vorziehen. Und du kannst dir ja, wenn du Führungskraft in einer bestehenden Abteilung wirst, nicht aussuchen, mit wem du zusammenarbeitest. Du musst versuchen, mit allen Mitarbeitern ein vernünftiges Arbeitsverhältnis aufzubauen, und da ist eben sehr oft wichtig, dass man nicht hineingeht und behauptet, dass man genau weiß, wie der Job geht. Das ist sehr verführerisch für eine junge Führungskraft, und natürlich bin ich auch in diese Falle getappt. Es führen aber viele Wege nach Rom, und der eigene Weg ist sicher nicht der allein selig machende. Da verprellt man durchaus manche Leute. Einige akzeptieren das, andere nicht. Und wieder andere ziehen sich dann zurück. Es ist notwendig, zu akzeptieren, dass es durchaus unterschiedliche Meinungen geben kann. Und dass man dann eben den Respekt voreinander behält, auch wenn man unterschiedlicher Meinung ist. Das ist am Anfang ganz, ganz wichtig. Für mich war das die Phase, wo ich dann wirklich auch ein bisschen angeeckt bin und langsam lernen musste, dass eben andere Wege genauso gut sind wie mein eigener.

In welche Fettnäpfe bist du am Anfang getreten? Was würdest du heute anders machen?

Das bisher Gesagte war der große Fettnapf, in den ich getreten bin. Zum anderen hatte ich einen Mitarbeiter, der war ein guter, ein sehr guter Mitarbeiter. Und ich hab das auch in einer Beurteilung wiedergegeben, hatte aber nicht die möglichsten Höchstnoten gegeben. Der war sehr enttäuscht und hat sich ganz von mir zurückgezogen, obwohl er in dieser Periode die beste Beurteilung des ganzen Direktorats hatte. Er war trotzdem enttäuscht, und ich denke, das lag ganz einfach an mir. Ich hatte ihm nicht das nötige Vertrauen gegeben. Ich hab das dann versucht, zu lernen. Ein weiteres Fettnäpfchen, in das ich getreten bin, war, dass ich auch im Kreis der Direktoren und auch mit unserem höheren Management durchaus stark Position bezogen habe. Ich hab mich wohl am Anfang sehr wenig diplomatisch verhalten. Wenn ich etwa gefunden habe, dass etwas nicht stimmt, habe ich das auch lautstark gesagt. Da bin ich dann mit einem Vizepräsidenten aneinandergeraten, und für einen „kleinen Jungen", der gerade mal drei Monate Direktor ist, gehört sich das nicht: Ich hab meine Meinung gesagt, war aber wohl in meinem Ausdruck zu offensiv. Ich denke mir mittlerweile, sowohl im Verhältnis zu den Vorgesetzten als auch zu den Mitarbeitern in der eigenen Abteilung, dass am Anfang Zurückhaltung ganz, ganz wichtig ist.

Was ist verführerisch gewesen als junge Führungskraft?

Es gab zwei Punkte, die verführerisch waren. Das eine war eben: „Ich bin jetzt wer und rede jetzt einfach." Das andere war: „Ich habe jetzt die Position." Was kann ich aus dieser Position heraus für einen persönlichen Vorteil ziehen. Ich bin jetzt eine Führungskraft. Ich bin jetzt im Management, daher ist meine Wichtigkeit sehr hoch. Dieser Verführung sollte man nicht nachgeben. Die war da, ich habe sie wohl verspürt, aber sie kam mir dann doch zum Glück zu absurd vor.

Ist die Führungsrolle erlernbar? Was ist Planung, was ist Fügung?

Ich denke, man kann Karriere planen. Ich denke jetzt im Nachhinein, es gibt einige Grundprinzipien, die ich für eine Führungsrolle als essenziell ansehe. Und wenn man sich dessen bewusst ist und versucht, diese Merkmale auch zu reflektieren, dann kann man das durchaus erlernen, wenn man diesen Weg gehen will. Dann kam der Zeitpunkt, wo ich sehr großes Glück hatte. Diese Direktion, die ich hatte, wurde geteilt, weil es zwei verschiedene Fachgebiete gab. Ich hatte meine sehr interessanten Geschäftsmethoden und hatte dann eben in dieser Direktion gesagt, wer mit mir mitgehen will, den nehme ich gerne mit. Wer aber bleiben will in diesem anderen Fachgebiet, der kann auch gerne bleiben. Die Leute, die mit mir mitgekommen sind, die waren eben diejenigen, die mit mir gut konnten. Dann habe ich eine Direktion geführt, wo von Anfang an eine extrem positive Stimmung war. Ich meine, das war Fügung. Das war der Punkt, ab dem dann ganz einfach vieles möglich wurde, was vorher wahrscheinlich nur mühsam möglich gewesen wäre. Die Möglichkeit, mit Leuten zusammenzuarbeiten, die schon von vorherein positiv eingestellt sind, eröffnet neue Perspektiven. Wir haben dann auch diese Teamworkshops mit dir gemacht, die für alle neu waren. Diese Teambuildings waren einfach der Hammer. Die Leute haben das angenommen. Das war wirklich der Anfang von einem für mich auch ungeahnten Höhenflug.

Wie wichtig war das Fachwissen für dich im Laufe deiner Zeit als Führungskraft?

Das Fachwissen spielt zumindest anfangs eine ganz wichtige Rolle als Führungskraft, als Direktor im Europäischen Patentamt. Wenn jemand zu dir kommt und um beruflichen Rat fragt, sind das meistens Fachfragen. Und auf diese Fachfragen sollte man vorbereitet sein. Ich hatte genau das erlebt. Ich war Prüfer, und wenn man dann einige Jahre nicht prüft, geht diese Selbstverständlichkeit verloren, und ich hatte durchaus das Problem, dass ich bei manchen Fragen nicht mehr ganz sicher war. Mein Lösungsansatz war dann der, dass ich mich informieren habe lassen. Ich hab dann in Kleingruppen mit Fishbowls (Innenkreis-Außenkreis-Methode, Anm. d. Verf.) oder ähnlichen Methoden wichtige Themen angesprochen und hab dann am Schluss entschieden, welche der vorgetragenen Ansätze wir dann in der Direktion machen werden. Nach solchen gruppendynamischen Besprechungen war es dann immer relativ einfach, eine vernünftige, sinnvolle Entscheidung zu treffen. Also ich denke, das Fachwissen spielt eine große Rolle, man sollte sich dadurch aber nicht verunsichern lassen. Es gibt ja immer die Möglichkeit, die Mitarbeiter zu befragen. Am Anfang ist das Fachwissen ganz wichtig, weil die Stellung, die du hast, baust du dir am Anfang ganz einfach dadurch auf, dass du mit den anderen mithalten kannst. Das ist nicht autoritär, sondern ganz einfach „durch Wissen überzeugen", und dann ist es wichtig, dass du ein Fachwissen hast. Und wie gesagt, im Laufe der Zeit ist es eine Illusion, anzunehmen, dass du das Fachwissen beibehalten kannst, aber da gibt's dann Wege, wie man sich heraushelfen kann.

Wann hast du begonnen, über deine Führungsrolle nachzudenken, diese zu reflektieren?

Nachdem ich gleich mal in die Fettnäpfchen getreten bin, hatte ich schon begonnen, zu hinterfragen. Woran liegt das? Was sollte ich verändern? Ich hab dann langsam begonnen, besonnener auf die Leute zuzugehen. Durch Gespräche mit den Mitarbeitern und durch wirklich empfundenes Mitgefühl mit der Lage der verschiedenen Leute ist es mir durchaus gelungen, den ein oder anderen dazu zu bringen, wieder eine vernünftige Arbeitshaltung zu bekommen. Das sah ich am Anfang als eine große Leistung an. Mein Vorgänger war ein alter, sehr jovialer, netter Direktor, der große Zustimmung unter den Mitarbeitern hatte und auch in schwierigen Situationen großes Feingefühl an den Tag gelegt hat. Ich habe dann von ihm erst gelernt, wie sehr es darauf ankommt, jeden einzelnen Menschen zu verstehen. Kein Modell zu haben, wie es laufen soll, sondern auf die Bedürfnisse des Einzelnen einzugehen.

Ein Spezialfall ist ja, wenn du als junge Führungskraft einen älteren Mitarbeiter führst, der dein Vater sein könnte. Hattest du das erlebt, und was empfiehlst du einer jungen Führungskraft?

Ich hatte einen Mitarbeiter, der wesentlich älter war als ich, der dann nach einigen Jahren auch in Pension gegangen ist. Er war ein sehr angenehmer Kollege. Ich wollte ihn unbedingt gewinnen, weil er in der Direktion sehr anerkannt war. Wir hatten eine große Anzahl von sehr jungen Mitarbeitern, und für die war dieser Prüferkollege wirklich eine Vaterfigur. Und ich habe das dann genutzt. Er war der Ausbilder und er hat auch bei der Entscheidung mitgewirkt, welche Leute wir einstellen. Das hat sich nicht nur für mich positiv herausgestellt, weil er nämlich in der Hinsicht wirklich sehr gut war, sondern die Tatsache, dass ich ihn so akzeptiert habe und dass ich ihm diese Kompetenz übertragen hab, das kam bei den jungen Kollegen extrem gut an.

Führen heißt entscheiden. Wie ging es dir mit dem Entscheiden?

Die meisten der wichtigen und kontroversen Entscheidungen habe ich wie gesagt getroffen, indem ich das Thema mit der gesamten Abteilung besprach und sich dann eben verschiedene Meinungen entwickelt haben, aus denen sich dann die überzeugendste herauskristallisiert hat. Dieser Prozess war offen und durchsichtig, und daher konnte das von den meisten akzeptiert werden, auch wenn sie vielleicht der anderen Meinungsgruppe angehört hätten. Trotzdem trifft man manche Entscheidungen dann ad hoc, ohne viel zu überlegen, wenn es wichtig ist. Ja und dann kann es auch mal sein, dass man falsch entscheidet. Und dann, hier bin ich natürlich auch nicht fehlerfrei und einfach ist die Übung nicht, am Schluss imstande zu sein, zuzugeben, das war falsch, das ist ein Zeichen von Sicherheit in der Führungsrolle.

Wie ging es dir mit dem Kritiküben an Mitarbeitern?

Es ging mir nicht gut dabei. Man mag Ablehnung nicht, selbst als Führungskraft ist das nicht etwas, was man wirklich mag. Aber als Führungskraft musst du diese Rolle spielen, und das ist eine der wichtigen Rollen. Es ist immer gut, Leute zu loben, aber du solltest nie in die Versuchung geraten, aus Bequemlichkeit dann zu loben, wenn du eigentlich nicht überzeugt bist, dass die Arbeit so hervorragend ist, wie du den Anschein erweckst. Denn das weckt vollkommen falsche Erwartungen. Es ist wichtig, ein frühes kritisches Wort zu sagen, z. B.: „Mit dem bin ich jetzt aber nicht zufrieden", „Wir hatten doch besprochen, dass wir das anders machen, und gibt's einen Grund, warum du das nicht so gemacht hast, wie wir das besprochen haben?", auch wenn das am Anfang nicht angenehm ist. Manche Leute können das gut annehmen, andere wiederum fühlen sich persönlich beleidigt. Aber das hilft auch nichts. Ich meine, man muss dann auch so weit gehen bis zur Dienstanweisung. Wenn man als angehende Führungskraft in sich das nicht verspürt, dass man das kann, dann sollte man durchaus überdenken, ob man die Rolle als Führungskraft wirklich spielen will. Denn wenn du es nicht machst, dann lässt der Erfolg auch irgendwann nach. Ich hab das bei einigen Direktorenkollegen erlebt, die Konflikten gerne aus dem Weg gegangen sind, und dann in ihrer Arbeit sehr unzufrieden waren. Konstruktive Kritik ist unerlässlich. Man muss Fehler und Probleme ansprechen. Du kannst das nicht wegschweigen. Solange es nicht angesprochen ist, bleibt es.

Wie konntest du die anspruchsvolle Arbeit mit der Familie und deiner Freizeit verbinden? Was hat sich durch deine Führungsrolle verändert?

Das war und ist bis zum Schluss ein großes Thema gewesen in meiner Familie. Ich habe viele Kinder, und ich wollte auch viel Zeit mit meiner Familie verbringen. Ich hatte mir das einfacher vorgestellt. Ich dachte, als Führungskraft bin ich Herr über meine Zeit. Ich entscheide, wann ich anwesend bin und wann nicht, aber so war das nicht. Der Zeitaufwand als Führungskraft ist immer größer und größer geworden. Das gab durchaus interessante Gespräche mit meiner Familie zu diesem Thema. Als es sich dann ergab, vielleicht eine noch größere Führungsrolle zu übernehmen, hat meine Familie mir eindeutig zu erkennen gegeben, dass sie es nicht schätzen würde, wenn ich noch mehr Zeit in der Arbeit verbringen würde. Ich hab's dann auch nicht gemacht und auch nicht bereut. Irgendwann muss man sich schon auch eine Priorität setzen. „Ich hab meine Familie, aber meine Karriere, mein Beruf ist mir wichtiger", ist eine Einstellung, oder man sagt: „Ich bleibe auf dem Niveau, wo ich jetzt bin, und verbringe dann trotzdem noch relativ viel Zeit mit der Familie." Man muss sich das selber klarmachen: Wenn man die Arbeit als Führungskraft ernst nimmt, dann ist es wesentlich mehr Arbeit gewesen als vorher, wo ich die Sacharbeit gemacht hab. Die Sacharbeit konnte ich sehr gut steuern. Da wusste ich wirklich, wenn wir heute Abend Gäste haben, dann gehe ich um 16:45 Uhr aus dem Büro. Als Führungskraft konnte ich das nicht immer mit dieser Klarheit entscheiden. Ich bin öfter auch zu Familienfesten zu spät gekommen. Man muss das schon realisieren. Als Führungskraft verlierst du ein bisschen vielleicht den Bezug zur Familie, und die Gefahr ist groß, dass dieser Verlust so groß wird, dass du dann nicht mehr ganz Teil der Familie bist.

Hast du Themen mit nach Hause genommen?

Ich habe immer gesagt, dass ich ein Leben führe, und ich nehme meine Familienprobleme mit zur Arbeit und meine Arbeitsprobleme mit nach Hause. Wenn ich zu Hause Streit habe, dann kann ich hier auch nicht umschalten und so tun, als wäre nichts. Umgekehrt, wenn hier etwas sehr schwer Lösbares war, dann habe ich das durchaus mit nach Hause genommen. Dann hat man mir das angesehen. Ich habe dann durchaus auch problematische Dinge mit der Familie besprochen.

Was hast du denn gemacht im Laufe deiner Führungskarriere, um Kraft zu behalten, Energie zu behalten und dich selbst immer wieder zu motivieren?

Ich hatte wirklich Spaß an der Arbeit. Es ist immer ein großer Vorteil, wenn man das sagen kann. Ich möchte jetzt nicht sagen, dass ich mein Hobby zum Beruf gemacht hab. So weit geht es nicht, aber ich fand das, was ein Patentamt macht, schon sehr sinnvoll. Deswegen war das von vorneherein ein positives Grundgefühl. Ich komm zu einem Arbeitsplatz, der etwas macht, was der Gesellschaft dient. Da ich eben dieses Glück hatte, eine wirklich kooperative Direktion zu führen, haben sich nach einiger Zeit die Erfolge eingestellt, und die Erfolge waren signifikant. Also die Produktion war hoch, der Krankenstand war gering, die Leute waren durch und durch zufrieden. Erfolge motivieren. Mir ging das halt so.

Welchen Nutzen hätte ein Mentor oder Managementliteratur für den Anfang?

Wenn man jemanden hat, von dem denkt, der macht das so, wie ich mir das auch vorstellen könnte, dann ja. Aber jemanden suchen, wo man gar nicht weiß, ob die Leute bereit oder in der Lage sind, einen zu unterstützen, ist kein guter Ansatz. Ich halte auch nichts davon, viele Managementbücher zu lesen, weil manche einander ja widersprechen. Ich hab keine Lösung dafür. Ich denk, man muss sich selber klarmachen, was man von sich erwartet und was man von den Mitarbeitern erwartet. Wenn man da ein gewisses philosophisches Fundament für sich selber entwickelt hat, dann ergeben sich Antworten eigentlich von selbst.

Was sind denn deine philosophischen Fundamente, die hilfreich sind?

Jeder Mensch hat ein Recht darauf, auf seine Arbeit stolz zu sein. Ich möchte die Barrieren zwischen Abteilungen und zwischen Mitarbeitern abbauen. Ich denke mir, dass es wichtiger ist, mit den Leuten kritisch zu reden, als Boni zu verteilen. Solche Dinge. Ich denk mir, dass jeder Eigenverantwortung trägt, dass jeder bereit ist, Eigenverantwortung zu tragen, dass jeder Mensch willens ist, gute Arbeit zu leisten. Ich bin als Führungskraft eigentlich mehr dazu da, das zu coachen und ein bisschen den Sturm von allen Seiten abzuhalten mit einem breiten Rücken und die Leute arbeiten zu lassen. Das war immer so die Basis, und mit diesen Grundideen bin ich gut durchgekommen.

Was ist das Besondere an deinem Führungsstil?

Ich bin bedacht. Ich bin freundlich und interessiert.

Was würdest du als Führungskraft ablehnen?

Überwachung von Kollegen.

Was ist der Sinn von Führung?

Sinn und Ziel von Führung ist, die Mitarbeiter dazu zu bewegen, ihr Bestes zu tun, um ihre Arbeit im Sinne der Organisation zu erledigen.

Was hat sich in der Arbeitswelt verändert? Was ist heute anders?

Die Arbeitswelt hier bei uns hat sich insofern verändert, als sich die Überlegung „Aus der Qualität folgt die Quantität" verändert hat in „Ich brauche Quantität und schau, dass die Qualität stimmt". Das ist eine andere Perspektive. Das kann auch zum Ziel führen, weil ich ja wie gesagt der Meinung bin, die beiden sind vereinbar und miteinander verbunden. Aber von der Herangehensweise hat sich das durchaus verändert. Ich habe den Eindruck, dass die Zeitabläufe kürzer geworden sind, dass der Arbeitsprozess schneller läuft, dass viele Dinge weniger Zeit zur Verfügung haben, als sie vielleicht brauchen. Ich wollte immer mal wieder ein wenig Zeit haben, um über Aufgaben und Probleme zu reflektieren. Da habe ich mein Zimmer dann zugemacht und ersucht, dass man mich nicht stört. Und dann hab ich versucht, mir über gewisse Dinge ein Bild zu machen. Ich fand das sehr wichtig und find das noch immer sehr wichtig, aber ich bin mir nicht sicher, ob junge Führungskräfte heute diese Möglichkeit überhaupt noch haben. Es war mir ein ganz wesentlicher Aspekt, in Grundsatzgespräche nicht unvorbereitet zu gehen. Wie gesagt nicht unvorbereitet, aber durchaus auch von anderen überzeugbar.

Zu guter Letzt: Was hat dir die Führungsrolle in deinem Leben gegeben? Was hat sie dich gekostet, was würdest du genauso wiedermachen, was anders?

Diese Rolle als Führungskraft hat mich als Mensch verändert. Ich hab einen guten Teil meiner Arroganz verloren, indem ich auf sehr viele, sehr kompetente, sehr motivierte Mitarbeiter gestoßen bin. Ich hab ganz einfach diese Möglichkeit sehr genossen, in einem respektvollen Ton im Umgang mit Leuten, die unterschiedlicher Meinung waren, Dinge wirklich auszudiskutieren. Das fand ich extrem erfüllend. Ich muss gestehen, das hatte ich vorher nicht. Ich war vorher felsenfest davon überzeugt, dass mein Weg der einzig selig machende, richtige ist. Und das hat mein Leben wirklich zum Positiven verändert. Das findet meine Familie auch.

Der Preis war bezahlbar, aber hoch. Ich hatte wirklich gerade am Anfang und immer wieder zwischendurch Phasen, wo ich von der Arbeit wirklich geschlaucht nach Hause gekommen bin, kaputt war, aufs Bett gefallen bin und geschlafen hab. Da war die an sich für mich hohe Priorität der Familie nicht mehr erfüllbar. Ich hab das dann immer wieder zurückgedreht und gewisse Teile meiner Verantwortung dann weitergegeben. Das war über Strecken wirklich schwierig.

Ich meine, ich würde sehr vieles genau so machen, wie ich es gemacht hab. Ich würde versuchen, vielleicht früher zu erkennen, dass der Umgang mit anders denkenden Menschen bereichernd ist und keine Belastung. Ich habe mich ganz sicherlich in manchen Gesprächen anfangs nicht richtig verhalten. Das würde ich wahrscheinlich versuchen, früher schon zu erkennen und zu ändern.

... und eingedampft in wenigen Sätzen: Was empfiehlst du jungen Führungskräften?

Im Allgemeinen weiß der Arbeitnehmer oder der Shop Floor Worker besser Bescheid über sein Fachgebiet als die Führungskraft. Hör ihm zu und vertrau ihm.

 Hotspot/Nachlese:

Welche Aussagen haben sich für mich bestätigt? Welche überrascht? Welche sehe ich anders?

Welche Entscheidungs- oder Verhaltensimpulse nehme ich aus diesem Interview mit?

Was ist die wertvollste Erfahrung von Jörg Machek, die ich für meinen Weg nutzen will?

9.5 Heinz Meck – Leitung Produktion

Heinz Meck, Industrial Engineer (REFA), Elektromeister

Führungserfahrung: 31 Jahre bis 2013
Führungstiefe: 5–800 Mitarbeitende
Unternehmen: Siemens und am Ende Fujitsu FTS in Augsburg

Wie bist du zur Rolle Führungskraft gekommen?

Wie wenn der Blitz einschlägt, ohne Vorwarnung. Wie kamen die auf mich? Ich war immer schon extrem ehrgeizig und engagiert. Meine Kompetenzen waren aber sehr stark technikorientiert. Aber von Führungskompetenz und wie man dazu kommt, hatte ich keine Ahnung, ich war ja immer in Bits und Bytes, Mainframes, Testsoftware ... eingetaucht. Ich war damals 32 Jahre jung und hatte von heute auf morgen Mitarbeiter, die vorher meine Kollegen und teilweise 25 Jahre älter waren. Die erste Zeit war verdammt schwierig. Plötzlich musste ich deren Chef sein, und das ohne jegliche Erfahrung, wie man das macht.

In welche Fettnäpfe bist du am Anfang getreten? Was würdest du heute anders machen?

Die Fettnäpfe waren reichlich vorhanden. Reinzutreten war einfacher, als sie zu umgehen. Das, was die/der Vorgänger zurückgelassen haben/hatte, und du sollst das alles lösen, ohne zu wissen, wie man das macht. Ich erinnere mich an einen Fall mit einem Mitarbeiter, der permanent krankgemacht hat. Ich musste mit diesem Mitarbeiter zum Personalchef und war der Meinung, das geht mit links, habe mich verhalten wie ein Idiot und bin als zweiter Sieger herausgekommen, weil ich die Regeln, wie man damit umgeht, überhaupt nicht kannte. Oder wenn einer Urlaub will und sagt, komm, wir kennen uns schon so lang, und du weißt, es geht eigentlich nicht, und machst es dann doch. Die größeren Fettnäpfe waren, wenn ich mit Kollegen zusammen war, die schon 20 Jahre und länger Führungskraft waren. Die Kommunikation mit denen war teilweise katastrophal. Ich war der Jungfuchs. Deren Strategien waren mir fremd. Ich wusste oftmals nicht, wie deren Kommunikation lief und was ich dazu sagen sollte, was mein Beitrag sein sollte. In dieser Gesellschaft war ich in den ersten Monaten unsicher und hilflos, ich konnte zu deren Erfahrungen nichts ergänzen oder beitragen. Das bringt man dann schon hin, aber es dauert verdammt lange, bis man deren Akzeptanz erreicht. Mir wurde bald klar, so darf man junge Menschen, egal ob es um Mitarbeiter oder Führungskräfte geht, nicht ins Rennen schicken. Das grenzt schon an ein Verbrechen, einen so ins offene Messer laufen zu lassen. Damit kannst du unerfahrene Menschen ganz schnell kaputtmachen, wenn man sie ohne Vorbereitung in eine neue Rolle steckt. Da bekommst du einen Ruf, den wirst du nicht mehr los.

Was ist dir als junge Führungskraft gut gelungen?

Meine technische/fachliche Kompetenz hat mir bei den technischen Partnern die nötige Akzeptanz verschafft. Als Qualitätssicherer sind viele Schwerpunktthemen die Technik. Da war ich gut und konnte meine Kompetenz in der Zusammenarbeit mit den Entwicklungsabteilungen und anderen Qualitätssicherungsbereichen täglich beweisen. Die Akzeptanz bei meinem damaligen Chef ist mir einigermaßen gelungen. Der war allerdings ein fürchterlicher Choleriker. Das ging so weit, dass der nach einem Jahr abgelöst wurde. Diese Führungskraft hätte vermutlich das Ende meiner Karriere bedeutet, wenn der nicht gegangen worden wäre. Solche Ausbrüche hält über Dauer kein Mensch aus, gerade wenn man ein Führungskraftfrischling ist. Dessen Nachfolger war ganz anders. Er war der Erste, der mich als Führungskraft gefördert hat. Der hat gesehen, wo es irgendwo fehlt, wo es hapert, und hat immer versucht, mich zu unterstützen.

Was war Planung deiner Karriere, was war Fügung?

Hier gelten die Sprichwörter „Du musst zum richtigen Zeitpunkt am richtigen Ort sein" und „Du brauchst das Glück des Tüchtigen". Du musst Glück haben, die richtigen Menschen in deinem Umfeld zu haben. Wenn das nicht passt, ist es vorbei mit der Karriere. Was aber nicht zu vernachlässigen ist, man muss selbst wissen, wohin die Reise gehen soll. Ich habe meinem Fördernachwuchs immer diese Frage gestellt. Seht ihr eure Zukunft im Fachlichen, Organisatorischen oder als Führungskraft. Das sind drei Richtungen gewesen, die ich mit den Leuten besprochen habe. Das muss jeder für sich selbst wissen, und man darf die Leute nicht in falsche Rollen drängen.

Was ist verführerisch gewesen als junge Führungskraft?

Anspruchsvolle fachliche Aufgaben können sehr verführerisch sein. Damit kann man Menschen unbewusst ködern. Als junge Führungskraft in der Fertigungstechnik z. B., das war extrem interessant. Wir haben neue Techniken entwickelt und eingeführt. Diese Zeit will ich nicht missen. Das Verführerische dabei aber ist, die technischen Herausforderungen und der dafür notwendige Zeitaufwand lassen dir keine Zeit mehr für deine Mitarbeiter. Die Gefahr ist, wenn du diesen Weg gehst, bunkerst du Wissen. Es entsteht der Eindruck, Wissen ist Macht, und Macht schenkt man nicht her. Alle müssen zu dir kommen, du bist dein bester Mitarbeiter. Aber d. h., du kannst dann nicht mehr führen. Konsequenz daraus ist, deine Mitarbeiter werden unzufrieden und deine Autorität schwindet. Irgendwann habe ich es mal geschnallt und habe versucht, die Menschen mitzureißen. Bestes Beispiel war, als wir die SMD-Technik einführten. Diese Technik war eine Revolution in der Baugruppentechnik und die Zukunft schlechthin. Was ich dazu mit meinen Mitarbeitern an Verfahrensanalysen und -entwicklungen machen durfte, war und ist bis heute Stand der Technik. Aufgrund der Aufgabenfülle musste ich meine Mitarbeiter intensiv einbinden. Ich musste die jungen Ingenieure nicht lange motivieren, „Kommt, das machen wir miteinander" hat gereicht, um ungeahnte Fähigkeiten und Einsatz bei den Leuten abzurufen. Damit hatte ich den richtigen Schlüssel gefunden, Führung macht man da, wo sie stattfinden muss. In diesem Fall in der Technik. Da hatte ich das erste Mal das Gefühl, ja das funktioniert, das haut hin. Damit habe ich die Leute mehr als motivieren können.

Wann hast du begonnen, über deine Führungsrolle nachzudenken, diese zu reflektieren?

Ein Beweggrund, über meine Führung nachzudenken, war, es wurde mir irgendwann zu blöd, wenn Mitarbeiter zu mir kamen und fragten: „Könnten Sie den Brief oder die Fertigungsvorschrift noch mal lesen, könnten Sie das machen …?" Bei meinem Vorgänger war es so üblich, alles, was geschrieben, erarbeitet wurde, von ihm abzeichnen zu lassen. Ein wesentlicher Punkt bei Führung heißt, die Aufgaben zu delegieren. Damit verbunden ist, den Leuten das Gefühl zu geben, „ich habe eine Verantwortung".

Führen heißt entscheiden. Welche Entscheidungen fielen dir leicht, welche schwer?

Wir haben über Jahre hinweg, ich weiß nicht mehr, zum wievielten Male, Personalabbauprogramme durchgeführt. Verantwortlich dafür waren Personalleiter, die Personalberater und ich. Das Ziel war, sich von Mitarbeitern zu trennen, welche über Jahre hinweg sogenannte Minderleister waren und darüber hinaus Gelegenheit zum Krankmachen nutzten. Wie erwartet waren diese Gespräche meist ganz schön heftig. Unsere vorgegebenen Ziele haben die Personalberater und ich relativ gut erreicht. Die Argumente und die klare Aussage, wir wollen uns von dem Mitarbeiter trennen, waren stets mein Job. Mir war dabei immer wichtig, ich musste morgens noch in den Spiegel schauen können. Wenn das mal nicht mehr geht, dann solltest du sagen, jetzt ist Schluss. Es gab schon Situationen und Tage, da waren diese Gespräche schon grenzwertig. Sich von Mitarbeitern zu trennen ist immer schwierig, auch wenn es ein richtiger Stinkstiefel ist. Ich fragte mich oft genug: „Ist das gerecht, was ich tue? Oder bringe ich den Mitarbeiter in eine Situation, die für ihn nicht mehr gesund ist?"

Was hat dir in diesen schwierigen Situationen geholfen?

Mit meiner Familie wollte und konnte ich das nicht besprechen. Diese Probleme und Belastung wollte ich nicht nach Hause tragen. Was mir geholfen hatte, waren die Gespräche mit meinen Meistern aus den Produktionslinien. Leichter war es, wenn die sagten, dass der Mitarbeiter eigentlich schon längst draußen sein müsste. Aber es gab viele Gesichtspunkte zu berücksichtigen. Zum Beispiel hatten viele Mitarbeiter Migrationshintergrund. Wenn jemand aus einer anderen Kultur kommt, dann ist dessen Reaktion total verschieden zu unserer. Knackpunkt bei den männlichen Mitarbeitern ist, wie gehen die mit Stolz um und brichst du den Stolz, das war manchmal schon eine nicht ganz einfache Geschichte. Hilfreich war die eigene Überzeugung „Es trifft keinen Falschen" – so schwierig es auch immer war. Geliebt habe ich dieses Thema nie.

Wie konntest du die anspruchsvolle Arbeit mit der Familie und deiner Freizeit verbinden?

Auch wenn ich spät aus der Arbeit kam, habe ich daheim erst mal meine Joggingschuhe angezogen und zu meiner Frau gesagt, jetzt muss ich erst mal laufen. Die Konsequenz daraus, ich hatte noch weniger Zeit für die Familie. Mit dem Joggen habe ich es meistens geschafft, abzuschalten und den Kopf frei zu bringen. Arbeit und Familie ist als Führungskraft grundsätzlich schon schwierig. Am schwierigsten ist die Zeit. Man kann es sich leicht ausrechnen: Ich habe in der Arbeit mehr Zeit verbracht als mit der Familie. Geplant hatte ich nicht, dass ich den Schwerpunkt in die Arbeit lege. Aber wenn du Führungskraft bist, kommst du nicht umhin, die Arbeitszeit nicht nach der Uhr, sondern nach den Anforderungen der Aufgabe auszurichten. Was mir aber auch immer wichtig war, strikte Trennung von Arbeit und Familie. Ich habe immer versucht, geschäftliche Probleme von der Familie fernzuhalten. Den Kopf abschalten, das geht aber nicht immer. Bestimmte Themen nimmst du mit ins Bett und stehst mit denen auf.

Du meintest, dass diese Einsichten etwas mit dem Alter zu tun haben?

Da bin ich mir nicht sicher. Ich war irgendwann der Überzeugung, nein, das mache ich nicht. Das sehe ich nicht mehr ein. Ich verbringe genug Zeit im Geschäft. Dann ist es wirklich nicht notwendig, noch Arbeit in die Familie zu bringen. Was wirklich schwierig blieb: Die Zeit, die für die Familie weg ist, kannst du nicht mehr aufholen. Beim Erwachsenwerden der Kinder war ich weniger beteiligt als notwendig, das kannst du nicht mehr aufholen.

Wann ist diese Erkenntnis stark geworden?

Leider erst in den letzten paar Jahren meiner Berufslaufbahn. Das Traurige daran ist, dass erst nachdem in meiner Familie Probleme mit der Gesundheit auftraten, ich bestimmte Dinge erst richtig realisierte. Da denkst du dann über diese Dinge nach und fragst dich, ob du vielleicht was falsch gemacht hast, und kommst zu der Erkenntnis, dass du viel nicht mitbekommen hast. Ein Weiteres ist auch die eigene

Gesundheit. Ich hatte zweimal ernsthafte gesundheitliche Probleme. Das war in Zeiten, wo es einfach zu viel wurde. Da waren zu viele Projekte.

Was ist das Besondere an deinem Führungsstil?

Mir war besonders wichtig, dass ich die Mitarbeiter überzeugen musste. Wir müssen in der Lage sein, unsere Mitarbeiter durch dick und dünn mitzureißen. Die Leute zu motivieren sehe ich als eine der ureigensten Fähigkeiten, zu welcher ich als Führungskraft in der Lage sein muss. Dafür ist es mit am wichtigsten, ihnen die nötige Kompetenz für ihr Handeln zu geben und sie zu fördern. Mir war immer wichtig, zu sehen, die Leute haben das verstanden und gehen voll mit. Ich bin fest davon überzeugt, wenn du es nicht schaffst, die Leute mitzureißen, bist du als Führungskraft gescheitert.

Was würdest du als Führungskraft ablehnen?

Was ich nie gemacht habe, war, gegen Gesetze und gute Sitten zu handeln. Ich hatte manchmal den Eindruck, dass vielen Führungskräften gar nicht bewusst war, was man darf und was nicht, was z. B. Mitbestimmung heißt. Als REFA-Ingenieur und Arbeitswirtschaftler hat bei mir das Arbeitsrecht einen sehr hohen Stellenwert. Nicht nur während des Studiums, sondern auch in der täglichen Arbeit nahm das Arbeitsrecht eine entscheidende Rolle ein. Wir arbeiten stets mit Menschen, und fast jede Entscheidung hat Auswirkungen auf sie. Damit sind wir aber auch im Arbeitsrecht voll implementiert und haben dementsprechend zu handeln. Meine Meinung ist, jede Führungskraft muss gewisse Grundkenntnisse in Arbeitsrecht haben und sollte mit den guten Sitten vertraut sein, er muss kein Jurist sein. Rechte und Gesetze sind ja ein ziemlich breites Gebiet. Wenn z. B., und das kam nicht selten vor, die Forderung nach Samstagsarbeit oder Sonn- und Feiertagsarbeit aufkam, war bei mir Alarm angesagt. Das hat schon mal darin gegipfelt, ob wir nicht an Weihnachten arbeiten könnten. Unabhängig, woraus diese Situationen entstanden sind, war stets meine erste Aussage dazu: „Bis hierher und nicht weiter." Samstag, wenn es nicht zur Regel wird, okay, aber der Rest, nein. Die hirnrissigsten Diskussionen haben wir während einer Kurzarbeitsphase geführt. Man kann das kaum glauben, aber da gab es wirklich Führungskräfte, die während dieser Zeit Überstunden gefordert haben. Ich war nicht nur einmal mit dem Vorwurf konfrontiert, ob ich für die Firma das Richtige tue und vielleicht auf der falschen Seite stehe. Gerade bei Kurzarbeit bist du aber extrem in gesetzliche Vorgabe involviert mit fast keinem Spielraum. Diese Führungskräfte waren so richtige Cherry Picker, das, was für sie notwendig erschien, wird gemacht, alles andere interessiert nicht, geht sie nichts an.

Mentoring ist aktuell ein Thema in Unternehmen. Hattest du einen Mentor?

In meiner ersten Position als Führungskraft hatte ich nicht das Gefühl, einen Mentor zu haben. Da spielte sich das ganze Wirken in der Technik ab. Mein zweiter Chef hat mir als junge Führungskraft sehr viel gegeben und mir auch einige Erfahrungen und Verhaltensweisen beigebracht. Im Rückblick, mein letzter Chef und dessen Chef wären die richtigen Mentoren gewesen, aber ich glaube, da war ich schon zu weit entwickelt. Die beiden gaben mir enorme Handlungsfreiräume und haben mir immer vertraut und das entsprechend gewürdigt. Das waren die besten Führungskräfte, die ich in meiner Laufbahn hatte. Fazit aus der Vergangenheit: Ich hatte unterschiedliche Charaktere bei den Chefs, Mentoren waren in den jungen Jahren nur ansatzweise da. Aber gute Mentoren sind enorm wichtig in den Jahren, wo man sich entwickeln muss.

Zu guter Letzt: Was hat dir die Führungsrolle in deinem Leben gegeben? Was hinterlässt du mit dieser Rolle?

Innere Zufriedenheit und Stolz, dass ich in der Lage war, gemeinsam mit meinen Mitarbeitern über Jahre hinweg eine erfolgreiche Arbeit geleistet zu haben. Große Erfolge kann man nur im Team haben, da kannst du noch so ein genialer Mensch sein. Ich war sehr zufrieden damit, was meine Mitarbeiter geleistet haben. Ich bin auch der Überzeugung, dass meine ehemaligen Mitarbeiter das Gleiche über mich denken. Es ist nicht alles Gold, was glänzt, oder jeder macht sicher seine Fehler. Aber verbrannte Erde habe ich nicht hinterlassen und konnte guten Gewissens in den Ruhestand gehen. Ich schaue heute mit Zufriedenheit auf das Geleistete zurück. Das, was ich zurückgelassen habe, war eine gute Grundlage für die Zukunft des Bereiches und damit aller meiner Mitarbeiter, welche mit dieser Basis auch gut mit Veränderungen umgehen werden.

… und was war der Preis der Rolle?

Das hat mich manchmal ganz schön viel Nerven gekostet. Weniger mit der Führung im eigenen Bereich. Das hat mir riesig Spaß gemacht. Auch wenn es da mal gekracht hat, da wusste man, das muss auch mal so sein, wie in einer guten Ehe. Das, was mich am meisten aufgeregt hat, war die „Zusammenarbeit" mit Kollegen, deren Strategie und persönlichen Einstellung ich überhaupt nicht zustimmen konnte. Da ging es offensichtlich nur um das persönliche Weiterkommen oder um schlechte Politik innerhalb der Firma. Das alles hat uns aber überhaupt nicht weitergebracht und mir an den Nerven gezehrt. Da habe ich auch einige schlaflose Nächte gehabt, das will ich mir heute gar nicht mehr vorstellen. Diese negative Zusammenarbeit hatte sich in den letzten Jahren leider verdichtet. Der Preis privat war, dass ich viel zu wenig Zeit für die Familie hatte. Im Nachhinein muss ich mir den Vorwurf machen, ich hatte meine Kinder nur eingeschränkt beim Erwachsenwerden begleiten können. Vieles habe ich nicht mitbekommen.

… und eingedampft in wenigen Sätzen: Was empfiehlst du jungen Führungskräften?

Zuhören, was wollen mir die Leute sagen. Sich mit den Gedanken vertraut machen und dann erst mitreden, entscheiden … egal, ob es sich um Mitarbeiter oder Kollegen handelt. Das ist ein ganz wichtiger Punkt. Ich musste das auch erst lernen, nachdem ich in einem Führungsseminar damit persönlich konfrontiert wurde. Delegieren, du gibst deinen Leuten Handlungskompetenz. Damit sagt man den Menschen auch: „Ich vertraue dir." Natürlich muss erklärt werden, was ist denn Kompetenz, wie weit geht die Kompetenz, was ist denn Vertrauen? Angehende Führungskräfte leben meist von ihrer fachlichen Kompetenz. Sie sind manchmal in ihren Gebieten solche Überflieger, dass die notwendige Führungskompetenz mit ihren Ausprägungen für sie nicht erforderlich scheint. Auch hat Obrigkeitshörigkeit nichts mit Führung zu tun. Firmenziele ja, aber nur hinter dem Chef herplappern, das geht nicht. Als Führungskraft muss ich meinen eigenen Stil haben. Wo jemand Stärken und Schwächen hat, kann man nicht in einem Gespräch beibringen. Dazu benötigt es eine ständige Begleitung der jungen Führungskräfte. Man muss der Mentor für die junge Führungskraft sein. Zum Abschluss ein ganz wichtiger Punkt. Die Leute müssen erkennen und erklären können: „Das macht Sinn." Es ist vieles unsinnig. Sich selbst bewusst zu sein und zu erkennen, was Sinn macht, was nicht, und davon das eigene Handeln ableiten, das macht Sinn!

 Hotspot/Nachlese:

Welche Aussagen haben sich für mich bestätigt? Welche überrascht? Welche sehe ich anders?

Welche Entscheidungs- oder Verhaltensimpulse nehme ich aus diesem Interview mit?

Was ist die wertvollste Erfahrung von Heinz Meck, die ich für meinen Weg nutzen will?

9.6 Günter Murmann – CEO Automotivunternehmen

Günter Murmann, Diplom-Ingenieur (FH) für Elektrotechnik

Führungserfahrung: 43 Jahre bis 2016
Führungstiefe: 1–4.000 Mitarbeitende
Diverse Unternehmen, am Ende CEO der Dr. Schneider Unternehmensgruppe in Kronach

Wie sind Sie zur Rolle „Führungskraft" gekommen?

Das ist eine gute Frage, denn so richtig geplant hatte ich das bestimmt nicht. Am Anfang stand für mich im Vordergrund, beruflich weiterzukommen. Meine erste Station nach dem Studium der Elektrotechnik an der Fachhochschule Coburg war die Firma, in der ich vorher eine Lehre als technischer Zeichner für Maschinenbau absolviert hatte. Da wollte ich eigentlich nicht gleich wieder hin, aber es ergab sich einfach so, weil eine interessante Stelle in der Entwicklungsabteilung gerade frei geworden war. Wie sich im Nachhinein herausstellte, war dies ein Glücksfall für meine berufliche Entwicklung. Ich entwickelte erfolgreich Schaltelemente für die Hausgeräteindustrie, weitgehend selbständig und ohne Führungsverantwortung. Als in den 1970er-Jahren die Diskussion zum Thema „leitender Angestellter" aufkam, war ich als Spezialist im Nachteil. Leitender Angestellter ohne Führungsverantwortung, das war ja ein Widerspruch in sich. Aus dieser Erkenntnis heraus war es für mich nur logisch, dass ich eine Führungskraft werden musste, wenn ich beruflich vorwärtskommen wollte. Deshalb wechselte ich 1973 zur Cherry GmbH in Bayreuth, einem deutschen Ableger eines amerikanischen Familienunternehmens.

In welche Fettnäpfe kann die junge Führungskraft am Anfang treten?

Fettnäpfe gibt es für jede Führungskraft reichlich, und sie werden auch gerne von Mitarbeitern und „netten" Kollegen immer wieder aufgestellt. Eine erfahrene Führungskraft, die auch meistens schon etwas älter ist, erkennt diese Gefahrenstellen und umgeht sie elegant. Fettnäpfe sind auch mehr für die Jüngeren gedacht, für ehemalige Kollegen, die auf der Karriereleiter an einem vorbeigezogen sind, obwohl man doch der weitaus bessere Kandidat gewesen wäre. Sehr beliebt ist es auch, Fallen für den von außen gekommenen neuen Chef, wenn er dann auch noch relativ jung und ganz offensichtlich noch unerfahren ist, aufzustellen und sich zu freuen, wenn er hineintappt. Die Schwächung des anderen, ob Vorgesetzter oder Kollege, wird häufig als Stärkung der eigenen Position angesehen. Daran hat sich bis heute nichts geändert.

Was ist Ihnen als junge Führungskraft gelungen?

Mir war das vorher nicht so richtig bewusst, aber ich brachte einige Voraussetzungen mit, die für meinen weiteren beruflichen Weg entscheidend waren. Ich konnte mit Menschen umgehen, sie verstehen, ich konnte sie einschätzen und vor allem, ich konnte Ihnen zuhören. Diese Eigenschaften zu besitzen ist aus meiner Sicht unbedingt erforderlich, um eine erfolgreiche und anerkannte Führungspersönlichkeit zu werden. Nur den Chef zu spielen und zu meinen, dass alles andere von alleine kommt, reicht bei Weitem nicht aus. Eine Führungskraft sollte auch über den eigenen Tellerrand hinausblicken können und den Erfolg des gesamten Unternehmens im Auge haben. Dazu gehört, dass man sich nicht nur Gedanken über das Können und die Fähigkeiten der eigenen Leute macht, sondern durchaus kritisch Kollegen und auch den eigenen Chef betrachtet. Ich habe persönlich sehr viel davon profitiert, dass ich sehr genau verfolgte, wie man es nicht machen darf. Wenn man sorgfältig genug beobachtet, wird man einige Fehler und Schwächen an den anderen erkennen. Fehler, die man schon nicht mehr selbst machen muss.

Was empfehlen Sie einer jungen Führungskraft?

Gehen Sie mit offenen Augen durch die Welt, sehen Sie sich Ihr Umfeld genau an, machen Sie sich erst Ihr eigenes Bild und wägen Sie genau ab, bevor Sie Entscheidungen fällen. Lassen Sie sich nicht zu unüberlegten Handlungen verleiten und zu Entscheidungen drängen, die nicht sorgfältig genug betrachtet worden sind. Verlassen Sie sich mehr auf Ihr Bauchgefühl als auf unvollständige, schlecht vorbereitete Entscheidungsgrundlagen, denn es hat noch nie geschadet, noch mal eine Nacht darüber zu schlafen. Damit meine ich natürlich nicht Entscheidungen, die in Krisensituationen sofort getroffen werden müssen. Solche sind aber recht selten, und auch dann sollten Fachleute, egal aus welcher Ebene, miteinbezogen werden. Ein gesundes Misstrauen ist an dieser Stelle angebracht, und dies hat nichts mit Zaudern zu tun! Schaffen Sie in Ihrem eigenen Zuständigkeitsbereich ein Klima des Vertrauens und der gegenseitigen Wertschätzung und helfen Sie mit, dieses auch im gesamten Unternehmen zu realisieren. Jeder, der fachlich etwas zu einer Problemlösung beitragen kann, muss Gehör finden, wenn es sein muss, bis ganz nach oben in der Hierarchie. Lassen Sie keine gefilterten Meinungen zu, sondern sprechen Sie selbst mit den direkt zuständigen Fachleuten. Nur dann, und davon bin ich nach so vielen Jahren im Berufsleben heute mehr denn je überzeugt, werden Sie eine erfolgreiche, allseits anerkannte Führungskraft.

Was war Planung Ihrer Karriere, was war Fügung?

Ich meine, dass man eine Karriere planen kann. Zumindest kann man es versuchen, wenn man weiß, was man beruflich erreichen möchte. Voraussetzung dafür ist eine entsprechende Ausbildung. Für eine Führungskraft in der Industrie ist ein Abschluss an einer Hochschule oder Universität hilfreich und heute unabdingbar. Mir sind meine Berufsausbildung als technischer Zeichner Maschinenbau und mein Studium der Elektrotechnik eine perfekte Grundlage für meine weitere berufliche Karriere gewesen. Ob man das noch als Teil der Karriereplanung sehen kann oder besser als glückliche Fügung? Ich tendiere eher zum Letzteren, weil es sehr viel mit den Produkten der Unternehmen zu tun hatte, in denen sich meine berufliche Karriere entwickelte.

Sind Sie der Überzeugung, dass jemand Führungskompetenz lernen kann, jeder lernen kann? Wie sehen Sie dies im Rückblick?

Führungskompetenz hat man oder man hat sie nicht, das kann man nicht erlernen, das ist zumindest meine Meinung. Ein Hochschulabschluss ist eine gute Voraussetzung, um fachlich beurteilen zu können, was im eigenen Zuständigkeitsbereich und im gesamten Unternehmen geschieht. Für Gespräche mit Kunden und Lieferanten ist das ebenfalls sehr hilfreich, genauso wie das Beherrschen der englischen Sprache. Damit ist man aber noch lange nicht in der Lage, zu führen. Diese Kompetenz, diese Fähigkeit kann man schon bei Kindern und Jugendlichen in der Schule beobachten, aber auch beim Mannschaftssport. Immer gibt es welche, die den Ton angeben und um die sich andere scharen. Im Rückblick betrachtet war das bei mir nicht anders. Ich habe immer gerne Sport getrieben. Leichtathletik, Tischtennis und vor allem Fußball. Beim Fußball bin ich dann geblieben, eine Sportart, in der ich es bis zur Landesliga brachte, immerhin. Sportliche Erfolge sind irgendwann vorbei und werden oftmals in der Erinnerung noch großartiger gemacht. Mein amerikanischer Freund Jim brachte dies mit dem Spruch „Je älter ein Mann wird, desto schneller konnte er als Junge laufen" treffend auf den Punkt. Etwas anderes war für mich im Rückblick viel wichtiger und hat mein ganzes Berufsleben stark beeinflusst: Es war die Erfahrung, in einer Mannschaft spielerisch alle Facetten des Teamworks zu erfahren. Zu lernen, dass es jemand auf dem Platz geben muss, der führt, dass Stars, aber auch sogenannte „Wasserträger" wichtig sind und dass es ohne ein Zusammenspiel all dieser Individuen keine erfolgreiche Mannschaft geben kann. Ich selbst war einige Jahre Spielführer, eine Führungsrolle, die ich auch gerne ausgeübt habe. Das ist natürlich bei Weitem nicht vergleichbar mit den Herausforderungen, die auf Führungskräfte in der Wirtschaft und in Verwaltungen zukommen, aber gelernt habe ich daraus doch einiges. Um aber wirklich führen zu können, sind der Besuch von Lehrgängen und das Studium von Fachliteratur unbedingt zu empfehlen.

Hatten Sie irgendwann die Angst, inhaltlich abgehängt zu werden? Inwieweit ist die fachliche Kompetenz wichtig als Führungskraft?

Dieses Gefühl, diese Angst, inhaltlich nicht mehr folgen zu können, hatte ich eigentlich nie, obwohl sich in den über 40 Jahren, die ich als Führungskraft tätig war, technologisch unglaublich viel verändert hat. Mein Vorteil war, dass ich fachliche Kenntnisse aus den Bereichen Mechanik und Elektronik vorweisen konnte. Damit war ich zumindest in der Lage, den Spezialisten zuzuhören und erst dann die hoffentlich richtigen Entscheidungen treffen zu müssen. Ich habe Führungskräfte kennengelernt, die das nicht konnten und deshalb auch gescheitert sind. Fachliche Kompetenz in der Führungsebene eines Betriebes, der technische Produkte herstellt, ist unbedingt erforderlich. Dies gilt selbst für den Mann oder die Frau an der Spitze. Hier ist meiner Meinung nach eine technische Ausbildung gepaart mit kaufmännischen Kenntnissen von großem Vorteil. Führen muss man allerdings auch noch können, und das umso mehr, je weiter man in der Hierarchie nach oben kommt. Ich kann jeder Führungskraft, die längerfristig erfolgreich sein und bleiben will, nur das eine empfehlen: Holen Sie sich die besten Fachleute, die Sie bekommen können, sehen Sie diese nicht als Konkurrenz! Ich weiß, dass ich mich jetzt wiederhole, aber hören Sie auf deren fachlichen Rat, bevor Sie wichtige Entscheidungen treffen müssen. Dabei darf die Ebene, aus der diese Vorschläge kommen, keine Rolle spielen. Das redet sich so leicht, denn die üblicherweise vorherrschenden Organisationen mit ihren klar abgegrenzten Zuständigkeiten lassen das gar nicht zu. Welcher kleine Entwickler traut sich schon, in einer hochrangigen Runde zu sagen, was wirklich Sache ist? Ich habe auch erst lernen müssen, dass dazu eine neue Führungskultur geschaffen werden musste, damit niemand bestraft oder benachteiligt werden darf, nur weil er die Wahrheit gesagt und damit vielleicht großen Schaden für das Unternehmen verhindert hat. Aber glauben Sie mir, diese Kultur, dieses positive Klima im gesamten Unternehmen zu schaffen ist das Beste, was eine Top-Führungskraft machen kann. Aufmerksam zuhören und dann erst entscheiden – dies war mein Erfolgsrezept. Anders hätte ich nicht arbeiten mögen, ob als kleine Führungskraft oder als jemand, der einen großen Verantwortungsbereich hat.

Für was waren Sie verführbar als junge Führungskraft?

Da muss ich schon sehr lange zurückblicken, um auf diese Frage eine Antwort zu finden. Ich denke, dass ich anfangs erst auf Mitarbeiter „hereingefallen" bin, die mit einem Problem zu mir kamen und von mir die Lösung haben wollten. Das hat mir gefallen, da mein Rat, meine fachliche Lösungskompetenz gefragt war. Ich war dann auch gerne bereit, eine Lösung vorzuschlagen. Es hat eine Weile gedauert, bis ich dahinterkam, dass das genau der falsche Weg war. Für den Mitarbeiter, der entweder zu faul, fachlich inkompetent oder nur clever genug war, hatte diese Vorgehensweise einige entscheidende Vorteile: Seine fehlende Fachkompetenz fiel nicht weiter auf, er hatte eine Lösung, die nicht so leicht kritisiert und vielleicht sogar verworfen werden konnte, und wenn es schiefging, war auch noch der Chef dafür verantwortlich. Diese Vorgehensweise wendeten auch Kollegen gerne an, wenn sie Verantwortung aus ihrem Bereich zu mir verlagerten. Dies funktionierte natürlich nur, wenn ich diese Aufgabe auch annahm, aber was macht man nicht alles für seine lieben Mitmenschen. Man hilft doch gerne und merkt dabei gar nicht, dass man ausgenutzt wird. Nachdem ich das dann doch erkannt hatte, drehte ich den Spieß einfach um, indem ich von den Mitarbeitern eigene Vorschläge verlangte. Ich wollte auch noch wissen, welchen sie davon umsetzen wollen, um die Aufgabe zu lösen. Hatte ich selbst keinen deutlich besseren, dann stimmte ich ihrem Vorschlag zu. Kollegen, die mir etwas aufhalsen wollten, etwas, das nicht in meinen Verantwortungsbereich fiel, habe ich höflich, aber bestimmt abgewiesen.

Wie konnten Sie Mitarbeiter motivieren?

Indem ich ihnen immer das Gefühl gab, dass sie und ihre Arbeit wichtig für den Erfolg der Abteilung und damit für das Unternehmen sind und dass ihre Leistung anerkannt wird. Als junge Führungskraft musste ich erst lernen, wie man richtig lobt und wie und in welcher Form Kritik geübt werden sollte. Das ist wirklich nicht so einfach, denn hier kann und wird auch vieles falsch gemacht. Wie immer in meinem Berufsleben habe ich Kollegen, die schon länger Führungskräfte waren, sehr aufmerksam beobachtet, um von ihnen zu profitieren. In den meisten Fällen lernte ich allerdings nur, wie man es nicht machen sollte. Mir blieb deshalb nichts anderes übrig, als nach und nach meinen eigenen Führungsstil zu entwickeln. Durch Seminare über richtige Führung, die ich einige Jahre später besuchte, erhielt ich die Gewissheit, dass ich damit vollkommen richtiglag.

Die Grundlagen für eine erfolgreiche Führung sind eigentlich relativ einfach: Ich muss meinen Mitarbeitern immer das Gefühl geben, dass Ihre Leistungen von mir ehrlich anerkannt werden. Am besten sollte dies im sowieso regelmäßig stattfindenden Mitarbeitergespräch unter vier Augen erfolgen. Besondere Leistungen eines Einzelnen dürfen auch gerne in der Gruppe hervorgehoben werden, allerdings muss man sich absolut sicher sein, dass nicht auch noch andere daran beteiligt waren, sonst geht dieser Schuss leicht nach hinten los. Hier wäre es dann viel geschickter, die ganze Gruppe zu loben.

Lob und Anerkennung müssen ehrlich sein und dürfen, wenn dies in der Öffentlichkeit geschieht, niemanden vor den Kopf stoßen. Ich habe selbst erlebt, wie eine hochrangige Führungskraft zu einem ihrer Mitarbeiter „Das haben Sie diesmal wirklich gut gemacht, das hätte ich Ihnen nicht zugetraut" sagte. Diesem so „gelobten" Mitarbeiter konnte man ansehen, dass damit genau das Gegenteil erreicht wurde, für uns als Zuhörer war das äußerst peinlich. Dann schon gar nicht loben. Ich habe dieses Beispiel immer wieder gerne vor Führungskräften wiedergegeben, weil es enorm wichtig ist, die richtigen Worte zu finden. Ein weiteres negatives Beispiel, wie man es auf keinen Fall machen darf, wurde mir erst kürzlich zugetragen: Ein Mitarbeiter aus einem Fachbereich hielt eine Präsentation vor dem obersten Führungskreis. Sie war gut vorgetragen, ohne Zweifel, nur was am Ende passierte, führte dazu, dass mehrere Führungskräfte anschließend ziemlich frustriert waren. Was war geschehen? Der neue Vorsitzende der Geschäftsführung dankte dem Vortragenden mit den Worten: „ Vielen Dank, das war endlich eine gelungene Präsentation, so stelle ich mir das künftig vor." Was die anwesenden Führungskräfte so aufgeregt hat, war nicht, dass der oberste Chef sich bedankt, sondern damit indirekt die bisherigen Vortragenden vor den Kopf gestoßen hat. Das war ungeschickt, absolut unnötig und sorgte einfach für Verärgerung. Meine Überzeugung nach so vielen Jahren in Führungspositionen ist, dass richtiges Führen gut gelingt, wenn man drei Grundregeln konsequent einhält. Diese sind:

- Mitarbeiter regelmäßig informieren und dadurch mitnehmen,
- Leistungen anerkennen und diese Anerkennung auch zeigen,
- ehrlich und angemessen loben.

So macht Führen Spaß, und man braucht vor Veränderungsprozessen keine Angst haben.

Wie ging es Ihnen denn als junge Führungskraft mit Lob und Kritik gegenüber ehemaligen Kollegen oder vielleicht den Älteren?

Damit bin ich im Laufe der Zeit ganz gut zurechtgekommen. Anfangs hat es mich schon einige Überwindung gekostet, zu kritisieren, weil mir einfach die Erfahrung als Führungskraft fehlte. Ich habe mich dann gerne mal vor dieser Aufgabe gedrückt und gehofft, dass die Älteren, ob Kollegen oder Mitarbeiter, von selbst auf die zu kritisierenden Punkte kommen. Das hat aber nur in den wenigsten Fällen funktioniert, sodass ich sehr schnell mein Verhalten änderte und die Kritikpunkte offen ansprach. In der richtigen Form und am besten unter vier Augen.

Um die Führungsinstrumente „Lob und Kritik" richtig einsetzen zu können, musste ich erst mal lernen, wie Können, Wissen und Erfahrung meiner in der Regel älteren Mitarbeiter einzuordnen sind. Wenn Können und Wissen fehlt, dann muss organisatorisch etwas geändert oder eine Trennung herbeigeführt werden. Nur bei der Erfahrung ist es nicht ganz so einfach: Richtig eingesetzt hilft sie, den Aufwand zu reduzieren, wenn Entscheidungen über die einzuschlagende Richtung zu treffen sind. Sehr hilfreich für eine junge unerfahrene Führungskraft, solche Mitarbeiter zu haben. Sie hat aber auch eine Schattenseite, nämlich dann, wenn Erfahrung dazu benutzt wird, den technischen Fortschritt zu bremsen, und damit verhindert wird, dass unbedingt notwendige Veränderungen eingeleitet werden. Das hat schon manches Unternehmen vom Markt verschwinden lassen. Eine gute Führungskraft muss hier schnell handeln und auch Risiken eingehen, ob sie will oder nicht. Nur anders geht es nicht, wenn man erfolgreich sein will. Auch das musste ich erst mal lernen, oft mühsam und mit Rückschlägen, die mich schon manchmal an die Grenze brachten.

Haben Sie einen Tipp zum Thema „Entscheidungen treffen"?

Ich empfehle, Entscheidungen nicht vorschnell zu treffen, aber auch nicht unnötig hinauszuziehen. Vor allem sollte man auf das sogenannte „Bauchgefühl" hören. In diesen drei Punkten ist aus meiner Sicht alles enthalten, was eine Führungskraft zu diesem Thema benötig. Ich möchte das noch etwas erklären, weil es natürlich nicht so einfach ist, die Dinge richtig einzuschätzen. Damit meine ich die Kunst, den richtigen Zeitpunkt für die geforderte Entscheidung zu bestimmen, denn wer will schon als junge Führungskraft als entscheidungsunfähig dastehen? Nur, und da spreche ich aus eigener Erfahrung, ist es weitaus schwieriger, forsch und dynamisch getroffene Entscheidungen wieder zu korrigieren, weil diese aufgrund unvollständiger Erkenntnisse schlichtweg falsch waren. Das hält man als junge Führungskraft nicht lange durch!

Hören Sie auf Ihre Fachleute und binden Sie diese mit ein, wo immer Sie können. Sie müssen sich aber auch stets darüber im Klaren sein, dass Sie die Verantwortung für Erfolg oder Misserfolg tragen. Ich spreche hier nicht von Alltagsentscheidungen ohne allzu große Auswirkungen, sondern von solchen, die sehr wichtig sind und deshalb besser von allen Seiten betrachtet werden sollten. Mit all der Erfahrung, die ich im Laufe der Zeit gesammelt habe zu diesem Thema, bin ich überzeugt, dass es nie geschadet hat, noch mal eine Nacht darüber zu schlafen. Lassen Sie sich nicht drängeln, selbst wenn damit Ihre Entscheidungskompetenz angezweifelt wird. Mitarbeiter oder Kollegen haben mit diesem Drängen bei mir oft genau das Gegenteil erreicht und eher mein Misstrauen geweckt. Das häufig zu Recht, wie sich hinterher herausstellte. Auch das ist eine Erfahrung, die ich gerne weitergebe. Von Führungskräften, die nicht fähig sind, überhaupt zu entscheiden, will ich hier gar nicht reden. Das sind für mich keine, und Sie können mir glauben, dass ich in meinen vielen Jahren in der Industrie einige von dieser Sorte kennengelernt habe.

Wie konnten Sie gut abschalten, Dinge nicht so an sich heranlassen?

Über einen langen Zeitraum konnte ich das überhaupt nicht, auch wenn das heute ganz anders aussieht. Wie so vieles andere musste ich erst lernen, Probleme nicht so tief in mich reinzulassen. Das war und ist besonders schwierig, wenn man seinen Job mit Leidenschaft und Engagement ausübt, was bei mir immer der Fall war. Viel geholfen hat mir sportliche Betätigung, so oft es natürlich ging, dann gesunde Ernährung und vor allem, dass ich in den ersten Jahren nur mäßig und später überhaupt nicht mehr rauchte. Alles andere muss man ganz einfach hinzulernen, das kann einem keiner abnehmen. Ein gesunder Optimismus, das Vertrauen in die Fähigkeiten der Mitarbeiter und Kollegen, aber auch in die eigenen sind für mich eine wichtige Basis gewesen. Wenn man überzeugt ist, dass alles Notwendige getan worden ist und noch getan wird, um die anstehenden Herausforderungen zu meistern, dann sollte man loslassen, sich entspannen und alle Zweifel hinter sich lassen.

Was haben Sie getan, um sich zu erholen?

Am Anfang meiner Karriere, als junger Mann, hatte ich nicht das Gefühl, mich in meiner Freizeit großartig erholen zu müssen. Meine Frau, meine beiden Kinder und meine sportlichen Aktivitäten ließen an den Wochenenden und im Urlaub kein Verlangen nach Erholung entstehen. Etwas anderes zu machen und nicht immer nur an die Firma zu denken, reichte mir vollkommen aus. Mit zunehmendem Alter und steigender Verantwortung im Job änderte sich das allerdings gravierend. Ich wurde nervöser und reagierte oft gereizt in Situationen, in denen ein kühler Kopf angebrachter gewesen wäre. So konnte und durfte ich nicht weitermachen, das war mir klar. Ich konnte diesen Druck, den ich oft selbst erzeugte, in seinen negativen Auswirkungen auch bei Kollegen erkennen. Was tun?

Ich musste eigentlich nur zwei Veränderungen vornehmen, aber da bin ich auch erst nach einiger Zeit draufgekommen. Die eine war, meine Erreichbarkeit am Wochenende und im Urlaub zu verändern, und die andere war, dass ich lernte, richtig abzuschalten. Beides hängt auch voneinander ab und funktioniert nicht für sich alleine, zumindest nicht wirkungsvoll genug. Die wichtigste Maßnahme war, dass ich mich in meiner Freizeit und im Urlaub nur noch in wirklich dringenden Fällen anrufen lies. Mir war es am liebsten, wenn mich in den zwei Wochen, die ich meist im Jahr nur Urlaub machte, überhaupt niemand kontaktierte. Das durchzuhalten war gar nicht so einfach. Alleine der Gedanke, dass meine Leute, meine Kollegen und mein Chef ohne mich auskommen, bereitete mir am Anfang schon Unbehagen. Natürlich war es Unsinn, aber Führungskräfte halten sich gerne für unersetzlich, und das auch im Urlaub. Ich kannte Kollegen, die an jedem Tag oder sogar mehrmals am Tag in der Firma angerufen haben und dann enttäuscht waren, dass es ohne sie auch reibungslos weiterlief. Manchmal sogar besser, weil die Mitarbeiter den Ehrgeiz hatten, es ohne den großen Chef zu schaffen.

Was hat sich im Laufe Ihrer mehr als 40-jährigen Führungserfahrung für Sie verändert?

Diese vielen Jahre als Führungskraft waren für meine persönliche Entwicklung enorm wichtig. Ich lernte, Leute, vor allem meine eigenen Mitarbeiter, aber auch Kollegen und Geschäftspartner besser einzuschätzen. Ich ließ mich nicht mehr so leicht zu unnötig schnellen Entscheidungen verleiten und setzte meine Prioritäten anders und damit zielgerichteter. Ich glaube, dass es mir auch immer gelungen ist, Veränderungen gegenüber aufgeschlossen zu bleiben, mögen es neue technische Herausforderungen im Design unserer Produkte oder in deren Herstellungsverfahren gewesen sein. Als gravierendes Beispiel möchte ich hier nur den Wandel von der reinen Mechanik über die Elektromechanik bis hin zur Elektronik anführen. Wer da als Führungskraft nicht mitzieht, ist ganz schnell auf der Verliererstraße. Meine technische Ausbildung kam mir sehr zugute, aber das alleine war es nicht. Mindestens ebenso wichtig ist eine positive Einstellung gegenüber Veränderungen. Diese hatte ich eigentlich immer, und ich habe sie auch heute noch. Einfach neugierig zu bleiben halte ich für sehr wichtig.

Was würden Sie als Führungskraft ablehnen?

Ich würde nicht zulassen, dass jemand bei mir über Kollegen herzieht. Mir hat schon nicht gefallen, wenn mein Vorgänger als Geschäftsführer dies sogar systematisch gefördert hat, nach dem Motto „Wissen ist Macht". Ich war davon auch negativ betroffen, deshalb bin ich richtig allergisch dagegen geworden. Meine Methode, die schon mal die Hälfte der Gespräche sofort beendete, war, vorzuschlagen, die angeschuldigten Kollegen gleich mit hinzuzunehmen oder, falls dies nicht möglich war, einen neuen gemeinsamen Termin zu vereinbaren. Damit reduzierte sich diese Art von Gesprächen enorm.

Außerdem bin ich ein absoluter Gegner von Mobbing jeglicher Art, nicht nur, weil ich das selbst schon erfahren musste. Ich war nahe daran, eine sehr gute Position mit Perspektive ganz nach oben aufzugeben und das Unternehmen zu verlassen. Nachdem ich aber erkannt hatte, dass genau dies die Absicht meines Gegners war, entschloss ich mich, mir das nicht gefallen zu lassen. Das war eine der besten Entscheidungen meines ganzen Berufslebens, denn ich gewann diesen Kampf und kam dann doch noch an die Spitze dieses Unternehmens.

Zu guter Letzt: Was hat Ihnen die Führungsrolle in Ihrem Leben gegeben.

Sehr viel, und das nicht nur im beruflichen Bereich. Die Herausforderungen, die mit dieser Führungsrolle verbunden waren und denen ich mich täglich stellen musste, haben mich persönlich reifen lassen. Ich bin heute sehr froh, dass ich mit so vielen verschiedenen Leuten auf der ganzen Welt zu tun hatte. Mit einigen bildeten sich auch private Kontakte heraus, die über viele Jahre hielten. Im Rückblick betrachtet hätte ich gar nichts anderes machen wollen.

... und was war der Preis der Rolle?

Der berufliche Aufstieg als Führungskraft geht eindeutig zulasten der Familie. Das ist der Preis, den vor allem die Ehefrau, aber auch die Kinder zahlen müssen. Nur, was ist die Alternative? Aus meiner Sicht gibt es keine, wenn man erfolgreich sein will und Familie haben möchte.

Mit den Enttäuschungen, die man mit Mitarbeitern, Kollegen und manchmal auch mit dem eigenen Vorgesetzten erlebt, kommt man irgendwann zurecht. Die Belastungen im privaten Umfeld wiegen da weitaus schwerer, und deshalb ist es für mich nicht überraschend, dass so viele Topmanager geschieden sind. Unsere Ehe hat gehalten, im nächsten Jahr werden es 50 Jahre, auf die wir als Ehepaar zurückblicken können. Es waren wirklich keine einfachen Jahre, deshalb sind wir auch besonders stolz, dass wir alles so gut gemeistert haben.

... und wo sehen Sie die besonderen Herausforderungen für die jungen Führungskräfte heute?

Ich denke, dass man in unserer Zeit als Führungskraft nur noch erfolgreich sein kann, wenn man seine Mitarbeiter von der Notwendigkeit der zu erfüllenden Aufgabe überzeugt. Das war vor 20 oder 30 Jahren auch schon die beste Erfolgsmethode, nur war das nicht so dringend notwendig wie heute. Eine Führungskraft konnte einfach nur anweisen und kritische Fragen leichter ablehnen. Das geht heute überhaupt nicht mehr, weil jetzt weitaus besser ausgebildete junge Leute ins Berufsleben drängen, Leute, die es gewohnt sind, kritisch zu hinterfragen, wenn ihnen etwas nicht gefällt. Außerdem stehen Freizeit und Familie häufiger im Mittelpunkt. Ich gewinne immer mehr den Eindruck, dass dies auch für die jetzige Generation unserer Führungskräfte gilt. Vielleicht ist das gut so, denn wem es gelingt, Freizeit, Familie und Beruf in Einklang zu bringen, der ist bestimmt nicht so leicht Burn-out-gefährdet. Die Unternehmen werden sich darauf einstellen müssen, denn es ist niemandem geholfen, wenn wichtige Mitarbeiter vielleicht sogar auf Dauer wegen dieser Krankheit ausfallen.

... und eingedampft in wenigen Sätzen: Was ist für Sie der Sinn von Führung und was wollen Sie jungen Führungskräften mitgeben?

Der Sinn von Führung liegt meiner Meinung nach darin, dafür zu sorgen, dass als geeignet ausgewählte Mitarbeiter ihre Aufgaben ungehindert erfüllen können. In der Summe sind dies dann alle Aufgaben des Zuständigkeitsbereiches. Dafür werden in allen Bereichen Führungskräfte benötigt. Ich sehe dazu auch keine sinnvolle Alternative. Ohne Führung endet vieles sehr schnell im Chaos, und ohne gute Führung scheitert die Gruppe auch.

Das ist es, was ich jungen Führungskräften mit auf den Weg geben möchte: Ohne sie als diejenigen, die die Richtung bestimmen und ihre Leute richtig einsetzen, geht es nicht voran. Geben Sie Ihren Mitarbeitern durch die Art Ihrer Führung das Gefühl, dass Sie ihre Probleme verstehen und dass Sie ihnen helfen, wenn es mal hakt. Die Mitarbeiter müssen sagen können: Ich bin froh, diese Führungskraft zu haben, ich kann mich auf sie verlassen und ihr vertrauen. Vertrauen ist ganz wichtig.

Hotspot/Nachlese:

Welche Aussagen haben sich für mich bestätigt? Welche überrascht? Welche sehe ich anders?

Welche Entscheidungs- oder Verhaltensimpulse nehme ich aus diesem Interview mit?

Was ist die wertvollste Erfahrung von Günter Murmann, die ich für meinen Weg nutzen will?

■ 9.7 Albrecht Proebst – Leitung Kaufmännische Abteilung

Albrecht Proebst, Industriekaufmann

| Führungserfahrung: 27 Jahre bis 2016 |
| Führungstiefe: 1–150 Mitarbeitende |
| Unternehmen: BMW Group München, EXPO Hannover |

Wie bist du zur Rolle Führungskraft gekommen?

Meine Vertriebsprojekte bei BMW brachten mich im Jahre 1987 nach Japan. Dort bin ich eigentlich eher in meine erste Führungsrolle hineingestolpert. Ich war zwar auch schon 34 Jahre alt, aber es war schon sehr schwer. Vor dem Hintergrund des interkulturellen Zusammenarbeitens waren die Japaner eine Herausforderung. Ich hatte konkret eine japanische Mitarbeiterin. Also sagen wir mal, wir waren ein nicht wirkliches traditionelles Führungsteam. Aber es waren so meine ersten Erfahrungen. Und als dann 1989, ein Jahr vor der Rückkehr, ich mit meinem Bereichsleiter meinen weiteren Weg diskutiert habe, da habe ich mich zum ersten

Mal dezidiert mit dem Thema Führung auseinandergesetzt. Er war für mich schon ein Mentor, der sich da wirklich auch mit meiner Persönlichkeit auseinandergesetzt hat. Der dann gesagt hat, dich nehme ich jetzt eher als einen wahr, der ein bisschen in die Tiefe der Themen reingeht. Der jetzt vielleicht auch nicht so gerne in der ersten Reihe steht. Also nicht so sehr als Vertriebsleiter oder Verkaufsleiter, sondern eher als kaufmännischer Leiter, der einfach auch in der Lage ist, eine Struktur aufzubauen. Er hat mir das sehr ans Herz gelegt, und ich hab drüber nachgedacht und fand diesen Weg dann auch plausibel.

Woran hast du gemerkt, dass du „führungstauglich" bist? Welches Bild von Führung hattest du im Kopf?

Ja, das ist eine gute Frage, die ich mir vielleicht zum damaligen Zeitpunkt noch nicht ganz erschlossen habe. Ich hatte nie Angst davor, und ich habe immer schon gemerkt, dass es mir Spaß macht, mit Menschen zu arbeiten. Ich hab in Japan viele Projekte gemacht, also auch mit Deutschen viele Projekte gemacht, wo man was bewegt hat. Und da hab ich gemerkt, dass ich so in Projektteams dann auch gut zusammen mit Menschen Dinge umsetzen konnte.

Mein Bild von Führung war eher familiär geprägt. Meine Eltern haben sich früh scheiden lassen, und dann haben meine Mutter, mein Bruder und ich bei meinem Großvater gelebt. Mein Großvater war eine Führungskraft par excellence. Der war Generaldirektor eines mittelständischen Unternehmens von über 2000 Mitarbeitern. Und er war ein unglaublich integrer, patriarchalischer Mensch, der aber auch dieses Patriarchalische im guten Sinne verkörpert hat. Der war gut zu seinen Mitarbeitern, aber auch streng, und hat das Unternehmen gut geführt 40 Jahre lang, bis er 70 wurde.

Was wäre für eine junge Führungskraft am Anfang ein No-Go?

Ein No-Go ist für mich, aufzutreten, reinzugehen und zu sagen, ich bin der große Zampano, jeder tanzt jetzt nach meiner Pfeife. Mir war es immer wichtig, auch die Menschen erst mal kennenzulernen.

Was ist dir als junge Führungskraft gut gelungen?

Also was mir glaube ich gut gelungen ist, die Akzeptanz von den Mitarbeitern erworben zu haben, indem ich erst mal hingegangen bin, weil ich als Führungskraft denen im fachlichen Know-how unterlegen war. Das war für mich ja auch ein neues Thema. Kaufmännische Leitung ist einerseits verführerisch, weil du ein ganz breites Thema hast. Das Problem, das ich immer in dieser Position hatte, dass ich der Generalist bin und ich nie in der Tiefe drinstecke. Der kaufmännische Leiter ist ja immer so ein bisschen der Spielmacher, der Moderator, aber steckt nicht in der Tiefe drin. Da hatte ich für mich selber auch immer so die Unsicherheit drin. Ja kann ich eigentlich das fachlich beurteilen, was ich zu entscheiden und zu verantworten hatte. Also war mein Anspruch, erst mal viel auch von den Mitarbeitern zu lernen und ein Gespür dafür zu bekommen, was die Mitarbeiter da eigentlich selber zu verantworten haben.

Ein Trainee fragte mich explizit: Wie kann ich Akzeptanz erwerben? Muss ich fachlich so fit sein oder gibt's andere Wege?

Ich muss fachlich nicht zu 100 % fit sein. Das kann ich gar nicht. Das fände ich auch ehrlich gesagt redundant. Denn wenn ich fachlich so fit wäre, dann brauche ich ja letztlich meine Mitarbeiter auch nicht. Dann entmündige ich ja auch wieder ein Stück weit meine Mitarbeiter. Aber ich muss ein Gespür dafür haben, was der Mitarbeiter selber fachlich zu bewältigen hat. Das finde ich ganz wichtig, auch um letztlich die Ressourcen steuern zu können.

In der Anfangszeit, wie warst du verführbar als junge Führungskraft? Wo siehst du vielleicht eine Gefahr, wo man sich hintreiben lässt, eventuell zu viel Nähe oder Distanz zu den Mitarbeitern hat?

Also generell ist sicher eine große Verführung, dass man zu abgehoben ist. Ich selber hab da vielleicht auch immer das Glück gehabt oder die Intuition gehabt, dass ich nie in richtige Fettnäpfchen getreten bin. Ich habe nie eine Situation gehabt, wo ich Widerstand von den Mitarbeitern bekam oder mein Stil nicht ankam oder ich mich nicht durchsetzen konnte. Das war eigentlich nie der Fall. Also ich tue mich ein bisschen schwer, darauf zu antworten. Ich kann es jetzt theoretisch reflektieren, dass ich sag, eine Verführung ist, dass man zu wenig auf die Mitarbeiter hört.

Was war Planung deiner Karriere, was war Fügung?

Ich hab vor meiner Zeit bei BMW eine Ausbildung bei Daimler-Benz gemacht. Ich fand die Ausbildung bei Daimler klasse, wollte aber bei Daimler nie arbeiten, weil mir das Unternehmen damals schon zu groß und zu verwaltungsmäßig strukturiert war. BMW war 1979 noch ein relativ junges Unternehmen. Ich bin einfach dahin, weil mich dieses Unternehmen mit dieser emotionalen Kraft interessiert und fasziniert hat. Das war eigentlich das Erste, ich wollte bei BMW arbeiten. Ich hab mir da ehrlich gesagt keine Gedanken gemacht, wie man das heutzutage macht. Man liest das ja manchmal, dass da Leute sind, die unbedingt Bereichsleiter und Vorstand werden wollen. So bin ich nicht zum Unternehmen gegangen. Ich bin da hin, weil mir es gefiel. Mir macht Management Spaß, mir machen Themen Spaß. Ich bin immer über die Themen groß geworden.

Es wurde dann eher an mich herangetragen: „Möchtest du nicht mal ein Thema in Japan übernehmen?" Das hat dann dreieinhalb Jahre gut funktioniert und dann ist an mich herangetragen worden: „Das hast du gut gemacht, du wärst jetzt so weit, eine Führungsrolle zu übernehmen." Das war auch spannend. Da kam auch selber der Wunsch, eigentlich wäre es auch nicht schlecht, Gruppenleiter zu werden und später auch Abteilungsleiter. Die nächste Stufe hat sich dann eher aus der Konsequenz ergeben, dass ich meinen Job gut gemacht hab. Aber dann war schon die Fragestellung, als ich auf die 40 zuging, will ich jetzt Hauptabteilungsleiter werden? Möchte ich in den erlesenen Kreis der Top 300? Interessiert mich das? Da war ich schon wieder ein bisschen ambivalent. Einerseits hat es mich interessiert, weil ich das schon faszinierend fand. Also wirklich, weil die schon ein bisschen wie im Krankenhaus die Oberärzte sind, die Halbgötter. Aber ich hab auch wieder Respekt gehabt vor dem Umgang untereinander. So richtig hat es mich da nicht hingezogen.

Mich haben immer die Aufgaben fasziniert und deswegen bin ich dann auch mal bei BMW raus und bin zur EXPO nach Hannover gegangen. Dort war ich Prokurist, Bereichsleiter und hab dann auch mit einer charismatischen Frau als Chefin gearbeitet, mit Birgit Breuel, und ihr direkt berichtet. Das war natürlich Führungserfahrung par excellence. Sie war bis dahin vor allem als Leiterin der Treuhand bekannt und vorher Wirtschaftsministerin von Niedersachsen.

Für mich kommt Karriere vom eigentlichen Begriff „carrus", und das hat ja was mit Bewegung zu tun. Ja, man kann Karriere planen, das glaube ich schon. Aber man sollte sich davor hüten, dass man es zu kleinteilig plant. Und man sollte sich davor hüten, dass man sagt, ich setze mich jetzt unter Druck, indem ich mir zu enge Meilensteine setze. Da gibt's einen guten Spruch, von dem von mir sehr verehrten Eberhard von Kuenheim, das ist der langjährigste BMW-Vorstandsvorsitzende gewesen. Der hat mal gesagt, als er nach seinem Erfolgsrezept gefragt worden ist: „Na ja, es gehört auch immer ein bisschen unternehmerische Fortune dazu." Man braucht auch immer schon ein bisschen Glück, dass sich Umstände fügen. Ich bin auch überzeugt, dass es ganz hervorragende Menschen gibt in jeder Organisation, die jetzt aber vielleicht nur auf der Ersatzbank sitzen, die es vielleicht „nur" zum Abteilungsleiter geschafft haben, die aber, wenn sich manche Dinge vielleicht anders entwickelt hätten, auch mal in der Lage gewesen wären, dann auch mal eine andere Stelle einzunehmen. Manchmal passt's, manchmal passt's nicht. Ich glaub nicht, dass es 100%ig planbar ist.

Wann hast du begonnen, über deine Führungsrolle nachzudenken, diese zu reflektieren?

Was für mich immer hilfreich war, dass man in dem Unternehmen ja nie eigenständig losgelöst führt. Man wird ja permanent durch die Instrumente der Personalführung zur Reflexion gezwungen. Da gibt's Prozesse, die heißen Portfolioprozesse. Das heißt, ich hab ja zwar eine Führungsverantwortung, aber ich bin auch Geführter meines Chefs. Und mein Chef, mein Niederlassungsleiter in dem Fall, der beurteilt mich ja auch in meiner Führung. Also ist es immer irgendwo auch eine systemisch vorgegebene Reflexion, die ich aber immer als hilfreich empfunden hab. Es gibt drei Hauptkriterien, wonach man zur Reflexion gezwungen wird. Das ist das sogenannte „Management Haus", und das bezieht sich auf Managing Business, auf Leading People und Leading Yourself. Das heißt, als Führungskraft bei BMW werde ich auch immer danach bemessen, nicht nur wie ich jetzt Mitarbeiter führe, also Leading People, sondern wie ich mich auch selbst steuere. Also bei BMW ist es so, dass keiner in der Lage ist, wirklich erfolgreich zu sein, wenn er jetzt nur Managing Business im Auge hat, also nur fachlich erfolgreich zu sein, und wenn er aber nicht in der Lage ist, sein Team entsprechend zu steuern.

Fredmund Malik meint, dass Führungskompetenz erlernbar ist. Wie siehst du es?

Ich glaub nicht, dass man Führungskompetenz ausschließlich erlernen kann. Ich glaube, man braucht eine soziale Kompetenz. Man muss empathiefähig sein, man muss in der Lage sein, mit Menschen umzugehen. Das kann man nicht wirklich erlernen. Man kann sich natürlich sensibilisieren, man kann Techniken erlernen. Aber wenn ich ein Mensch bin, der vielleicht verliebt in seine fachliche Herausforderung ist, der am liebsten alleine als Wissenschaftler vor sich hinarbeitet, bin ich überzeugt, dass gerade aus so einem hervorragenden Fachmann nie eine wirklich hervorragende Führungskraft wird. Ich glaube, dass es nur bedingt erlernbar ist.

Was ist für dich Sinn und Ziel von Führung?

Also Führung soll in erster Linie eine Orientierung vermitteln. Sie soll Leitplanken aufzeigen, in denen sich der Mitarbeiter dann bewegen kann, also wie auf einer großen Straße bewegen kann. Dass er aber nicht links oder rechts vom Kurs abkommt. Und idealerweise spielt auch das Thema Vision eine Rolle. Wo geht's eigentlich hin?

Wie hast du Mitarbeiter motiviert? Was hast du für gute Erfahrungen gemacht, damit diese selber in die Verantwortung gehen, die berühmte Selbstverantwortung?

Kommunikation ist das A und O. Die Motivation der Mitarbeiter erfolgt über Kommunikation. Dazu haben wir Instrumente, da gibt's eben auch das sogenannte Leistungsbeurteilungsgespräch. Ich rede jetzt mal wirklich vom Mitarbeiter, der im Tarifbereich ist. In diesem Leistungsbeurteilungsgespräch habe ich ein Instrument für mich entwickelt, wo ich eben über Stärken spreche, eben stärkenorientierte Führung praktiziere. Da wird dann genau gesagt, dich nehmen wir so und so wahr an der und der Stelle und natürlich auch die Potenziale.

Führen heißt entscheiden. Welche Entscheidungen waren und sind herausfordernd?

Ich hatte schon mal eine Personalveränderung, wo eine Mitarbeiterin mit großer Energie ihr Thema begleitet hat und mit viel Herzblut herangegangen ist und das wirklich toll gemacht hat. Ich hab dann nur gemerkt, okay, die identifiziert sich zu stark mit dem Thema. Die hatte aber eigentlich eine Steuerungsfunktion und die ist da viel zu stark rein. Durch dieses Reingehen hat sie dann die Distanz zu ihrem Dienstleister verloren. Ich habe dann gemerkt, das muss ich auflösen. Das hat die Mitarbeiterin, obwohl es ihr dann auch eigentlich gutgetan hat, dass sie in eine neue Stelle gekommen ist, als eine Niederlage empfunden. Also da kann man auch nicht Everybody's Darling sein. Manchmal muss man auch Entscheidungen treffen, die vielleicht nicht immer so angenehm sind. Da muss man sich wirklich bewusst sein und das wird auch erwartet.

An welcher Stelle ist es wichtig zu kritisieren, zu konfrontieren?

Da war mal ein Kollege, der hat immer sein eigenes Ding gemacht. Der war auch auffallend oft krank, und es war schwierig, ihn einzubinden. Das gebe ich schon zu, wenn einer nicht wirklich mitzieht, das ist ein Problem. Das ist aber auch ein Problem, wenn er nur von der Kommunikation her sagt, er macht das so und so, und dann liefert er das doch nicht so ab. Das Instrument ist dann schon da, dass es in der Leistungsbeurteilung z. B. keine Prämie gibt und Ähnliches. Aber oft sind diese Instrumente ein bisschen wirkungslos, weil das Niveau dann halt schon oft hoch ist, das er erreicht hat, und es ihm eigentlich reicht. Und dann tust dich oft schwer, dich durchzusetzen. Dann geht es eher darum, ihn ein wenig zu isolieren, um zu gucken, dass er dir nicht das ganze Team versaut. Da ist es dann wiederum wichtig, dass man sich mit dem Chef austauscht und ihn und die Personalabteilung einbezieht.

Was hat sich verändert, als die Verantwortung zunahm im Laufe der Zeit. Gab es überhaupt als junge Führungskraft ein Thema Work-Life-Balance?

Na ja, ich hab immer gern gearbeitet. In Japan hatte ich z. B. auch schon mal eine 90-Stunden-Woche. Da habe ich dann mal ein „long range planning" aufgebaut, um eben für einen Vorstandstermin fit zu sein. Das waren Sachen, die waren schon klasse. Da war ich dann aber auch immer in einer Phase, wo ich privat eher unabhängiger war. Witzigerweise war es dann so, als ich Abteilungsteiler wurde, dass ich eigentlich weniger gearbeitet hab als in der Sturm-und-Drang-Phase, wo ich ausschließlich im Projekt unterwegs war. Das hat vielleicht auch damit zu tun gehabt, dass ich mich privat gesettelt habe als gestandener Abteilungsleiter und erst mit 45 Jahren meinen ersten Sohn bekommen habe und gemerkt habe, das ist für mich was Wichtiges. Das ist auch von meinem Umfeld und meiner damaligen Chefin immer als was sehr Wertvolles und Wichtiges anerkannt worden. Ich hab nie das Gefühl gehabt, dass ich da im Wettbewerb stand. Die Firma hat mich nie aufgefressen, wobei es für mich auch nie das Thema ist.

Ich habe mich bewusst oft abgegrenzt. Ich bin auch nicht zu jedem Meeting hingegangen, zu dem ich eingeladen worden bin. Oder ich lese auch nicht jede cc-Mail, die an mich geschickt ist. Ich habe aber auch im Urlaub – das hat meine Frau nicht immer so verstanden – meine Mails gelesen und war dann immer online, was mich aber nie wirklich belastet hat. Es gibt viele, die sagen, man sollte das nicht machen, weil man dann immerfort gedanklich bei der Firma ist. Dadurch dass ich meiner Aufgabe immer mit viel Freude nachgegangen bin, war es für mich nicht wirklich Stress. Vielleicht hab ich da auch viel Glück gehabt.

Was hast du getan, um dich auch in Phasen zu motivieren, wo es hoch herging?

Einmal im Jahr habe ich die Mitarbeiter der ganzen Abteilung, zwischen 18 und 23 Kollegen, zu mir an den Ammersee eingeladen. Das war für die ein Tag, an dem sie Überstunden abgefeiert haben, also das war Freizeit. Dann sind sie zu mir nach

Hause gekommen, wo es ein richtig schönes Frühstück im Garten gab, und dann sind wir einen Tag lang gewandert oder sind mit dem Boot gefahren und haben uns einfach ausgetauscht, aber auf einer menschlichen Art und Weise. Einmal habe ich sie eingeladen und wir sind nach dem Frühstück zum Dießener Münster gelaufen. Im Dießener Münster kannte ich den Chorleiter und hab's mit dem verabredet. Dann gab's ein Tagesseminar zum Thema Chorsingen. Wenn ich jetzt zu denen gesagt hätte, kommt nach Dießen und wir singen gemeinsam, dann hätte sich vielleicht die Hälfte krankgemeldet. Wir haben uns also „zufällig" mit dem Chorleiter auf der Orgelempore getroffen. Der hat da Orgel gespielt. Alle haben sie mit offenem Mund zugehört, weil er ein begnadeter Orgelspieler ist und das Münster eine sehr schöne Atmosphäre vermittelt hat. Dann hab ich ihn gefragt: „Franz was machst du hier? Hast jetzt mal ein bisschen Zeit, das ist ja toll." Dann hat uns der eingeladen, in den Übungsraum zu gehen. Plötzlich lagen alle am Boden und haben erst mal meditiert und ihren Atem gespürt, und keine halbe Stunde später sind alle im Raum rumgelaufen und haben zusammen gesungen. Dann haben wir also Kanons und als Team gesungen und Stücke einstudiert. Mit improvisierten Instrumenten haben wir musiziert. Und ich hab Monate später Rückmeldungen bekommen, wie toll das war, weil sich jeder mal anders gespürt hat und weil man in der Gemeinschaft ein Erlebnis hatte. Das hat uns alle motiviert. Das hat Spaß gemacht. Ich fand es auch immer toll, Dinge auszuprobieren. Und das hat mir wieder Freude gegeben. Das ist so ein positiver Kreislauf.

Was würdest du als Führungskraft ablehnen?

Ja, da habe ich mich in Japan immer schwergetan, das hab ich da beobachtet. Da war ich weniger die Führungskraft. Da gab's immer solche Morgenappelle, wo man zusammenkam und meinetwegen auch die Mannschaft so appellmäßig darauf eingeschworen hat. Also diese Appelle in die Menge bellen, das würde ich immer ablehnen. Das hab ich immer abgelehnt. Es gibt aber eben kulturelle Kontexte, wo das dann eher üblich ist. Das wäre jetzt nicht so meins.

Wer war für dich ein Vorbild als Führungskraft?

Das war dann schon die Birgit Breuel bei der EXPO, die eben auf einer höchsten Ebene politisch unglaublich viel bewegt hat. Und sie hat das auf eine einerseits sehr weibliche Art gemacht, indem sie die Leute herausgefordert hat, mal einen anderen Blickwinkel einzunehmen. Ich erinnere mich an Aufsichtsratssitzungen, wo wir Themen vorgestellt haben, die erst mal sehr kreativ und künstlerisch waren, und sie dann auch fragte: „Ja meine Herren, was löst das jetzt für Gefühle bei Ihnen aus?" Sie hat Leute wie den damaligen Ministerpräsidenten Gerhard Schröder oder den legendären Ex-Mercedes-Chef Helmut Werner aus der Reserve geholt. Sie war unglaublich verbindlich, aber auch trotzdem menschlich und zugänglich, obwohl sie da eine riesige Verantwortung hatte. Sie war schon die herausragendste Führungskraft, mit der ich zu tun hatte. Die hat mich dann auch sehr geprägt.

Du hast jetzt einen langen Rückblick auf die Arbeitswelt. Was ist im Rückblick anders geworden in der Arbeitswelt und der Gesellschaft?

Ich merke jetzt deutlicher dieses Quartalsdenken, dass man sehr stark guckt, welche Bilanzen im Quartal vorgelegt werden. Das prägt uns doch stärker, als es einem Unternehmen guttut. Also das finde ich auch schade. Auch wenn man jetzt nach der Finanzkrise im Jahr 2009 dann das vielleicht besser wissen sollte. Es hat sich ja eigentlich nichts geändert, eher im Gegenteil. Man muss so kurzfristig agieren. Ich glaube, es wäre nicht schlecht, wenn man da auch einen längeren Atem zeigen würde.

Was ist für die junge Generation heute anders? Wo siehst du heute die Herausforderungen für junge Führungskräfte?

Ja ich leb jetzt in einer Welt, die noch stark durch die analoge Welt geprägt ist. Sagen wir mal zwei Drittel analoge Welt und jetzt vielleicht so ein Drittel digitale Welt. Und ich erlebe an meinen Kindern, die jetzt ausschließlich in der digitalen Welt groß werden, einen ganz anderen Zugang zu Themen. Also ich mein einfach, die heutige junge Generation muss sich ihre eigenen Werte auf einer ganz neuen Basis, nämlich auf dieser Basis der digitalen Welt dann, entwickeln. Also für uns, für mich waren Neugierde und Lebendigkeit mit persönlichem Erleben verbunden. Also ich bin raus in die Welt und habe meine Reisen gemacht und hab mit den Menschen gesprochen. Jetzt läuft das alles virtuell. Dies befriedigt sehr stark die Sinne, aber auch in einer oberflächlichen Art und Weise halt. Die Herausforderung ist dann, wie ich in einer virtuellen Welt eine erfolgreiche und vorbildhafte Führungskraft bin. Darin sehe ich eine ganz große Herausforderung.

Zu guter Letzt: Was hat dir die Führungsrolle in deinem Leben gegeben?

Sie hat mir schon das Gefühl gegeben, ein sehr lebendiges Arbeitsleben zu führen. Ich glaub, die Lebendigkeit ist vielleicht das Entscheidende. Das möchte ich so in den Mittelpunkt rücken. Die Führungsrolle oder auch die Lebendigkeit hat dann auch dazu beigetragen, dass es für mich gar nicht so eine Trennung zwischen Arbeit und Privatem gibt. Ich lebe das eigentlich ganzheitlich. Also ich hatte da auch gar kein Problem damit, wenn es damals in einer Projektphase um irgendwelche Projekte ging und ich am Samstagmorgen dann unter der Dusche Ideen hatte und diese kurz aufgeschrieben hab. Dann hab ich mich am nächsten Tag schon gefreut, diese Ideen dann wieder mit den Kollegen zu diskutieren. Also das ist das Entscheidende gewesen. Dann auch dieses Thema Menschlichkeit, Beziehung und Humor und Lachen, das hat eine große Rolle gespielt. Das war sehr schön. Humor ist ein ganz entscheidender Faktor im Führungsalltag. Wenn man zusammen lachen und auch mal blödeln kann, ist das schon viel wert.

… und was war der Preis der Rolle?

Ich habe dafür keinen Preis zahlen müssen. Das ist eigentlich das Schöne. Ich glaube, das ist das schönste Geschenk, das ich überhaupt gehabt habe. Ich hab jetzt nichts, wo ich hingehen muss und sagen muss: „Okay, das war jetzt richtig negativ, da hab ich mich jetzt auch charakterlich schlecht verhalten oder so." Also ich habe keinen wirklichen Preis bezahlt.

... was würdest du eventuell anders machen?

Ja, ich würde mich vielleicht doch ein bisschen anders vorbereiten. Aber das ist auch schwer auf das Heute zu übertragen. Damals war ich halt einfach auch 25 oder 28 Jahre jünger, und da tue ich mich fast ein wenig schwer, einen Rat zu geben. Also ich glaub, so wirklich grundlegend würde ich nichts anders machen. Das ist eigentlich das Schöne, ich habe in meinem Leben viele Dinge erlebt. Auch mit Beziehungen, mit Beziehungen, die gescheitert sind, aber auch da würde ich nichts anders machen, weil es mich auch immer wieder weitergebracht hat.

... und eingedampft in wenigen Sätzen: Was empfiehlst du jungen Führungskräften?

Die Neugierde finde ich wichtig, aber auch die Beziehungsfähigkeit. Also Neugierde aufs Leben, auf die Zukunft, aber auch die Neugierde auf die anderen Menschen. Wenn man sich das bewahrt, dann hat man vielleicht auch gerade vor dem, was ich jetzt gesagt habe über die Herausforderung der Zukunft, dann hat man da auch eine gute Basis.

 Hotspot/Nachlese:

Welche Aussagen haben sich für mich bestätigt? Welche überrascht? Welche sehe ich anders?

Welche Entscheidungs- oder Verhaltensimpulse nehme ich aus diesem Interview mit?

Was ist die wertvollste Erfahrung von Albrecht Proebst, die ich für meinen Weg nutzen will?

9.8 Melanie Schillinger – Leitung Finanzen & Shared Services

Melanie Schillinger, Industriekauffrau

Führungserfahrung: seit 1998
Führungstiefe: 8–700 Mitarbeitende
Unternehmen: BMW Group, Alphabet Fuhrparkmanagement GmbH München

Was hat dich bewogen, Führungskraft zu werden, wie kam das?

Das war nicht bewusst. Es ist gekommen. Ich war immer jemand, die gerne Verantwortung übernommen hat. Warum? Ich will gestalten und verändern. Mein Chef sah das und bot mir deshalb die Führungsaufgabe an und ich antwortete: „Das mache ich." Ich war 24 Jahre alt.

Wie nahmst du deine erste Führungsrolle ein? Wie waren die ersten Wochen und Monate? Wurdest du vom Unternehmen darauf vorbereitet?

Mit sehr viel Engagement, Ehrgeiz und Motivation. Ich wurde von meinem damaligen Chef begleitet. Ich möchte aber behaupten, das gab es damals im Allgemeinen nicht. Ein Mentor, wie es sie heute gibt, hätte mir den Weg sicherlich erleichtert. Einfach war es nicht, denn ich kam aus dem Team, und es gab schon einige Erfahrenere, die damit innerlich gekämpft haben. Es gab auch einige darunter, die diesen Job für sich beansprucht hätten. Das habe ich gar nicht gemerkt, weil ich so motiviert war. Irgendwann fiel es mir dann auf. Ich suchte das Gespräch. Ein älterer Mitarbeiter war so ehrlich und sagte mir, was ihn bewegt. Ich sagte ihm auch ganz ehrlich: „Ich bin auf das Angebot vom Chef eingegangen, und es macht mir Spaß. Die Situation, dass ich jetzt deine Chefin sein werde, wird sich nicht ändern." Nach einigen Gesprächen haben wir dann eine gute Lösung für uns beide gefunden.

Welche Herausforderungen gab es in den ersten Jahren? In welche Fettnäpfe bist du getreten? Was würdest du als No-Go für eine junge Führungskraft in der ersten Zeit nennen?

Jede Situation war neu. Aber die größte Herausforderung war, dass ich jung war, erst drei Jahre im Unternehmen, nun als Führungskraft das Sagen hatte und eine Frau bin – ich hatte die Vorurteile auf meiner Seite und war mir dessen noch nicht mal bewusst. Frage mich besser, welchen Fettnapf ich nicht mitgenommen habe. Das größte No-Go ist meines Erachtens, unreflektiert das zu tun, was andere einem als gute Ratschläge mitgeben. Am Anfang war es auch eine Herausforderung, zu hören: „Muss ich mir das jetzt von einer Frau sagen lassen?" Das ist jetzt 20 Jahre her. Das war schon „spannend".

Welche Vorstellung hattest du davon, wie Führung funktioniert?

Da hatte ich keine Vorstellung. Es war reine Intuition. Ich dachte, es ist der Chef, der sagt, wo es langgeht, und der Chef kann frei entscheiden – weit gefehlt. Irgendwie gibt es immer einen Chef vom Chef. Und wenn es am Ende der Kunde ist, der sagt, wo es langgeht.

Woher wusstest du, ob du „führungstauglich" bist?

Ich wusste es nicht, weil ich mich nicht damit beschäftigt hatte. Damals hätte ich sicher gesagt, ich nehme Verantwortung an, ich will große Ziele erreichen und die Unternehmenskultur wie auch das Unternehmen mit gestalten, ich kann auf Menschen eingehen, ich nehme Menschen gerne mit auf die Reise der Veränderung. Ich glaube, dass es das auch heute noch in groben Zügen ist, was man zur Führungskraft braucht. Doch in großen Konzernen habe ich gelernt, dass unter anderem das Netzwerk entscheidend sein kann.

Welche Kompetenzen braucht eine Führungskraft unbedingt – und welche gerade am Anfang?

Dafür braucht man die Kompetenz, komplexe Sachverhalte zu analysieren, strukturieren und vermitteln zu können. Die Fähigkeit, das „Ungewöhnliche" zuzulassen, Zielstrebigkeit für die Umsetzung und Einfühlungsvermögen, um die Menschen mitzunehmen. Nicht nur mitzunehmen, sondern auch gut zuhören zu können und die Menschen an den richtigen Stellen einzusetzen. Sprich dort, wo jeder seine Fähigkeiten am besten einbringen kann. Vor allem aber auch sich selbst treu zu bleiben. Wichtig ist dabei die Fähigkeit, das eigene Handeln zu reflektieren. Der Blick aus der Helikopterperspektive hilft dabei. Das ist glaub ich das Allerwichtigste.

Was war verführerisch als junge Führungskraft?

Sehr verführerisch war, sich in den Strudel der anderen Kollegen ziehen zu lassen, die eine ähnliche Stufe erreicht haben, und sich an deren Weg zu orientieren. Nicht alles, was nach außen glänzt, ist Gold. Es ist viel wichtiger, sich zu fragen: „Was ist mein Weg?" Man muss den Mut haben, sich von Themen der anderen zu lösen und sich gegen den Strom zu stellen. Manchmal habe ich mich schon gefragt: „Bin ich nun der Geisterfahrer oder die anderen?" Je öfter ich mit meinem Team mit anderen Wegen hervorragende Ergebnisse erzielte, umso sicherer war ich mir, es ist der richtige Weg.

Was war Planung, was war Fügung? Ist Karriere planbar?

Dass man Führungskraft wird oder ist, hat man in den Genen oder man hat es nicht. Geplant habe ich das nicht. Rückblickend denke ich, dass Karriere zu Teilen planbar ist, und damit geht der Weg nach oben auch schneller. In den Großkonzernen ist das Bilden von Netzwerken frühzeitig wichtig. Aber Achtung, wer zu verbissen auf etwas hinarbeitet, ist nicht mehr gut, da er nicht er selbst ist. Das habe ich zu oft gesehen. Dem bin ich nicht erlegen, aber dafür hatte ich auch den ein oder anderen langen Stopp in meiner Karriere. Aber ich war mir immer treu und kann morgens in den Spiegel schauen. Und vor allem geht es mir gut dabei. Eine junge Führungskraft sollte sich immer den nächsten Schritt überlegen und dort ihr Netzwerk bilden.

Welche Rolle spielte im Laufe der Zeit das Fachwissen? Inwieweit ist Fachwissen wichtig, um als Führungskraft in einer Abteilung zu agieren?

Ich war der Meinung, ich muss inhaltlich selbst mein bester Mitarbeiter sein. Weit gefehlt. Das war am Anfang wichtig, als ich aus dem Team kam, weil ich meine ehemaligen Kollegen damit begeistern konnte. Je höher man aber steigt oder als Quereinsteiger in eine Abteilung kommt, sollte man eine solide Basis haben. Wenn ich vom Inhalt keine Ahnung habe und auch nicht den Anspruch habe, zumindest die Dinge zu verstehen, wird es bei der Akzeptanz bei den Mitarbeitern schwierig. Vom Thema Entscheidungen treffen ganz zu schweigen. Der gesunde Menschenverstand und die bis dahin erworbene Erfahrung helfen sehr, aber auch das Vertrauen in die Mitarbeiter. Relevant ist ganz klar der strategische Weitblick. Wenn ich meine Laufbahn anschaue, sehe ich, dass ich nicht in allen Funktionen das tiefste Fachwissen hatte. Ich habe Industriekauffrau gelernt, war dann in der Bank für die Kundenbetreuung im Anlagebereich verantwortlich, habe IT-Projekte geleitet, danach ein Projekt zur Bankenregulatorik und jetzt bin ich in der BMW Welt. Wie kann da das Fachwissen so tief sein, dass ich mein bester Mitarbeiter bin? Das geht nicht und soll es auch nicht.

Junge Frauen fragten mich, ob die Führungsrolle nicht im Widerspruch zur Weiblichkeit steht, weil sie oft weibliche Führungskräfte erleben, die kühl und verbissen wie Männer auftreten. Was empfiehlst du jungen weiblichen Führungskräften?

Ich musste mit einigen Vorurteilen umgehen. Bei manchen Themen habe ich gar nicht verstanden, warum die Männer so reagierten, wie sie reagierten. Im Nachgang ist mir das bewusster. Da wird sich unsere Gesellschaft noch weiter ändern müssen. Das Rollenbild war früher stärker ausgeprägt. Gezeigt hat sich das an

Kommentaren, wenn ich widersprochen habe: „Jetzt sind's mal nicht so zickig." Da antwortete ich: „Beim Mann hieße es Durchsetzungsstärke und bei mir heißt es zickig." Vielleicht war mein Vorteil, dass ich immer schon das gesagt habe, was ich denke. Heute weiß ich, dass damals die Männer mit der „neuen" Situation zu Teilen überfordert waren. Und viele Frauen haben sich angepasst, um überhaupt in einer Männerwelt zu bestehen.

Was wir nicht verlieren dürfen als Frauen, ist, unseren Charme einzusetzen. Wir dürfen ihn sehr wohldosiert im Berufsleben einsetzen. Ebenso unsere „andere" Sozialkompetenz und besonders die Empathie. Das ist die Weiblichkeit, die verloren gehen kann, wenn man meint, man muss als Frau „seinen Mann stehen".

Genau deshalb brauchen wir wirklich Frauen in Führungspositionen. Ich glaube an den Mehrwert von Diversity, aber nur, wenn es echt ist. Dies funktioniert nur, wenn die sogenannte kritische Masse erreicht wird. Andernfalls bleibt es bei einer männlichen Führungskultur. Erst wenn mehr wirkliche Frauen in Führungspositionen sind, wird sich auch an der Kultur und damit an den Ergebnissen etwas ändern.

Auf was sollte nun am Anfang eine junge weibliche Führungskraft konkret achten?

Einer der einfachsten Punkte auch wenn es sich vermutlich komisch anhört: Auf die Kleidung achten. Ernsthaft, wenn eine junge Frau sich zu chic kleidet, dann meinen etliche Herren, man möchte nur über das Äußere brillieren. Dieses Vorurteil kann man sich sparen. Ich umgehe das mittlerweile durch eine blickdichte Strumpfhose, keine kurzen Röcke oder als Ersatz einen Hosenanzug. Die Reaktion der Männer ist dann eine andere. Ansonsten gilt es, viel auf Rhetorik und Körpersprache zu achten, und zwar auf die eigene und die der Gesprächspartner. Dass die Damen in ihren Funktionen super sind, setze ich voraus.

Hier schließt sich die oft gestellte Frage für weibliche Führungskräfte an: Geht es überhaupt, Familie und Beruf zu vereinen?

Für mich ging es nicht, und das ist bis heute so. Ich hatte einen Chef, der sagte: „Der Tag sollte aus 8/8/8 bestehen. Acht Stunden Schlaf, acht Stunden Freizeit, acht Stunden Arbeit." Das ist ein hehrer Ansatz, den ich leider nie schaffe. Solange mein Mann genauso viel arbeitet, ist immer alles gut. Sobald er weniger Arbeit hat, sollte ich auch da sein und mit ihm Freizeit haben. Da kommt es dann durchaus auch zu Konflikten. Als die Verantwortung zunahm, hat sich nicht viel verändert, außer, dass ich zu Hause weniger erzählt habe. Wäre es mit einem Kind gegangen? Das ist meiner Meinung nach eine Frage der inneren Einstellung/Haltung. Wenn ich etwas tue, dann möchte ich es richtig tun. Ich war immer der Meinung, wenn ich Kinder habe, dann möchte ich für die Kinder da sein und sie aufwachsen sehen. Das wäre mit meinem Beruf oder vielmehr mit meiner inneren Haltung nicht gegangen. Mein Mann und ich haben uns dagegen entschieden.

Bei BMW haben wir weibliche Führungskräfte auf der oberen Ebene mit drei Kindern. Es funktioniert! Bei einer Kollegin ist der Ehemann zu Hause, oder es sind Nannis da. Die Kinder sind glücklich, sie haben Spaß miteinander.

Ich habe manches früher belächelt. Jetzt, nachdem ich viel gesehen habe, weiß ich, wie wichtig genug Kita-Plätze sind. Das soll nicht heißen, dass man die Karriere der Frau darauf reduzieren kann. Aber gute Betreuung erleichtert den Zwiespalt zwischen Familie und Beruf zumindest etwas.

Welche Wirkung hatte die Führungsrolle auf Beziehungen im Freundeskreis oder auf Hobbys. Was war der Preis des gerne Arbeitens?

Der Preis des gerne Arbeitens ist, dass ich sehr häufig meine Freunde vernachlässige. Mittlerweile habe ich noch wenige Freunde, dafür sind es wirkliche Freunde. Einen Ausgleich verschaffe ich mir über Yoga und über unser Hobby Oldtimer, die mein Mann hegt und pflegt. Ich genieße es, wenn wir damit Ausfahrten machen. Keine großartige Hilfstechnik in so einem Wagen Baujahr 1964 zu haben, ist eine Herausforderung. Da muss man noch richtig Autofahren können. Wir fahren immer ohne Navigationssystem, nur mit Karte, das macht viel Spaß und Freude.

Wann begannst du, dich in deiner Führungsrolle zu reflektieren? Was war der Anlass? Was hat dir dabei geholfen?

Als ich merkte, dass ich gerne die schwierigen Aufgaben lösen durfte, aber andere die Lorbeeren erhalten haben. Da war ich 27 Jahre, also drei Jahre nach Übernahme der Führungsverantwortung. Lange Zeit habe ich sehr mit mir, mit meiner Situation und der Welt gehadert. Ich war dann auf TETA bei Jürgen Lohr aus Hamburg. In dem Seminar geht es um Folgendes: Nur wer sich selbst führen kann, kann andere führen. Bei dem Seminar ist mir das erste Mal sehr bewusst geworden, dass ich immer selbst dafür verantwortlich bin, was ich tue und wie ich damit umgehe. Dabei geht man auch über eine eigene persönliche rote Linie. Andere lächeln darüber wahrscheinlich, aber für mich war und ist es ein bleibendes Erlebnis. Nur ich selbst habe meine Situation in der Hand. Frei nach dem Motto: „Like it – change it – leave it."

Wie reflektierst du heute? Fredmund Malik meint, dass Führungskompetenz erlernbar ist. Wie siehst du es im Rückblick? War die Karriere planbar oder gab es auch Fügungen? Ist Karriere überhaupt planbar?

Ist es wirklich Fügung wenn du die richtigen Menschen triffst, die dir weiterhelfen, oder ist es eine Folge deiner eigenen Handlungen? Ich denke, man kann Führungspersönlichkeiten formen und weiterentwickeln. Dazu gehört für mich ganz viel Herz, der Wille, Verantwortung zu übernehmen, Veränderungen herbeizuführen, und vor allem Werte, die ich vermitteln will. Das hat man oder man hat es nicht. Den Umgang mit Menschen, den kann man sehr wohl lernen, und da habe ich sehr viel gelernt. Führungskompetenz ist ausbaubar. Wer die Fähigkeit nicht besitzt, kann es aber nicht erlernen. Es gibt hochintelligente Menschen, die jedoch keinerlei Verantwortung übernehmen wollen. Leadership ohne die oben genannten Voraussetzungen geht nicht. Ich habe hier auch ganz bewusst das Wort Leadership verwendet. Leadership heißt für mich, die Menschen folgen dir ohne Weisung. Am meisten freut mich, wenn ein Mitarbeiter in einer anderen Konstellation wieder in mein Team kommt, oder Aussagen wie: „Mit dir würde ich gerne wieder arbeiten."

Braucht eine Führungskraft in der Kundenbetreuung oder im Finanzbereich eventuell spezifische Kompetenzen?

Ich denke, jede Branche braucht spezielle Kompetenzen. Unabhängig von den jeweiligen Fachkompetenzen sind gerade im Kundenbetreuungsbereich Empathie, Freude am Umgang mit Menschen und Konfliktfähigkeit wichtig. Ohne diese Fähigkeiten wird die Aufgabe nie in Fleisch und Blut übergehen.

Wie motivierst du Mitarbeiter nachhaltig – wie förderst du die berühmte Selbstverantwortung?

Vertrauen, fordern und fördern und Verantwortung übertragen. Aufgaben übertragen, welche sie noch nie gemacht haben, dabei mit Rat und Tat zur Seite stehen. Aber sie trotzdem selber machen lassen. Und manchmal muss man den Mitarbeiter auch die „schmerzlichen" Erfahrungen selber machen lassen. Ich gebe ihnen eine Bühne, auf der sie zeigen können, was sie können/erreicht haben. Ich bin ein Mensch, der über Vertrauen agiert. Das ist einer meiner wichtigsten Werte. Und ich denke, das motiviert die Mitarbeiter durchaus auch.

Wie hältst du es mit Loben und Kritisieren: Wann unbedingt, wann nicht?

Viel zu wenig, echt bayrisch: Nicht geschimpft ist gelobt genug. Ich weiß, das Loben ist eine meiner Schwächen. Als Führungskraft sollte man z. B. unbedingt loben, wenn jemand an etwas nicht geglaubt hat, es trotzdem probiert und es funktioniert hat. Wenn viel persönlicher Einsatz des Mitarbeiters dabei war. Es ist ganz normal, dass jeder für einen besonderen Einsatz einen Dank erhalten möchte. Zu inflationär sollte man jedoch nicht mit dem Lob umgehen, Kritik ist ebenfalls wichtig und nützlich, solange die Feedbackregeln eingehalten werden. Kritisches Feedback hilft mir, zu reflektieren, eröffnet mir neue Denkweisen, zeigt mir die Wertschätzung des Feedbackgebers (warum würde er sich sonst die Zeit nehmen?), und es liegt an mir persönlich, zu entscheiden, ob und wie ich das Feedback annehme. Besser kann ich doch nicht dazulernen, oder?

Wie konntest du Mitarbeitern den Umgang mit Veränderungen erleichtern und sie auch für kritische Aufgaben motivieren?

Veränderung ist sehr mannigfaltig, und ein gewisser Anteil an Mitarbeitern wird Veränderung immer negativ empfinden. Ich versuche es über Transparenz. Wobei darauf zu achten ist, zu welchem Zeitpunkt die Transparenz erzeugt wird. Ist es zu früh, verliert man leicht die Mitarbeiter, ist es zu spät, kommt Misstrauen auf. Vor allem ist der richtige Zeitpunkt der Einbindung für jeden Mitarbeiter anders. Ich denke, dass ich Menschen auf die Reise mitnehmen kann und für Dinge begeistern kann. Ich hatte ein Projekt, bei dem viele Kollegen sagten: „Dafür wirst du keine Projektmitarbeiter finden." Oh doch – ich bin bis heute der Meinung, ich hatte die Besten der Besten. Wie hat es funktioniert? Ich habe jedem das übergeordnete Ziel erklärt, was seine Rolle und Verantwortung in dem Projekt sind, und ich war ehrlich. Ehrlich in Bezug auf die Herausforderungen, die vor uns lagen, und auch in Bezug auf die Erfolgsaussichten.

Du musst entscheiden – welche Highlights und Lowlights hast du erlebt?

Einige Highlights: Ich durfte für mein Team den Q-Award Deutschland und Europa für Kundenzufriedenheit entgegennehmen, bei meinem Abschied aus der Kundenbetreuung die Reaktionen meiner Mitarbeiter, die Genehmigung des Projekts Greenfield. Und ganz viele andere Dinge.

Einige Lowlights: das Einstellen eines Projekts aufgrund von Politik und nicht aufgrund von Inhalt. Aber auch das gehört dazu. Menschlich war es der Tod einer sehr jungen Mitarbeiterin. Das hat mich schwer getroffen. Es zeigt, wie vergänglich das Leben ist, und dass wir nie wissen, wann es passieren kann.

Was hast du getan, um von deinen Führungskräften zu lernen?

Beobachten, zuhören und fragen. Was hat funktioniert, was nicht und warum? Auch habe ich hinterfragt, warum das ein oder andere genau so erfolgt ist und nicht anders.

Was haben diese getan?

An dieser Stelle ein Danke an meine Führungskräfte. Sie haben mich teilhaben lassen an ihren Erfahrungen – bewusst oder unbewusst. Jeder muss seinen eigenen Weg gehen, aber trotzdem kann ich an den Erfahrungen der anderen partizipieren.

Was ist für dich Sinn und Ziel von Führung?

Klarheit schaffen, Verantwortung übernehmen, Wertschätzung geben, Menschen entwickeln, Ziele erreichen und übertreffen.

Dein Führungsstil in drei Adjektiven?

Offen, ehrlich, wertschätzend, dürfen es auch vier sein? Dann „fordernd".

Das Besondere an deiner Art, zu führen? Wenn ich deine Mitarbeiter fragen würde, was würden die sagen?

Ich tippe auf: „Sie lebt es vor!" Ich erwarte nichts von meinen Mitarbeitern, was ich selbst nicht bereit bin, zu tun. Ich habe immer ein offenes Ohr, egal ob es ein berufliches oder privates Problem ist. Mein Kalender ist zwar sehr voll, aber wenn mir ein Mitarbeiter ein Zeichen gibt, dass er mich braucht, dann finden wir eine Lösung. Und ich lasse meinen Mitarbeitern Freiraum, um selbst zu gestalten.

Was hast du als Führungskraft abgelehnt, zu tun, und würdest du auch heute immer wieder ablehnen?

Das gab es bisher nicht. Ich habe einmal eine Fehlentscheidung/-einschätzung selbst getroffen und habe sie dann revidiert. Ich würde etwas ablehnen, wenn etwas gefordert wird, was nicht mit meinen persönlichen Werten zu vereinbaren ist.

Wen hättest du gerne als Mentor gehabt?

Wenn ich ohne Einschränkungen wählen dürfte, dann Barack Obama. Er stand vor ganz vielen Herausforderungen. Er hat mit Sicherheit nicht alles im Leben richtig gemacht, aber er ist eine Persönlichkeit, die viel bewegt hat und dabei eine Nation bewegte.

Was ist rückblickend ganz anders geworden in der Arbeitswelt und Gesellschaft, als du gedacht hast?

In der Arbeitswelt: Digitalisierung und Standardisierung in allem, auch bei den Führungskräften. Es sind nur noch wenige Charaktere zu finden. Und manchmal habe ich auch das Gefühl, sie sind nicht gefragt. Gerade bei den Herausforderungen der VUKA-Welt und wie sie alle heißen wären meines Erachtens jedoch genau die unterschiedlichsten Charaktere sehr hilfreich, um die „alten" und „neuen" Welten zu verbinden.

In der Gesellschaft: Die Spanne zwischen Reich und Arm geht weiter auf. Die Zuwanderung hat sich anderes ausgestaltet, aber auch unser Umgang damit. Die folgenden Generationen werden noch große Herausforderungen erleben.

Inwieweit merkst du eventuell Unterschiede bei der sogenannten Generation Y, die nun ansteht, in die Führungsrollen zu gehen?

Die Generation Y weist nicht mehr diese Loyalität zu einem Unternehmen auf. Sie tun, was ihnen Spaß macht, ohne groß über die Konsequenzen nachzudenken. Heute der Arbeitgeber morgen ein anderer. Arbeitszeiten sollen an den privaten Wünschen ausgerichtet sein. Eine Kollegin sagte einmal sehr provokant: „Jetzt kommt die Generation, die beklatscht werden will, wenn sie eigenständig den Weg zur Kantine gefunden hat." Ich weiß, das ist sehr schwarz-weiß, aber nur so erkennt man, was ich meine. Ich denke, dass die Generation X nicht weiter bestehen kann, aber dass die Generation Y auch nicht wirklich die Zukunft in der Führung ist. Zumindest noch nicht jetzt. Die Arbeitswelten sind geprägt durch die Generation X und vorherige, welche um vieles sehr hart kämpfen mussten. Die Generation Y musste in vielen Fällen um nichts mehr kämpfen und hat daher eine komplett andere Erwartungshaltung.

Was hat dir die Rolle Führungskraft gegeben?

Gestalterische Freiheit, Verbindung zu Menschen, Erfahrungen und Erfolge.

Wie hat sie zur Erfüllung deines Lebens beigetragen?

Da Wertschätzung einer meiner Werte ist, habe ich durch die Rolle als Führungskraft diese auch zurückbekommen. Das trägt zur Erfüllung bei, z. B. wenn ich in dem Buch, welches ich zum Abschied aus der Bank bekommen habe, schmökere.

Was kannst du hinterlassen?

Menschen, die ich entwickelt habe, Projekte, die umgesetzt sind, Veränderungen, welche das Unternehmen und die Kultur geprägt haben.

Was hat dir diese Rolle abverlangt? Was war der Preis für die Führungsrolle?

Geduld!

Der Preis war bei mir sicherlich auch, keine eigenen Kinder zu haben, aber ich habe drei tolle Leasing-Kinder, meine Nichten. Und ich darf an ihrem Leben teilhaben.

Was würdest du genau wieder so machen wie früher? Was würdest du anders machen?

Alles und nichts. Da meine Führung sehr intuitiv ist, würde ich den Großteil wieder genauso machen. Sprich: Höre auf Herz und Verstand, aber lerne schneller das politische Spiel. Es gab so viele Momente, bei denen ich dachte, es liegt an der Sache bzw. am Inhalt, und es war reine Politik. Da hätte ich viel Energie sparen können.

Was ist heute für die jungen Führungskräfte ganz anders als früher? Wo siehst du die Herausforderungen für die heutigen jungen Führungskräfte?

Die Schnelllebigkeit der Dinge. Früher konnten wir noch reinwachsen, heute geht es von null auf 100, und die Veränderung ist ständig präsent.

Was willst du in wenigen Worten – eingedampft und fokussiert – jungen Führungskräften empfehlen, um diese Rolle gut leben zu können?

Lerne, dich selbst zu führen, dann kannst du andere führen. Bleibe dir immer selbst treu und gehe deinen eigenen Weg. Ansonsten halte ich es wie Antoine de Saint-Exupéry: *„Wenn du ein Schiff bauen willst, dann trommle nicht Männer zusammen, um Holz zu beschaffen, Aufgaben zu vergeben und die Arbeit einzuteilen, sondern lehre die Männer die Sehnsucht nach dem weiten, endlosen Meer."*

Hotspot/Nachlese:

Welche Aussagen haben sich für mich bestätigt? Welche überrascht? Welche sehe ich anders?

Welche Entscheidungs- oder Verhaltensimpulse nehme ich aus diesem Interview mit?

Was ist die wertvollste Erfahrung von Melanie Schillinger, die ich für meinen Weg nutzen will?

9.9 Dieter Tremp – Leitung Verlag und Messewesen

Dieter Tremp, Diplom-Wirtschaftsingenieur

Führungserfahrung: 10 Jahre bis 2001
Führungstiefe: bis 50 Mitarbeitende
Unternehmen: MFI Sports Group, San Francisco

Wie bist du zur Rolle Führungskraft gekommen?

Hier in Amerika sind die Definitionen etwas flüssiger, außer vielleicht bei den riesigen multinationalen Konzernen, die eher an steife Bürokratie erinnern. Mit dem Verlagswesen als Karrierewahl war mein erster Job als ein Koordinator in der Produktionsabteilung für Zeitschriften ein gutes Beispiel der „Führung von hinten". Ohne eigentliche Entscheidungsmacht mussten wir da trotzdem die verschiedenen Bereiche lenken und zusammenfügen. Mit einer Beförderung zum Supervisor der Gruppe wurde ich dann über Nacht direkter Vorgesetzter meiner eben noch gleichgestellten Kollegen. Das war natürlich potenziell ganz haarig. Seniorität hilft da –

d. h., wenn man einen Kollegen ohnehin schon als erfahrener und vielleicht auch fähiger ansieht, ist es oft leichter, ihn dann auch als Vorgesetzten zu akzeptieren. Hier in Amerika gibt es kaum Arbeitsplatzsicherheit, und daher wechseln Leute auch ständig den Job. Deshalb ist es auch nicht ganz so erdrückend, wenn man plötzlich einen neuen Chef hat, den man nicht respektiert, oder wenn man sauer ist, weil man nicht selbst befördert worden ist. Da sucht man sich dann halt was Neues und kommt vielleicht sogar nach ein oder zwei Diagonalsprüngen vor dem ehemaligen Vorgesetzten an. Meine größere Führungsrolle bekam ich dann in derselben Medienfirma nach genau solchen Sprüngen. Die Firmenleitung traute meinen Fähigkeiten anscheinend genug, um mich zum Verleger und Messeleiter in unserer Sportgruppe zu befördern. Da war ich dann auf einen Schlag Chef einer Gruppe von knapp 50 Kollegen mit voller P&L-Verantwortung (profit and loss). Das war Mitte der 90er-Jahre, und ich musste für die neue Rolle von San Francisco nach Laguna Beach in Südkalifornien ziehen.

Was hat dich motiviert, die Führungsrollen anzunehmen? Welche Vorstellung von Führung hattest du – und dann noch in einem anderen Land?

Geld! Mit einer beträchtlichen Änderung des Einkommens konnte ich natürlich auch erwarten, dass mir die neue Stelle später weitere Türen öffnen würde. Das war wirklich meine Motivation, denn ob ich in der neuen Rolle erfolgreich werden würde, wusste ich natürlich noch nicht. Der Reiz einer neuen Herausforderung spielte auch eine Rolle. Immerhin war ich ohnehin auf Abenteuer aus – sonst hätte ich ja nicht nach dem Studium Deutschland mit nur einem Rucksack verlassen. Auch hatte ich kurz nach meiner ersten Beförderung in der Produktionsabteilung, die ich vorhin erwähnte, den gleichen Rucksack neu gepackt und auf Weltenbummler umgesattelt. Nach eineinhalb Jahren Reise um die Welt kam ich dann in die gleiche Firma zurück und hatte Glück, dass mir kurz darauf ein eigenes Projekt anvertraut wurde. Ich sollte für die gut 2.000 Angestellten ein Weiterbildungsprogramm erschaffen. Wie Führung funktioniert, hatte ich also auf der gesamten Bandbreite unserer Firma gesehen und erlebt. Dabei gefiel mir dieser Führungsstil persönlich sehr. Ich denke, das ist besonders wichtig für dein Thema hier, denn wenn man den erwarteten Führungsstil in einer Firmenkultur nicht mag und nicht „so ein Chef" sein will, muss man sich den Karriereschritt natürlich sehr stark überlegen. Bei der Recherche eines neuen Jobs in einer neuen Firma würde ich diesen wichtigen Teil der Firmenkultur sehr genau analysieren. Mit Bezug auf deine Frage über das Ausland siehst du vielleicht schon ganz deutlich, dass die lockereren Strukturen in Amerika meinen Hoffnungen, Ansprüchen und Fähigkeiten sehr entgegenkamen. Da wusste ich zwar noch nichts über US-Firmenkulturen, als ich in den Flieger stieg, aber die grundsätzliche Bereitschaft zur Flexibilität und Akzeptanz, einen Menschen sich selbst beschreiben zu lassen, ist vor allem in San Francisco und Kalifornien sehr offensichtlich.

In welche Fettnäpfe bist du am Anfang getreten? Was würdest du heute anders machen?

Am schwierigsten war die persönliche und soziale Rolle. Bis zu meiner neuen Rolle als Chef stellten viele meiner Kollegen auch meinen Freundeskreis. Nicht nur wechselte ich dann von Nord- nach Südkalifornien und damit fort von meinen Freunden, sondern ich konnte auch nicht auf den neuen Kollegenkreis als Freundesquelle zählen. Ein großer Fehler wäre, darauf dennoch zu hoffen. Ich war zudem damals auch alleinstehend und wollte auf alle Fälle jede mögliche falsche Interpretierung von Avancen vermeiden. Am Anfang litt ich also vor allem unter Einsamkeit. Dies ist übrigens eine herrliche Gelegenheit, noch mehr endlose Stunden spät abends allein im Büro zu verbringen. Gute persönliche Beziehungen mit Kollegen sind ein heikles Umfeld, das man genau im Auge behalten muss. Klingt banal – ist es aber nicht. Meine Empfehlungen sind:

- Nur in Gruppen mit Angestellten losziehen, wenn überhaupt.
- Distanz bewahren, ohne Vertrauen zu beeinträchtigen.
- Den Kollegen immer erst Vertrauen zeigen, bevor man kritisiert.
- Nicht die Führungsrolle mit Führungsqualifikation verwechseln.
- Fehler nie vertuschen, sondern gestehen und um Hilfe bitten, wenn nötig.

Woher wusstest du, dass du „führungstauglich" bist? Welche Kompetenzen braucht eine Führungskraft unbedingt – und welche gerade am Anfang?

So wie ich den Begriff „Führungskraft" in Deutschland verstehe, müsste ich dies hier in Amerika eher enger als „People Manager" und „Staff Supervisor" übersetzen. Dabei ist natürlich oft die enge Verbindung von Projektleitung mit voller Verantwortung als Vorgesetzter anderer Kollegen schwer zu trennen. Denn mit der personellen Verantwortung kommt ja auch meist die Verantwortung für die Gesamtleistung der Kollegen in der Abteilung. Im Idealfall ist man als Führungskraft nicht nur in der Lage, Menschen gut zu führen, sondern auch fähig, alle Mitarbeiter zusammen zum Firmenerfolg zu führen – wie auch immer sich dieser definiert. Fachidioten ohne Menschenkenntnis sind daher als Führungskraft ebenso ungeeignet wie einfühlsame Chefs mit Riesenlücken im Fachwissen oder ständigen Fehlern beim Koordinieren der Einzelleistungen. Um als Führungskraft akzeptiert zu werden, muss genug Fähigkeit in beiden Bereichen vorhanden sein. Und in meinen Augen ist Voraussetzung für Erfolg eben dieses Akzeptiertsein. Das muss man sich verdienen. Und zum Glück kann man das auch lernen, wenn man zum Lernen bereit ist. Daher ist vor allem wichtig, dass man von Anfang an bescheiden auftritt und die Kollegen nicht als völlig untergeordnet behandelt, denn um akzeptiert zu werden, muss der Chef auch außerhalb der Arbeitszeit als Person akzeptiert werden. Nur weil man Verkaufschef ist, heißt das noch lange nicht, dass man jedem Verkäufer immer und in allem überlegen ist. Zu dieser Bereitschaft, die untergeordneten Kollegen voll zu akzeptieren, gehören daher natürlich dann vor allem die

Fähigkeit und der Willen, sie zu verstehen, inklusive ihrer Motivationen. Der Führungsstil muss daher flexibel genug sein, jeden so führen zu können, wie er geführt werden möchte. Und schließlich glaube ich, dass es kaum bessere Motivatoren gibt, seinen Chef zu akzeptieren und ihm folgen zu wollen, als diesen als harten Arbeiter sehen zu können. Wirklich erfolgreiches „Leadership" kommt nun mal nicht per Edikt von oben, sondern als Preisverleihung von unten. So idealistisch dies auch klingen mag, ich sehe kaum eine bessere Gelegenheit für Idealismus als in der Führung von Mitarbeitern.

Wie waren die ersten Wochen und Monate? Was empfiehlst du jungen Führungskräften?

Hm, da muss ich unterscheiden zwischen den beiden Situationen, die ich vorhin erwähnte: die erste Rolle als Supervisor früherer Kollegen und die zweite Rolle als „grüner" Chef-Neuling mit mehr heißer Luft als echter Kompetenz als Motor. Ich denke, in der ersten Rolle hatten meine Chefs gesehen, dass ich vielleicht ohnehin schon eine gewisse inoffizielle Führungsposition unter Gleichgestellten einnahm. Das war auch relativ leicht in meinem gehobenen Alter und mit dem Vorsprung an Erfahrung in dem engen Bereich der Druckproduktion und Grafik. Ich bin übrigens immer noch mit vielen meiner Kollegen und „Unterstellten" aus diesen Jahren befreundet. Schwieriger waren die ersten Monate in meiner Rolle als frischgebackener Verleger und Messechef. Da konnte ich auf keinen Fall davon ausgehen, dass meine neuen Mitarbeiter mein „Anrecht" auf Führung einfach so akzeptieren würden. Das war nicht nur mir deutlich, und so war ich froh, dass meine Vorgesetzte in der Chefetage mir einen guten Startschuss gab ... und mich danach ganz fröhlich den wilden Tieren vorwarf. So ist das nun mal in Amerika ... „Sink or swim!" Ich denke, jeder von uns weiß erst wirklich, wo er arbeitet, wenn man zum ersten Mal einen heiklen Ausrutscher hat. Und der kommt – garantiert. Daher denke ich, am besten ist es, davon auszugehen, dass du demnächst fachlich baden gehst, und die Einzigen, die dir aus dem Loch helfen können, sind die Mitarbeiter unter dir. Also, übe von Anfang an „humility" (Bescheidenheit/Demut), erkenne die Fähigkeiten des Teams an und stelle NIEMALS deren persönliche Erfolge als deine eigenen Lorbeeren dar. Natürlich ist es häufig so – und so war es auch für mich –, dass man Probleme erbt und dass die Verbesserungen von dir „von ganz oben" erwartet werden. Ich habe sogar erlebt, dass am Anfang gleich deutlich wurde, dass man Stellen kürzen oder bestimmte Kollegen rausschmeißen sollte. Das ist hart, aber man muss in jedem Falle dies nur unterstützen, nachdem man sich eine eigene Meinung gebildet hat. Das ist nicht nur fair, sondern auch von großer Wichtigkeit, denn man muss ja auch immer an den „Tag danach" denken, wenn Arbeit und Kooperation weitergehen müssen mit Kollegen, die die Entscheidungen verstehen und akzeptieren konnten.

Du hast einiges schon erwähnt. Was ist dir explizit am Anfang gut gelungen? Was war da dein bewusster Beitrag dabei?

Ich glaube, meine Mitarbeiter hatten anerkannt, dass ich von ihnen lernen wollte, bevor ich ein Recht auf Kritik oder drastische Maßnahmen überhaupt hatte. Irgendwann muss man natürlich auch hoffen, dass man tatsächlich geeignet ist als Führungskraft. Das klingt dann zwar vielleicht arrogant, aber wie gesagt, irgendwann muss man halt zeigen, dass man fähig ist und dass man diese Fähigkeit für das Wohl des Teams und der Firma einsetzen wird. Und – das klingt immer so altmodisch, ist aber wahr – hart und intensiv zu arbeiten ist wichtig und wird anerkannt. Das war auch Grundlage, um den Kollegen zu helfen. Wenn also ein Mitarbeiter mit einem Anliegen ins Büro kam, war mir immer wichtig, dieses Anliegen sofort zu bearbeiten – auch wenn das bedeutete, dass ich damit meinen eigenen Feierabend weit herauszögern würde. Und im ähnlichen Sinne noch ein Tipp: Wenn ein Mitarbeiter eine Spesenrechnung zur Unterschrift einreichte, war mir das sofort und prinzipiell wichtiger als vielleicht die Quartalsbudgets, auf die die Konzernführung drängelte. Da muss man einfach sehen, wo man seine Prioritäten hat.

Was ist verführerisch gewesen als junge Führungskraft?

Verführerisch – und da müssen wir halt ehrlich sein – war die neue Business Card mit dem Titel. Schrecklich, aber wahr. Titel zählen so viel – vielleicht nicht in der Firma selbst, aber sicher bei den Eltern und im Freundeskreis. Endlich mit dem Titel „Manager" aufwarten zu können, hilft bei vielen bürofernen Zielen. Ich denke, vor allem in Deutschland und ähnlich strukturierten Gesellschaften zählen Titel halt immer noch weitaus mehr, als sie sollten. Nimm nur die – aus amerikanischer Sicht fast perverse – Angst vor dem Wort „Verkauf". Alle denken da gleich an Gebrauchtwagen oder Ähnliches. „Kundenakquise" ist die neueste peinliche Umgehung der Wahrheit. Abends in der Szenebar hilft der Begriff „Marketing" offenbar weiterhin mehr als der Begriff „Verkauf". Hier im eher ehrlichen Amerika ist Marketing zwar mit kreativen Fähigkeiten in Verbindung gesetzt, aber die Taler kommen rein durch den Verkauf und werden dementsprechend auch wieder verteilt. Ein Sales Manager verdient so locker das Doppelte von einem Marketing Manager. Gut so.

Zurück zur Frage: Natürlich sind neue Aufgaben – und vor allem ein breiteres Spektrum der Anforderungen – eine tolle Herausforderung. Vor allem, wenn man im ursprünglichen Bereich des engen Fachwissens bestimmte Grenzen erreicht hat, kann man so statt vertikal endlich auch horizontal wachsen. Vielfältigkeit muss dabei natürlich auch einen persönlichen Reiz haben. Ich kann verstehen, wenn man diese Breite nicht mag. Und wenn das bei einem deiner Seminarteilnehmer besonders stark ausgeprägt ist, ist ohne Zweifel der beste Rat: die Beförderung abwinken. Aber im Schnitt denke ich, man sollte sich nicht selbst als so eng definieren. Neue Herausforderungen sind gleichzeitig bedrohlich und anreizend. Mut, junger Freund ...

Wann hast du begonnen, über deine Führungsrolle nachzudenken, diese zu reflektieren?

Viele meiner Kieler Freunde und Bekannten würden mich – und das ist dir natürlich mittlerweile auch bewusst – als „Schnacker" (norddeutsche Bezeichnung für Vielredner) bezeichnen. Kann ich verstehen, aber selbst „Schnacker" können Denker sein. Und so hatte ich von Anfang an viel Gelegenheit zur Reflexion genutzt. Da, wie gesagt, hier in Amerika auch keinerlei echte Arbeitsplatzsicherheit besteht, ist es ohnehin äußerst nützlich, sich ständig mit dem Status der Dinge zu beschäftigen. Meine intensivste Herausforderung zur Reflexion kam dabei während einer extremen Krise. Am Tag vor der Eröffnung meiner bis dahin größten Messe vernichtete ein Wirbelsturm zwei temporäre Hallen und forderte einen Toten und viele Verletzte. Lange Geschichte kurz: Ich musste Entscheidungen treffen, die dann vom Team und dem Markt auch getragen werden mussten. Ich hatte Glück und wählte intuitiv wohl den richtigen Prozess: erst mal zuhören, dann den Entscheidungsprozess klar definieren und anerkennen lassen, dann alle Ideen und Emotionen der Kollegen anhören und schließlich die Entscheidung darauf basierend – aber alleine in der Führungsposition – treffen.

Was ist für dich Sinn und Ziel von Führung?

In Kooperation mit fair verteilten Befugnissen einer Gruppe von Mitarbeitern zum erfolgreichen Erreichen gemeinsamer Ziele zu verhelfen.

Fredmund Malik meint, dass Führungskompetenz erlernbar ist. Wie siehst du es im Rückblick? War die Karriere planbar oder gab es auch Fügungen?

Sicher ist diese Kompetenz erlernbar – in gewissen Grenzen. Jeder kann schwimmen lernen, aber d. h. nicht, dass jeder ein Michael Phelps ist. Seine eigenen Grenzen zu ertasten und anzuerkennen ist nützlich und wichtig. Die meisten von uns kochen halt nur mit Wasser, und da hilft es überhaupt nicht, sich hinter Titel oder Pseudomacht zu verstecken. Zu führen ist eine Aufgabe wie jede andere, nur eben etwas schwerer zu definieren. In der Ausbildung oder an der Uni kann so was nur theoretisch nachvollzogen, aber nicht wirklich gelehrt werden. Wie beim Kinder-Großziehen oder beim Schlichten von Familienunruhen muss man eine gute Balance zwischen Intuition, Lernbereitschaft und den richtigen Lehrern finden. Da hat Malik für seine Aussage keine große Denkleistung vollbringen müssen, aber ich denke, dass deine Frage implizit beinhaltet, dass es tatsächlich Leute gibt, die Lernbarkeit der Führung abstreiten. Traurig. „Das schaffe ich nie!" klingt wie ich in Sachen mit Links beim Tennis aufzuschlagen. Schwierig, aber mit genug Motivation sicher nicht unmöglich. Asse werden dabei natürlich wohl nicht rauskommen, aber immerhin kann man lernen, den Aufschlag übers Netz zu bringen.

Ist Karriere planbar? Nein, gewiss nicht im absoluten Begriff. Aber die Richtung der Karriere ist planbar. Man muss dabei halt wissen, in welche Richtung man arbeitet, und dann vorbereitet sein auf Gelegenheiten. In der Statistik hatten wir das damals als „Heuristik" bezeichnet, das „relativ beste Resultat", wenn auch vielleicht nicht das eine Optimum.

Welche Rolle spielte im Laufe der Zeit das Fachwissen? Gab es Angst, inhaltlich abgehängt zu werden? Welches Wissen war mit der Zeit als Führungskraft relevant?

Das Schöne an einer Karriere ist, dass „Fachwissen" an sich immer weniger zählt, je höher man trudelt, sondern dass viele graduell andere Fähigkeiten und Anforderungen in den Vordergrund treten. Schön ist das halt, weil Fachwissen selbst ständig umdefiniert wird und man zwangsläufig irgendwann abgehängt wird. Ich habe anfangs in Kiel auch EDV studiert, und jetzt kann mir meine neunjährige Tochter das iPhone erklären, wenn ich mal wieder ratlos bin. Wenn man also nicht unbedingt eine extrem enge Karriere im Dauerschlaf haben möchte, muss man halt damit rechnen können und wollen, irgendwann etwas Neues im weiteren Umfeld dazuzulernen. Mein Onkel in Oldenburg war damals Norddeutschlands erfolgreichster Händler für Olivetti-Schreibmaschinen gewesen ... Ob über Schreibmaschine oder iCloud – der Bedarf guter Führung wird niemals veralten. Und wir alle sind froh, wenn wir gut geführt werden. Mut zur Lücke – rein in die Fortbildung!

Wie hast du es mit Loben und Kritisieren gehalten?

Hm, das wirkt jetzt eher wie eine Frage an neue Eltern. Die einfachste und kürzeste Antwort ist unter Erwachsenen „Ehrlichkeit". Leeres Lob ist dabei genauso übel wie ungerechter Tadel. Den Begriff „Kritik" würde ich da lieber rauslassen, denn für mich ist dieser nicht negativ oder positiv, sondern bedeutet eine intellektuelle Auseinandersetzung mit Fakten. Frag mal Immanuel Kant.

Wie konntest du die Arbeit mit der Familie und deiner Freizeit verbinden?

Schlüssel ist in jedem Falle in meiner Erfahrung, die beiden Bereiche nicht getrennt zu behandeln, nicht so zu tun, als wäre man selbst zwei völlig unabhängige Personen. Wenn man diesen schizophrenen Fehler macht, kann es nicht ausbleiben, dass man den einen Bereich als Invasion in den anderen empfindet, dass man mit sich selbst ständig in einem Konkurrenzkampf für Zeit und emotionalen Fokus steckt. Wenn man dann vielleicht sogar noch neben „Dieter, dem Manager", „Dieter, dem Mann/Vater/Freund" auch noch „Dieter, den Fußballspieler, der gerne jeden Sonntag mit seinen Kumpels im Klub verbringt" hinzufügt, dann kann man mentale Stabilität natürlich in der Pfeife rauchen. Nicht jeder Manager muss längere Stunden arbeiten, aber oft ist die Realität natürlich so – vor allem, wenn Geschäftsreisen anfallen. Während Zeit messbar bleibt, ist in meiner Erfahrung die emotionale Überschneidung weitaus gewichtiger. Hier muss man sich seiner eigenen Persönlichkeit besonders bewusst sein. Das ist unerhört wichtig, denn den wenigsten gelingt es, irgendwo einfach einen Schalter umzulegen, wenn man von privaten auf berufliche Umfelder wechselt – und andersrum.

Deine Frage ist insofern ja auch schon etwas vorbelastet, denn es klingt so, als wäre der potenzielle Effekt einer Beförderung implizit immer problematisch und daher negativ für das Privatleben. Wenn man aber die Möglichkeit eines erfüllten Berufslebens erhofft, ist der Einfluss von intensiv befriedigenden acht, neun, zehn Stunden auf der Arbeit sehr positiv auf das Leben zu Hause. Haben wir alle als Kinder nicht lieber zufriedene, ausgefüllte Eltern gehabt? Andersrum ist es ja auch so, dass negative oder positive Umstände zu Hause oder frustrierende oder glückliche Fußballspiele die Leistung im Büro direkt beeinflussen. Falls ich Angst vor der Beförderung habe, bin ich also wirklich glücklicher mit weniger Verantwortung, weniger Geld, weniger Herausforderung und mehr Monotonie? Daher also meine Empfehlung, als Gesamtmensch in jedem Bereich positive Wirkungen zu suchen. Man hat nur ein Leben, und Angst ist in meinen Augen keine gute Richtlinie für ein glückliches Leben.

Was ist das Besondere an deinem Führungsstil? Was würden deine Mitarbeiter sagen?

Sympathischer Typ, der ernsthaft versuchte, mich und meine Ziele zu verstehen; harter Arbeiter, der nicht mehr von uns als von sich verlangte; guter Denker, der auch viel von außerhalb unserer Welt einbrachte; machte Spaß mit ihm und unter ihm – und Geld hat er mir dabei auch verschafft.

Was würdest du als Führungskraft ablehnen?

Lügen.

Mentoring ist aktuell ein Thema in Unternehmen. Hattest du einen Mentor?

Oh, Boy – ich hätte einen Mentor so gerne neben mir gehabt. Während ich wenig direkte Firmenunterstützung hatte, hatte ich allerdings mehrere freundliche Seelen in Bereichen und anderen Firmen, die ich anrufen konnte – sozusagen als Mentoring-Gruppe. Dabei denke ich, dass man seine eigenen Entscheidungen treffen muss, aber diese Mentoren helfen vor allem als „Sounding Board". Ich denke also, die Beziehung zum Mentor sollte nicht kindlich sein: „Papa, was soll ich machen?", sondern erwachsener: „Mein Freund, ich will das Folgende machen. Was hältst du davon?" Dies sind zwei völlig unterschiedliche Ansätze.

Was hat dir die Führungsrolle in deinem Leben gegeben? Was hinterlässt du mit dieser Rolle?

Geld, Spaß, Erfüllung, Gelegenheit zur Kreativität und zum Lernen

… und was war der Preis der Rolle?

Viel Zeit, viel Arbeit, manchmal etwas Einsamkeit

Was ist heute für die jungen Führungskräfte ganz anders als früher? Wo siehst du die Herausforderungen für die heutigen jungen Führungskräfte?

Technologie ändert sich und die Welt so schnell, dass niemand lange auf dem Zenit des technischen Wissens bleiben kann. Der Chef, der glaubt, alles besser zu wissen, und der sich in alle Detailentscheidungen einmischt, ist heute noch lachhafter und erfolgloser als zu langsameren Zeiten.

… und eingedampft in wenigen Sätzen: Was empfiehlst du jungen Führungskräften?

Sei du selbst, arbeite hart, sei immer ehrlich, respektiere deine Kollegen, Kunden, Zulieferer. Trenne nicht Arbeit vom Rest des Lebens, sondern suche die Harmonie, die dich in allem wachsen lassen kann. Denke mit, und denke nicht nur an dich. Arbeite nur dort, wo das auch möglich ist. Amen (lacht!).

 Hotspot/Nachlese:

Welche Aussagen haben sich für mich bestätigt? Welche überrascht? Welche sehe ich anders?

Welche Entscheidungs- oder Verhaltensimpulse nehme ich aus diesem Interview mit?

Was ist die wertvollste Erfahrung von Dieter Tremp, die ich für meinen Weg nutzen will?

9.10 Gabriele Zange – Leitung Personal

Gabriele Zange, Diplom-Kauffrau

Führungserfahrung: 27 Jahre seit 1990
Führungstiefe: 5–10 Mitarbeitende
Unternehmen: ABB Nürnberg und Elektrotechnische Apparate GmbH Altdorf bei Nürnberg

Was hat Sie denn bewogen, in jungen Jahren Führungskraft zu werden? War Ihnen bewusst, was auf Sie zukommt?

Also bei mir war das so, ich wollte nie Führungskraft werden. Das war aber nichts Bewusstes, sondern ich hab mir nie dazu Gedanken gemacht. Ich kann mich zumindest nicht erinnern, ob ich mir im Studium oder danach bei meiner ersten Stelle dazu schon Gedanken gemacht habe. Das Angebot war dann für mich ziemlich überraschend. Als ich im siebten Monat schwanger war, wurde ich gefragt, ob ich die Personalleitung übernehmen möchte. Zu dem Zeitpunkt habe ich überhaupt nicht damit gerechnet. Die Entscheidung war dann auch ziemlich schwierig für mich. Das hat mich damals überfordert: Schwanger zu sein, nicht zu wissen, wie das mit dem ersten Kind weitergeht, und gleichzeitig mit der Frage konfrontiert zu werden, ob ich die Personalleitung übernehme. Ich war da gerade 28 Jahre alt. Ich hab auch überhaupt nicht damit gerechnet, dass die sich mich mit diesem Alter für diese Stelle überhaupt vorstellen können. Deswegen kann ich ganz klar sagen, dass ich nicht geplant habe, Führungskraft zu werden.

Woher wussten Sie, dass Sie „führungstauglich" sind? Haben Sie sich darauf irgendwie vorbereitet?

Ich wusste nicht, dass ich führungstauglich bin. In der Zwischenzeit denke ich, dass ich führungstauglich bin, mit Schwächen und Stärken, aber ich glaube, ich habe etwas in mir, was mich zu einer Führungskraft macht. Direkt vorbereitet hab ich mich auf die Rolle nicht. Es waren auch ganz viele Ängste da im Hinblick, wie ich beides schaffen kann, die Verantwortung für das neugeborene Kind und für die neue Position zu tragen. Das hat mir ziemlich viel Angst gemacht.

Wie waren die ersten Wochen und Monate? Wie ging es Ihnen mit der Angst? Wie wurden Sie unterstützt? Was empfehlen Sie einer jungen Führungskraft?

Die ersten Wochen und Monate waren heftig. Das lag aber weniger an der Firma. Ich bin da gut unterstützt worden. Das Heftige war, wirklich beides hinzubekommen. Es hat für mich bedeutet, dass ich neun Wochen nach der Geburt wieder reingegangen bin und die neue Stelle angetreten habe. Das Heftige war, dass ich an mich sehr große Anforderungen gestellt habe. Im Sinne von: „Jetzt hast du die Stelle als Personalleiterin, da musst du dich beweisen." Und gleichzeitig die Anforderung an mich: „Du hast das Kind und willst eine super gute Mutter sein." Ich hatte mir vorgenommen, mein Kind neun Monate zu stillen. Ich sagte mir: „Ich bekomme das alles auf die Reihe." Es war dann so, dass ich gearbeitet habe und mich in den Pausen einsperrte, um Milch abzupumpen. Ich wollte beides gleichzeitig auf die Reihe bekommen. Dieser Anspruch an mich selbst, überall perfekt zu sein, war schwierig. Heute denke ich, nach neun Wochen wieder reinzugehen, wenn man gerade ein Kind bekommen hat, das würde ich nicht mehr machen. Die Firma hätte auch 18 Wochen auf mich gewartet. Sich so vom Perfektionismus und von der Angst antreiben zu lassen war nicht so gut.

Was war für Sie verführerisch, nun Führungskraft zu sein?

Hm. Gefahr? Verführerisch? Vielleicht denken Sie da eher an die Macht. Da war ich ziemlich davor gefeit vor diesem Stolz oder der Einbildung, nun Führungskraft zu sein. Das war gar nicht mein Thema. Ich war zwar stolz, dass man es mir zutraute, das hat mich geehrt. Aber ich bin nie in so etwas verfallen, dass ich das nach außen irgendjemanden hab spüren lassen oder mich erhoben hätte über jemanden.

Gibt es ein absolutes No-Go für die erste Zeit als junge Führungskraft?

Also ein No-Go ist ganz bestimmt, wenn man es sich heraushängen lässt. Das wird von ehemaligen Kollegen oder auch von anderen Mitarbeitern nie gutgeheißen. Für mich wäre noch eine Gefahr, wenn man den Antreiber in sich hat, beliebt zu sein. Das ist schon eine Falle, wenn der zu stark ist, denn als Führungskraft kann man nicht überall beliebt sein, das geht einfach nicht. Das ist etwas, wo ich Zeit gebraucht habe, mich zu entwickeln, und es ist auch heute noch nicht ganz weg.

Eine Führungskraft braucht die Fähigkeit der Selbstreflexion. Wann begannen Sie, über Ihre Rolle bewusster nachzudenken?

Das ist ganz schwer zu sagen, wann ich als Führungskraft mehr reflektiert hab. Ich weiß, wann ich als Mensch mehr begonnen hab, zu reflektieren, und wahrscheinlich war der Zeitpunkt der gleiche. Als Mensch habe ich circa im Alter von 32/33 begonnen, mehr über mich zu reflektieren. Da gab's auch Auslöser dafür, eine Ehekrise, eine Krankheit. Aus den persönlichen Krisen heraus hab ich begonnen, mehr über mich zu reflektieren. Aber ich würde nicht sagen, ich habe als Führungskraft begonnen, zu reflektieren, sondern ich begann, als Mensch zu reflektieren. Ich finde, das kann man gar nicht trennen. Es ist extrem wichtig. Zu der Überzeugung bin ich in der Zwischenzeit gelangt: „Um eine gute Führungskraft sein zu können, muss man reflektiert sein. Man muss!"

Ist die Führungskarriere planbar oder ist auch Fügung dabei?

Für mich ist viel Fügung dabei, was jetzt aber nicht heißt, dass man überhaupt nichts tun kann. Ich finde es schon wichtig, sich immer wieder Anregungen zu holen. Dazu gehört für mich, Seminare zu besuchen, Coaching zu machen, sich auszutauschen mit anderen Kollegen, in Netzwerken zu sein, zu reflektieren, was es bedeutet, zu führen, mit Menschen umzugehen, was heißt Entwicklung von Menschen? Das ist für mich ganz wichtig und da kann man etwas tun.

Ist für Sie Führungskompetenz zu 100 % erlernbar?

Also ich glaube, es gibt charismatische Führungskräfte. Das sind charismatische Menschen, die schon ziemlich bald eine gewisse Würde in sich haben oder ein gewisses Selbstverständnis, sich selbst kennen. Ich glaube schon, dass es Menschen gibt, die da früher dran sind oder mehr mitbekommen haben. Ich glaube aber auch, dass man Führung lernen kann, weil ich daran glaube, dass Menschen sich entwickeln können. Führung ist nicht einfach, also das wäre jetzt gelogen. Skeptisch bin ich, wenn ich in der Firma merke, dass eine Führungskraft am Anfang ganz euphorisch ist. Dann kommen die ersten Alltagserlebnisse für diese Führungskraft, das sind so gut wie nie fachliche Probleme, sondern zwischenmenschliche Probleme, und dann wird es plötzlich sehr fordernd.

Inwieweit braucht die junge Führungskraft Fachwissen, um damit die Führungsrolle einnehmen zu können? Braucht sie es, um damit „brillieren" zu können?

Also ganz klar, mir hat das Fachwissen gerade am Anfang sehr geholfen. Bei dem Wort „brillieren" wäre ich sehr vorsichtig. Brillieren würde ich nicht damit, aber eine gewisse Professionalität in einem Bereich zu haben gibt natürlich auch ein gewisses Standing. Das heißt mitreden können und damit auch die Mitarbeiter ernst nehmen können. Auch heute habe ich noch einen sehr guten Überblick über das gesamte Gebiet, das ich verantworte. Bei vielen Dingen kann ich schon noch mitreden. Aber im Laufe der letzten Jahre habe ich viel mehr an Mitarbeiter abgegeben. Das ist auch eine Frage des Vertrauens. Wie viel trau ich meinen Mitarbeitern zu? Das hängt natürlich auch von den Mitarbeitern ab. Es ist differenziert. Es ist wichtig, den Mitarbeitern zu vertrauen, und deshalb bin ich heute bei Weitem nicht mehr so tief in dem Fachlichen drin und kann auch gut damit leben. Ich kann auch gut für mich anerkennen, dass ich nicht mehr überall in der Tiefe drin sein muss. Aber den Anspruch, mitreden zu können, den habe ich auch noch nach vielen Jahren.

Sie mussten als neue Führungskraft Ihren ehemaligen Kollegen, nun Mitarbeitern, nun auch kritische Dinge sagen und auch loben. Was waren Ihre Erfahrungen?

Da muss ich mich ein bisschen in die Situationen reindenken. Also ich bin jemand, der auch lobt. Ich denke aber, das könnte ich noch öfter machen. Die Franken sind da angeblich eher sparsam. Ich erinnere mich an einen Ausspruch von einer Mitarbeiterin, die gesagt hat, da kommt genügend. Vielleicht sehe ich mich da schlechter, als ich bin. Nun zum Thema Kritisieren. Ich bin jetzt niemand, der ad hoc seinen Unmut an den Leuten rauslässt. Ich bin aber schon jemand, der die Dinge anspricht, wenn etwas für mich nicht in Ordnung ist. Ich bereite mich – das ist wichtig für mich – auf die Mitarbeitergespräche innerlich vor. Ich mache mir auch Notizen dazu. Es ist wichtig, sich im Laufe der Zeit, im Laufe des Jahres Gedanken und Notizen zu machen. Wenn dann Gespräche anstehen, bei denen es um Loben und Kritisieren geht, dann stell ich mich innerlich auf den Menschen ein. Das ist für mich ein Rezept, das ich schon relativ lang anwende. Ich kann mich auch an kritische Gespräche mit Mitarbeitern erinnern, die bestimmt schon 20 Jahre zurückliegen. Da habe ich es auch schon so gemacht, dass ich vorher in mein Inneres geh – das klingt jetzt vielleicht abgehoben oder schwer nachvollziehbar –, aber ich versuche immer, einen „Kontakt" mit diesem Menschen herzustellen. Und zwar so, dass ich mich auf diesen Menschen positiv einstimme. Ich denke an seine Stärken als Mitarbeiter und vor allen Dingen als Mensch. Wenn ich mit der Haltung in Gespräche gegangen bin, habe ich es bisher fast immer geschafft, Gespräche zu führen, nach denen die Mitarbeiter rausgegangen sind, alles Notwendige gesagt war und sie meine Meinung sowie notwendige Verbesserungen kannten. Aber es ist mein Ziel, dass die Mitarbeiter mit einem positiven Gefühl aus dem Gespräch gehen, gerade auch nach Kritikgesprächen. Und das gelingt mir, glaube ich, auch sehr oft. Ich denke, das hängt mit der positiven Einstimmung auf das Gespräch zusammen.

Wie konnten Sie Mitarbeiter motivieren, insbesondere auch in Veränderungsprozessen?

Wichtig ist es, Sicherheit zu geben. Ich denke gerade auch an Mitarbeiter, die eher unsicher, eher weniger motiviert für Veränderungen sind, die Angst vor Veränderungen haben. Da ist es aus meiner Sicht ganz wichtig, im Gespräch zu bleiben, auch wenn es noch so stressig ist. Es ist nicht immer leicht, wenn man selbst unter Zeitdruck ist, dann dranzubleiben. Ich merke aber immer wieder, dass es entscheidend hilft, wenn ich mir die Zeit nehme, diese Mitarbeiter anspreche und sage: „Frau/Herr soundso, wie geht's Ihnen gerade? Ich spüre, dass irgendetwas nicht stimmt"; dann lass ich nicht locker und verliere mich nicht in Gemeinplätzen: „Ja passt schon." Ich frage nach: „Nein, ich spür was, ich sehe was, irgendwas passt nicht." Wenn ich nicht lockerlasse, kommt fast immer etwas zurück. Zum Beispiel: „Ich pack es nicht mehr." Dann habe ich die Möglichkeit, Sicherheit zu geben. Das kommt vielleicht aus meiner Einstellung, die im Laufe der Zeit gewachsen ist, dass

Arbeit nicht alles im Leben ist, obwohl ich meine Arbeit sehr ernst nehme und einen professionellen Job machen möchte. Aber ich mag den Mitarbeitern dann auch Ängste nehmen können. Da geht's einfach um die Zeit und um die Qualität des Zuhörens. Oft genügt es schon, wenn sie einfach mal reden können, wenn die Angst auf dem Tisch ist und wenn ich dann sage: „Ja, ich weiß, es ist viel, aber das ist jetzt dieses Projekt, das wird auch wieder anders, wir schaffen das schon."

Wie ging es Ihnen bei kritischen Entscheidungen?

Kritische Entscheidungen musste ich im Personalwesen viele treffen, weil ich das Pech hatte, sehr viel mit Entlassungen zu tun zu haben. Das sind sicher Lowlights. Bei Entlassungen ist es mir wichtig, zu wissen, dass diese Entlassungen nicht rein aus Gründen der Gewinnmaximierung beschlossen werden, sondern dass sie notwendig sind, weil es der Firma schlecht geht und es deshalb getan werden muss. Wenn das so war, hatte ich auch die Kraft, es zu tun. Mir fällt noch etwas ein zu den kritischen Entscheidungen. Aus meiner Erfahrung heraus ist es so, dass man sich vorher quält und sich fragt: „Kann ich diese kritische Entscheidung jetzt treffen?" Dabei ist es mir aber ganz oft passiert, dass diese Entscheidung dann im Nachhinein in der Organisation oftmals positiv gesehen wurde. In dem Sinne: „Puh, endlich!" Zum Beispiel gibt es oft Mitarbeiter, die werden jahrelang mitgezogen, und es hat keiner den Mut, zu sagen, dass es nicht mehr passt. Dies hat aber eine Wirkung auf alle Mitarbeiter. Wenn man dann die Entscheidung endlich trifft, einzugreifen, kommt oftmals ein Aufatmen: „Endlich hat jemand den Mut, diese kritische Entscheidung zu treffen." Ich möchte junge Führungskräfte dazu ermutigen, kritische Entscheidungen, die relevant fürs System sind, zu treffen.

Wie ging es Ihnen am Anfang mit den wesentlich älteren Mitarbeitern?

Am Anfang war ich die Jüngste und hatte nur ältere Mitarbeiter. Das ist schon schwierig. Für mich war wichtig, die älteren Mitarbeiter wirklich wertzuschätzen und anzuerkennen. Ich finde es nicht generell wichtig, dass junge Leute alten Menschen wertschätzend gegenübertreten müssen, denn es gibt auch alte Menschen, für die habe ich keine Wertschätzung. Normalerweise finde ich es aber wichtig, älteren Menschen den Respekt zu zollen. Sie haben einfach mehr Lebenserfahrung. Was man oft als junger Mensch noch gar nicht nachvollziehen kann. Wenn ich diese Wertschätzung wirklich in mir empfinde, dann brauche ich gar nicht viel tun, die älteren Mitarbeiter werden es spüren.

Nur auf Jugend zu setzen finde ich ebenso falsch wie nur auf Ältere zu setzen. Es muss immer eine Mischung sein. Es geht nicht darum, die Älteren wegen Fehlern in der Vergangenheit abzukanzeln. So möchte ich Menschen nicht behandeln. Ich habe die älteren Mitarbeiter immer anerkannt. Es steht uns nicht zu, über vergangene Zeiten zu urteilen, denn wir können diese nicht beurteilen, wenn wir nicht dabei waren. Damals hatte man einen anderen Blick auf Dinge wie wir heute, und das ist normal. Diese Einstellung hat mir geholfen, ältere und erfahrene Mitarbeiter wertzuschätzen.

Was konnten Sie von Ihren ersten Führungskräften lernen?

Also wie gesagt, ich hatte Glück mit meinen Führungskräften. Ich war gut im Kontakt mit ihnen. Ich finde, es ist wichtig, wirklich im Kontakt mit seinen Führungskräften zu sein und eng über fachliche Dinge oder auch Menschliches sprechen zu können. Es fällt mir noch etwas ein, das ich von meinen Vorgesetzten lernen konnte. Ich hatte immer Männer als Führungskraft, ich möchte das jetzt nicht pauschalieren, aber aus meiner Erfahrung heraus glaube ich, dass Frauen häufiger Probleme mit Minderwertigkeit haben. Meine Führungskräfte haben mir oft Kraft gegeben und mich zum Eigenmarketing ermutigt. Frauen sagt man gerne nach, dass sie zwar fleißig und professionell sind, sich dann aber nicht gut genug verkaufen. Das war bei mir auch so. Ich habe gar nicht daran gedacht, mich zu verkaufen. Mir widerstrebt es auch heute noch, alles nur nach außen zu verkaufen. Darum geht's für mich nicht, das finde ich nicht richtig. Dennoch ist es wichtig, das, was man gut macht, auch zu zeigen. Das mache ich heute viel besser und selbstverständlicher.

Hätten Sie gerne einen Mentor gehabt als junge Führungskraft?

Als ich damals Führungskraft wurde, gab es dieses System in der Wirtschaft noch nicht, obwohl das Mentoring an sich ja nichts Neues ist. Es kam langsam das Coaching auf. Ich würde jeder jungen Führungskraft empfehlen, einen Mentor zu haben. Ich hatte einen Mentor in einigen meiner Führungskräfte.

Was haben Sie bisher als Führungskraft abgelehnt und würden es auch weiter ablehnen?

Ich würde immer wieder ablehnen, politisch zu sein und Menschen schlecht zu behandeln. Wenn ich z. B. den Auftrag bekäme, auf ganz harte und unmenschliche Art und Weise Menschen zu entlassen mit irgendwelchen Lügen – das würde ich nicht tun.

Wie hat sich für Sie die Arbeitswelt verändert? Was bedeutet es für eine junge Führungskraft?

Also wir hatten damals auch schon Stress oder haben es jedenfalls so empfunden. Wenn ich heute das Personalwesen mit der Personalabteilung von damals vergleiche, dann ist die Vielschichtigkeit aber extrem gestiegen. Wir haben es heute mit einer großen Komplexität zu tun. Da ist es als Führungskraft wichtig, für sich persönlich und bei den Mitarbeitern die Balance zu halten, damit die Belastung nicht zu groß wird. Wenn ich vor 20 oder 30 Jahren in einem Managementkreis erwähnt hätte, dass ich auf mein Bauchgefühl höre, dann wäre ich ausgelacht und nicht ernst genommen worden. Heutzutage ist es zumindest in dem Unternehmen, in dem ich arbeite, erlaubt, über sein Bauchgefühl zu reden, und es wird ernst genommen. Wie oben schon erwähnt gibt es spannende Entwicklungen, wie Unternehmen in der Zukunft aussehen könnten. Menschenwürdiger, mit viel Spaß und Sinn verbunden. Ich hoffe, diese Entwicklungen können sich durchsetzen. Die

Chance ist, dass Führung zunehmend ganzheitlicher wahrgenommen wird. Es ist möglich, nicht nur auf das Management zu schauen, sondern auch auf „Leadership". Darunter verstehe ich, dass nicht mehr nur reine betriebswirtschaftliche Fakten zählen, sondern auch weichere Themen immer wichtiger werden. Das ist auch für Führungskräfte die Chance, sich als Mensch ganzheitlicher einbringen zu können.

Der Generation Y sagt man nach, dass sie mehr auf die Balance von Beruf und Freizeit schaut. Wie haben Sie diese Balance bekommen?

Die Balance hatte ich immer wieder mal verloren. Ich habe auch heute noch ein schlechtes Gewissen, dass ich die Arbeit oft vor meine Kinder gestellt habe. Das würde ich heute wahrscheinlich anders machen. Ich habe jedoch kein schlechtes Gewissen, bei vier Kindern überhaupt gearbeitet zu haben, das würde ich wieder so machen. Das muss jeder für sich entscheiden, und für mich war es gut. Ich glaube auch, dass es meinen Kindern nicht geschadet hat. Aus heutiger Sicht wäre es aber möglich gewesen, öfter auf die Balance zu achten. Da wäre mehr Abgrenzung zur Arbeit sicher besser gewesen.

Haben Sie irgendwie das Bild, dass es für Sie als weibliche Führungskraft schwieriger war, die Balance zu halten?

Das glaube ich schon. Ich hatte nie das Gefühl, dass ich in den Unternehmen als weibliche Führungskraft benachteiligt wurde. Man muss sich als Frau vielleicht anders aufstellen. Ich habe das aber nie als großen Nachteil empfunden. Privat war es schon schwieriger, als Frau die Balance zu halten, denn mit vier Kindern ist das nicht leicht. Wenn ich nur an die Schuljahre denke, wie da mein Tag ausgesehen hat: Ich bin abends heimgekommen und habe das Abendessen für die Kinder gemacht, für den nächsten Tag vorgekocht, die Hausaufgaben angeschaut, mit den Kindern gelernt, bin Einkaufen gegangen, habe Unterlagen für die Schule besorgt usw. Die Wochenenden gingen oft drauf, um mit den Kindern zu lernen. Also das war schon heftig. Ich hatte das Gefühl, ich muss alle Fäden in der Hand halten.

Was haben Sie getan, um immer wieder aufzutanken, einen Ausgleich zu haben, sich selbst zu motivieren?

Als junger Mensch konnte ich sehr leicht abschalten, dann gab's aber Zeiten, da ist mir das nicht mehr so gut gelungen. Vor allem bei so großen Themen, wenn ich z. B. einen Sozialplan aufstellen musste. Das waren sehr belastende Situationen, die mich dann Tag und Nacht überhaupt nicht mehr losgelassen haben. Vor allem, wenn es um Entlassungen von Mitarbeitern ging. Das war schwierig. Es wäre gelogen, wenn ich sage, das hätte ich immer mit Bravour erledigt. Es gab Zeiten in meinem Berufsleben, in denen ich schon ziemlich fertig war. In denen die Balance nicht mehr gestimmt hat. Wie habe ich mich trotzdem immer wieder erholt und bin da rausgekommen? Zum einen ist es Typensache. Ich habe viel Kraft in mir, auch wenn die mir zwischendrin fast verloren gegangen ist. Es kam immer wieder

Kraft zurück. Ganz wichtig war es, meinen Mann an der Seite zu haben und immer wieder Abstand zu bekommen. Mir immer wieder zu sagen, es ist nur Arbeit. Das ist mir verloren gegangen in Zeiten, in denen ich nur noch an die Arbeit gedacht habe. Deshalb ist es wichtig, dem Privatleben Zeit einzuräumen. Es gab Zeiten, da habe ich wochen- und monatelang an nichts anderes als die Arbeit gedacht. Das war gar nicht gut. Deshalb ist es heute wichtig für mich, mein Privatleben mit Freunden und Familie bewusst zu pflegen und auch andere Dinge zu tun. Es gibt auch noch anderes im Leben als Arbeit. Das zu erkennen hat mir geholfen, mich zu entwickeln, und mir Kraft gegeben.

Eine junge Nachwuchskraft bat mich, die Frage zu stellen, ob Führungsrolle und Weiblichkeit im Widerspruch stehen. Denn sie erlebt immer wieder weibliche Führungskräfte, die kühl und verbissen auftreten wie die männlichen Kollegen. Wie haben Sie gemerkt, dass die Führungsrolle Ihre Weiblichkeit berührt?

Ich weiß nicht, ob ich die richtigen Worte dafür finde. Ich hatte immer wieder mit Frauen zu tun, auch jungen Frauen, die das Gefühl hatten, sich der Männerwelt im Unternehmen anpassen zu müssen, die dann ganz hart wurden oder sich nicht trauten, ihre Weiblichkeit zu zeigen. Ich hab ganz andere Erfahrungen gemacht. Ich finde es wichtig, als „Frau" im Unternehmen zu sein. Mit den weiblichen Eigenschaften. Mann und Frau sind Gegenpole, und beide sind wichtig. Was nicht heißt, nur mit hochhackigen Schuhen und Mini in der Arbeit zu erscheinen. Das kommt bestimmt nicht gut. Ich würde mich als Frau aber auch nicht verstecken. Ich finde es toll, weiblich zu sein und als Führungskraft meine weiblichen Fähigkeiten einzubringen.

Zu guter Letzt: Was hat Ihnen die Führungsrolle bis jetzt gegeben? Was hat sie zur Erfüllung in Ihrem Leben beigetragen?

Ich bin zwischendrin schon mal am Zweifeln, ob es die richtige Entscheidung war, Führungskraft zu werden, da es auch sehr viel Kraft kostet, wenn man Familie und Arbeit unter einen Hut bringen möchte. Ich bin mir sicher, was es mir gegeben hat, nämlich mich immer weiterzuentwickeln und mich Herausforderungen zu stellen. Ich glaube, das wäre nicht passiert, wenn ich es mir einfach und bequem im Leben gemacht hätte.

… und was hat Ihnen die Rolle abverlangt, was hat sie Ihnen gekostet?

Ich hab das ja schon im Interview ein paarmal erwähnt, dass es gut gewesen wäre, mich etwas mehr um meine Kinder zu kümmern. Das war die negative Seite, da blieb immer wieder mal zu wenig Zeit. Der zweite Preis ist der, dass ich in meinem Leben viel Zeit für den Beruf aufgewendet habe und mit dem Älterwerden so langsam das Gefühl kommt, dass ich gerne auch etwas mehr für mich machen möchte. Ich würde gerne Sprachen lernen, singen oder ein Instrument spielen. Da ist schon ziemlich viel zu kurz gekommen.

… und was würden Sie genauso machen wie früher, was würden Sie anders tun?

Ich würde immer wieder auf Menschlichkeit in der Führung setzen. Was würde ich anders machen? Mehr für meine Kinder da sein.

… eingedampft in wenigen Sätzen: Was wollen Sie fokussiert jungen Führungskräften empfehlen, damit diese die Führungsrolle auch einmal gut leben können?

Eingedampft, das ist ganz schwierig. Also wenn ich wirklich eindampfen möchte, dann sage ich: „Bleibt menschlich und bildet euch nichts ein, dass ihr was Besseres seid, bloß weil ihr Führungskraft seid. Führungskraft sein heißt, eine Haltung zu entwickeln, die sich in den Dienst für andere stellt und nicht im Narzissmus endet."

 Hotspot/Nachlese:

Welche Aussagen haben sich für mich bestätigt? Welche überrascht? Welche sehe ich anders?

Welche Entscheidungs- oder Verhaltensimpulse nehme ich aus diesem Interview mit?

Was ist die wertvollste Erfahrung von Gabriele Zange, die ich für meinen Weg nutzen will?

10 Ergänzende Interviews

In diesem Kapitel finden Sie zum einen die Erfahrungen des Führungskräfteentwicklers Norbert Coors der Diehl Stiftung. Seine Sichtweise ist geprägt durch die jahrzehntelange Arbeit in Industrieunternehmen.

Zum anderen lesen Sie vom Jugendforscher Peter Martin Thomas vom SINUS-Institut Heidelberg die pointierte Beschreibung der jungen Generation, die in Zukunft Mitarbeiter- und Führungsrollen übernehmen wird.

■ 10.1 Norbert Coors – Führungskräfteentwickler

Was ist aus Ihrer Sicht der „Charme" einer Führungsrolle?

Der Charme ist, dass man gezielt Einfluss nehmen kann. Dazu braucht man Führungsambition, also Leidenschaft, um diesen Einfluss zu gestalten. Ferner ist die Bereitschaft wichtig, sich zu exponieren, d. h., sich zu zeigen und klarzumachen, was man erreichen möchte und vor allem, warum.

Es geht ja letztendlich darum, die vorgenommenen Ziele zu erreichen und dabei die Mitarbeiter mitzunehmen, einzubeziehen und für die Zielerreichung Verantwortung zu übernehmen.

Sie sagen, es braucht die Bereitschaft, sich zu exponieren, und eine Leidenschaft. Gibt es aus Ihrer Sicht ein „Führungs-Gen"? Kann jeder Führung lernen?

Ich bin der Ansicht, dass man das lernt und nicht kann. In der Führungstätigkeit ist man eher permanent am Lernen. Wenn man eine gute Führungskraft werden will, dann ist das eine Aufgabe, die man sich täglich vornehmen und gestalten muss. Es ist wichtig, neben den Mitarbeitern auch sich selbst weiterzuentwickeln. Dafür ist Zeit einzuplanen sowohl bei den Mitarbeitern als auch bei sich selbst. Es sind die regelmäßigen Feedbackprozesse zu Inhalts- und Prozessthemen, die einen im Führungsalltag weiterbringen.

Heißt dies, dass jeder Führung lernen kann?

Das glaube ich nicht. Manche Menschen möchten das auch gar nicht lernen. Wir haben gute Fachleute, denen die Ambition für eine Führungstätigkeit fehlt. Sie sind geachtete Experten in einem Fachgebiet und fühlen sich dort sehr wohl. Für erfolgreiche Führungskräfte sind die Fähigkeit zur Selbstreflexion und die eigene Lernfähigkeit in Bezug auf Führung wesentlich. Die Menschen, die sich Feedback zu sich selbst einholen und daraus Verhaltensänderungen ableiten und anderen konkretes und präzises Feedback geben können, das sind die Menschen, die in der Führungsaufgabe anerkannt sind. Neben einer ausgeprägten fachlichen Orientierung im Aufgabengebiet mit Überzeugungs- und Durchsetzungsfähigkeiten gehören eine hohe Leistungsmotivation, eine gewisse Offenheit für Neues sowie physische und psychische Stabilität zu den weiteren wichtigen Eigenschaften einer Führungskraft.

Was empfehlen Sie einer jungen Führungskraft, um gut in die Rolle hineinzuwachsen?

Plakativ gesagt, man lernt es nicht in Seminaren – und das sage ich als Führungskräfteentwickler! Man lernt es wirklich in der Praxis: durch Tun, durch aufmerksames Hinschauen, durch situationsbezogenes Handeln und Mut zu fokussiertem Handeln. Dabei ist das Fachwissen nach wie vor Grundlage. Es ist häufig eine Herausforderung für Führungskräfte, einerseits fachlichen Überblick und Tiefe zu erhalten und Mitarbeiter auch fachlich zu orientieren. Andererseits ist aber auch die Führungsaufgabe der Mitarbeiterentwicklung ernst zu nehmen. Die dafür benötigte Zeit und der Blick auf die Mitarbeiter mit ihren Stärken und Möglichkeiten sind ständig im Auge zu behalten. Ein wichtiges Hilfsmittel für junge Führungskräfte ist unser Kompetenzmodell. Das Diehl Kompetenzmodell bietet in unserem Unternehmen mit den darin enthaltenen konkreten Verhaltensbeschreibungen eine wichtige Orientierung zur Führung und Zusammenarbeit. Mithilfe konkreter Rückmeldungen zu den dort genannten Verhaltensbeschreibungen kann bei Mitarbeitern und bei einem selbst für den konkreten Abgleich von bereits ausgeprägten zu erfolgsrelevanten Verhaltensweisen gesorgt werden. Um den eigenen Feedbackprozess bei der Führungsaufgabe zu unterstützen, empfehle ich für einen

Zeitraum von einem Jahr einen Mentor aus einem crossfunktionalen Unternehmensbereich.

Viele Trainees fragten mich, ob das Fachwissen ausschlaggebend sei für den Erfolg des Anfangs als Führungskraft?

Heutzutage wird die Bedeutung des Fachwissens für Führungskräfte unterschätzt. Gerade in unserer komplexen Welt ist fundiertes Fachwissen notwendiger denn je. Ich meine, dass die universitäre Ausbildung teilweise zu allgemein ist und zu wenig auf den Bedarf der Betriebe eingeht – jedenfalls auf den industriellen Bedarf, wie ich ihn kenne. Die ersten beruflichen Jahre sind deshalb sehr wichtig für fundiertes betriebliches Fachwissen. Hier sollte jeder seine universitäre Lernmethodik weiterentwickeln und an den betrieblichen Anforderungen orientieren.

Sie meinen, dass die Universitäten die jungen Leute mit ihrer Ausbildung verleiten, zu meinen, dass sie schon gut ausgestattet wären für die Aufgaben in den Betrieben?

Ich meine, dass vieles im betrieblichen Alltag gelernt wird. Das Miteinander- und Voneinander-Lernen wird in Zukunft richtig wichtig. Ich persönlich habe im betrieblichen Alltag viel von Kollegen und Führungskräften gelernt. In Zukunft wird ein junger Mitarbeiter sich immer weniger für zu Hause oder für den Betrieb ein zusätzliches Fachbuch kaufen und studieren. Er wird mithilfe der neuen Medien im Betrieb und auch mit externen Netzwerken möglicherweise viel schneller zum Ziel kommen. Dazu braucht es vor allem soziale Kommunikationskompetenz.

Welche Anforderungen an Führungskräfte wird es in der VUKA-Welt oder 4.0-Welt geben?

Der schnelle Wandel ist die Anforderung schlechthin. Es ist nicht mehr so, dass man vieles langfristig voraussagen kann. Es ist oft ein Miteinander-Agieren und -Reagieren. Die Sicherheiten der Drei- oder Fünfjahrespläne wird es in Zukunft häufig so nicht mehr geben wie früher. Im Grunde spüren wir es heute schon. Der schnelle Wandel fordert schnelle Reaktion, fordert neue Vernetzungsformen und flexible Kooperationsformen. Dazu müssen wir das gemeinsame Lernen ins Tagesgeschäft integrieren und die Selbstverantwortung für das Lernen in den Mittelpunkt des betrieblichen Handelns stellen. Wie können wir im Unternehmen voneinander und miteinander am meisten profitieren? Dieser menschliche Austausch in diesen schnellen Wandelprozessen, das wertschätzende Anhören der verschiedenen Perspektiven und dann reagieren – darin, meine ich, liegt die Zukunft für Führungskräfte und Mitarbeiter.

Gibt es wesentliche Unterschiede zu früher? Was war früher wichtiger als heute?

Ich merke es im Umgang mit jungen Leuten. Ich bin früher zur Arbeit hingegangen, um meine arbeitsvertraglichen Pflichten zu erfüllen und dem Arbeitgeber zu dienen. Meine kontinuierliche Anwesenheit wurde geschätzt und belohnt. Heute geht es darum, Arbeit zu erledigen. Man geht heute nicht mehr hin, sondern man geht hin, um etwas zu erledigen. Man wird dadurch erfolgreich, dass man etwas erledigt. Das erlebe ich auch beim Lernansatz der jungen Leute. Sie möchten Ergebnisse sehen, Veränderungen erleben und daran Freude haben. Dafür braucht es Hilfsmittel. Diese sind wichtig, und wir haben sie heute in der digitalen Welt. Ich kann mich mit Video aufnehmen, ich kann die verschiedensten Plattformen nutzen. Ich kann eigene Arbeitsprozesse durch digitale Hilfsmittel unterstützen und damit automatisch dokumentieren. Das spart im Gegensatz zu früher viel Zeit und bietet zusätzlich durch Datenauswertungsmöglichkeiten ganz neue Möglichkeiten der Professionalisierung.

Welche Führungskompetenzen haben sich bewährt und werden auch weiterhin ihre Gültigkeit haben?

Die Leistungs- und Ergebnisorientierung ist etwas Wichtiges, auch Entscheidungen fällen und Dinge umsetzen können. Die Geschwindigkeit wird sich hier erhöhen. Die Mitarbeiterorientierung wird dabei noch wichtiger. Wenn Sie dies erreichen wollen, dann müssen Sie einfach Mitarbeiterorientierung haben und schauen, wo Ihre Schlüsselleute sind, und die richtigen Rahmenbedingungen für deren Entfaltung schaffen. Das persönliche Führungsvorbild halte ich ebenso für sehr wichtig. Das ist gleichzeitig der Preis, den es hat. Man muss dafür eine Leidenschaft entwickeln, und die muss den anderen vermittelt werden, damit diese mitgehen, sonst funktioniert das Ganze nicht.

Sie sprachen vom Preis, d. h., die Führungskraft ist immer Vorbild, auch bei jeder Freizeitveranstaltung.

Ja, in der Öffentlichkeit ist die Person immer auch als die Führungskraft des Unternehmens sichtbar. Dessen sollte sich eine angehende Führungskraft bewusst sein.

Wird die sogenannte Generation Y anders führen?

Da gibt es ja viele Mythen. Manche sagen dieses, manche jenes. Ich meine, die junge Generation will sich an der älteren Generation zum einen orientieren. Zum anderen wollen sie aber schon schnell selbständig werden, akzeptiert werden und etwas erreichen. Da muss die ältere Generation schneller als bisher bereit sein, Verantwortung abzugeben oder über einen gewissen Zeitraum hin diese zu teilen. Unsere Aufgabe von HR (Human Resources) ist es, die Generationen zu verbinden, um ein nützliches Miteinander optimal zu erreichen. Da gibt es noch viel zu tun.

Sie meinen, dass jene Führungskräfte aus der Generation Y ähnlich führen wie frühere Generationen?

Ich sehe da im Moment nicht den großen Unterschied.

Sehen Sie einen Unterschied beim Geführtwerden? Sehen Sie andere Erwartungen an die Führung?

Die berühmte Work-Life-Balance ist tatsächlich ausgeprägter. Es wird nicht mehr selbstverständlich angenommen, dass man Zehn-Stunden-Arbeitstage einfach hat.

Da haben die Jungen andere Bilder, und das ist auch gut so. Das sollten wir auch nicht mehr zurückdrehen. Flexible Arbeitszeit- und Arbeitsortmodelle sind wichtig.

Die Anforderung, Feedback zu erhalten, ist ebenfalls stärker vorhanden. Dies spüren wir aber heute auch schon im oberen und mittleren Management. Es wurde bereits erkannt, dass Feedbackgeben ein wesentlicher Schlüssel ist, um Mitarbeiter zu orientieren. Die Feedbackkompetenzen von Führungskräften und Mitarbeitern sind in den Unternehmen in den letzten Jahren gewachsen. Davon profitiert auch die jüngere Generation. Trotzdem sind wir da noch nicht am Ende der Wegstrecke. Es ist Aufgabe von HR, die Feedbackkultur zu pflegen und für Qualität zu sorgen.

Dabei erlebe ich, dass die Umsetzung vom kritischen Feedback – ähnlich wie damals in unserer heute älteren Generation – bei einigen mehr Zeit braucht und nicht so schnell umgesetzt wird. Das positive Feedback wird sehr gerne genommen. Da hat sich nicht viel geändert.

Was sollten Unternehmen in Zukunft tun, damit junge Menschen die Führungsrolle wirksam leben können und darin eine Erfüllung finden?

Die älteren Führungskräfte sollten früher Verantwortung abgeben und den jungen Menschen mehr zutrauen. Es geht auch darum, sie zu begleiten, z. B. bei Auslandseinsätzen. Hier sollten Unternehmen junge Leute nicht nur hinschicken und Erfahrungen machen lassen, sondern sie durch erfahrene ältere Mitarbeiter mit Auslandserfahrung zumindest virtuell begleiten. Situationsangepasste Mentoring-Prozesse z. B. durch spontane Telefonate müssen die Kompetenz der Selbstreflexion unterstützen und können diese während der Zeit im Ausland erheblich ausbauen. Das ist gerade für Auslandseinsätze mit jungen Mitarbeitern und deren spätere Rückintegration nach Deutschland sehr wichtig.

Sehen Sie in der Form der lateralen Führung eine gute Möglichkeit, mehr Verantwortung zu lernen?

Auf jeden Fall. Das Führen in Projekten ohne direkte disziplinarische Verantwortung ist die anspruchsvolle Führung. Diese pflegen wir auch. Da lernt man viel aus Vorbildern. In technischen Projekten sind solche Führungsaufgaben häufig mit erheblichen Ressourcen und Verantwortungen ausgestattet und können auf mehrere Jahre angelegt sein.

Was halten Sie vom Schlagwort „agile Führung"?

Führung muss Orientierung bieten. Da ist eigentlich das Handlungsfeld. Eine Führungskraft darf schon Unsicherheit zugeben. Natürlich macht es Sinn, wenn eine Führungskraft strategische Ziele mit den Mitarbeitern erarbeitet und nicht vorgibt. Zielvereinbarungen hat es schon immer gegeben. Durch laufende Reviewprozesse sind diese auch schon immer in gewisser Weise flexibel, also „agil" gewesen. Doch die Führungskraft muss diese Inhalte der Ziele auch ausstrahlen. Die Verantwortung für die Erreichung der Ziele, das ist ja die Führungsaufgabe. Wenn dafür ein agiler Ansatz hilft, indem schneller angefangen und schnellere Ergebnisse erzielt werden, dann ist das in Ordnung. Manchmal hilft da jedoch auch was anderes, z. B. die Entscheidung für die Strategie und die Bereitstellung der Ressourcen vonseiten der Führungskraft und das Besprechen des gemeinsamen Weges. Letztendlich hat jede gute klassische Führungskraft auch schon früher agil geführt.

Haben Sie noch Ergänzungen?

Insgesamt geht es darum, die Leistungsfähigkeit sicherzustellen und Erfolge zu ermöglichen, die uns motivieren. Damit meine ich auch explizit die monetären Erfolge unserer Leistungen. Dies dürfen wir bei all den Diskussionen um das passende Führungsverhalten nicht vergessen.

■ 10.2 Peter Martin Thomas – Jugendforscher

Wie unterscheiden sich die Bedürfnisse der Jugend heute eventuell von früher?

Wir haben beispielsweise junge Menschen in Baden-Württemberg befragt. Als Erstes kommt der Spaß bei der Frage nach den Wünschen an den Beruf. Im Sinne von: „Ich will morgens mit guter Laune zur Arbeit gehen und abends mit guter Laune zurückkehren." Natürlich gehört auch das Geldverdienen dazu. Interessant ist, dass Freizeit und Familienleben höher bewertet werden als in der Vergangenheit. Die jungen Menschen wollen einen Job haben, der ihnen Zeit gibt für die Freizeit und Zeit gibt, ein Familienleben zu gestalten. Sie wollen Zeit und Geld für beides.

Also könnte man schon von der Generation „und" sprechen?

Das könnte man vielleicht so sagen. Es ist aus meiner Sicht jedoch eher so, dass diese Generation es sich erlaubt, verschiedene Dinge gleichzeitig zu wünschen, weil sie die Rahmenbedingungen dafür haben. Die jungen Menschen haben eine starke Position am Arbeitsmarkt, weil es in vielen Bereichen mehr Arbeitsplätze als Bewerber gibt. Sie vertagen nicht mehr so viel auf die Zukunft! Sie wollen jetzt ihre Arbeit machen, aber auch jetzt davon profitieren und nicht auf die Rente warten. Denn die erscheint ihnen nicht mehr sicher.

Welche Erwartungen von Jugendlichen an Organisationen und Unternehmen können Sie wahrnehmen?

Der genannte Wunsch nach Verbindung von Arbeit und Freizeit ist eine wichtige Erwartung. Wir haben Jugendliche in der Befragung in Baden-Württemberg auch nach ihren Erwartungen an Unternehmen gefragt. Der größte Konsens herrscht bei der Atmosphäre. Sie wünschen sich ein gutes Verhältnis unter Kollegen und ein gutes Verhältnis zum Vorgesetzten. Dann kommen Abwechslung, Karriere, Gehalt. Und sie wünschen sich regelmäßig Feedback, damit sie wissen, wo sie stehen.

Kaum einer sagt ganz grundsätzlich: „Ich bin gegen Hierarchie und Autorität", aber keiner folgt mehr einer Autorität, wenn sie nicht erklären kann, warum sie etwas tut. Heute wird ja auch in Familie und Schule mehr erklärt, warum Dinge getan werden oder nicht.

Sind Jugendliche heute autonomer als früher – auch in ihren Entscheidungen?

Bei vielen Themen sind Jugendliche heute in ihren Entscheidungen selbständiger. Die Eltern sind zwar wichtige Ratgeber, doch sie überlassen die Entscheidungen meist den Jugendlichen. Beispielsweise können die Eltern beim Thema Berufswahl bei der Vielzahl an Berufen auch nicht mehr sagen, welcher genau richtig ist. Parallel haben die Jugendlichen viel mehr Informationsquellen zur Verfügung. Aber die Fülle an digitalen Informationen führt auch dazu, dass es schwer wird, sich zu entscheiden. Die Anzahl der Optionen überfordert viele, und deshalb gibt es einen hohen Beratungsbedarf.

Unsere Welt ist komplexer geworden. Die Jugendlichen wachsen darin auf. Können sie besser mit Komplexität umgehen?

Ich glaube, dass sie lernen müssen, mit Optionsvielfalt umzugehen. Dabei wünschen sie sich, dass digitales Lernen mehr vermittelt wird. Zum Beispiel sagen Lehrer den Schülern, sie sollen etwas im Internet recherchieren. Doch keiner zeigt ihnen, wie man recherchiert. Auch junge Menschen können nicht einfach so mit der Komplexität in der digitalisierten Welt umgehen, sondern müssen es lernen.

Prof. Peter Kruse sagte, dass Vernetzung wichtig ist, um Prozessmuster bilden zu können. Können sich die Jugendlichen besser vernetzen?

Wir haben keine Vergleichsdaten und können nicht sagen, besser oder schlechter. Die Jugendlichen finden sich sicher gut zurecht in den digitalen sozialen Netzwerken, diese sind aber auch nicht für jede Fragestellung effektiv und hilfreich.

Welche Führungsqualität können sie einbringen? Wie halten die Jugendlichen es mit der Verantwortung? Hier sind ältere Zeitgenossen skeptisch.

Ich würde es nicht am Begriff „Verantwortung", sondern am Begriff „Flexibilität" festmachen. Es wurde immer gesagt, die Jugendlichen sollen flexibel sein. Nun sind sie flexibel, und wenn z. B. die Rahmenbedingungen für die Arbeit und das Leben woanders günstiger sind, wechseln sie den Arbeitgeber. Sie bleiben nicht mehr so verbindlich an einer Stelle. Bei einer Führungsrolle geht es aber zumindest bisher auch darum, verbindlich an einer Stelle eine gewisse Zeit zu sein.

Sie wollen nicht mehr die Verantwortung, nur um Macht und Einfluss zu bekommen oder die Hierarchie zu erklimmen. Das ist nicht mehr so spannend. Sondern sie schauen eher: Was bringt die Aufgabe, das Projekt für mich, wie interessant ist es für mich?

Was halten Sie von den Etiketten X, Y, Z?

Der Generationenbegriff hat sich überlebt. Es gibt keine Ereignisse mehr, die Trennungen plausibel machen. Darüber hinaus leben wir in einer Migrationsgesellschaft, in der sich vielfältige gesellschaftliche und politische Einflüsse mischen.

Wie entscheiden Jugendliche heute?

Man holt sich Rat bei den Eltern und Freunden und geht dann gegebenenfalls für die weitere Recherche ins Internet. Die Erwartung ist, dass dort die Infos bereitgestellt werden, um sich entscheiden zu können.

Entscheiden sie autonomer?

Eltern sind Ratgeber. Sie haben schon noch großen Einfluss. Man holt sich Rat bei den Eltern, aber entscheidet selbst. Früher haben die Eltern wohl eher öfters noch gesagt, wo es langgeht.

11 Nachwort

„Nichts ist mächtiger als eine Idee, deren Zeit gekommen ist."
Victor Hugo, französischer Autor

Am Ende des Buches mag ich noch sehr persönlich schildern, wie es zu der Idee zu diesem Buch kam. Der Zeitpunkt kam, als der Produktionsleiter Heinz Meck, einer meiner ältesten Auftraggeber und Kunden, ankündigte, er gehe bald in den Vorruhestand. Bei anderen langjährig bekannten Führungskräften war es auch absehbar. Mir wurde zunehmend klar – „die Zeit der Abschiede kommt". In meinen ersten Jahren als Trainer und Berater wurde ich mit jenen Kunden groß, die mich über viele Jahre immer wieder beauftragten. Aus langjährigen Begegnungen sind freundschaftliche, vertraute Beziehungen geworden. Ich spürte, dass nun diese Beziehungen auf der professionellen Bühne enden werden.

So wuchs in mir die Idee, mit diesem Buch Abschied zu nehmen von jenen Führungskräften und dem professionellen Weg miteinander – und zum anderen die Führungs- und Lebenserfahrung dieser Menschen zu würdigen und für angehende Führungskräfte nutzbar zu machen. Ich war überzeugt, dass ihre persönlichen Aussagen und Resümees für angehende Führungskräfte lehrreich und hilfreich sein können und der Interviewstil den Lesern entgegenkommt.

Abschließend danke ich noch allen, die mich während des Schreibens mit Ideen und mit Anregungen unterstützten, insbesondere meiner systemischen Intervisionsrunde aus Wiesloch für die ersten entscheidenden Impulse, meinen Gastgebern in Bolinas, Kalifornien, wo ich den Grundstein für das Buch legte, meinem Patensohn Jonathan für das umfangreiche Niederschreiben der Audio-Interviews, meinen Freunden Beate, Erika und Karl für ihre schnellen Korrekturen, meiner Kollegin Barbara für die kreativen Illustrationen und Frau Hoffmann-Bäuml vom Carl Hanser Verlag für das ausführliche und hilfreiche Lektorat.

Allen angehenden Führungskräften und allen Lesern wünsche ich eine erfüllte und sinnstiftende Zeit mit dem Wahlspruch einer unserer großen deutschen Führungskräfte: Altkanzler Helmut Schmidt, ein echter „Macher mit Weitblick", wusste um die Begrenztheit seiner Möglichkeiten und nutzte das sogenannte Gelassenheitsgebet aus der Feder des deutsch-amerikanischen Theologen Reinhold Niebuhr:

„Gott, schenke uns den Mut, Dinge zu ändern, die wir ändern können, die Gelassenheit, Dinge anzunehmen, die wir nicht ändern können, und die Weisheit, das eine vom anderen zu unterscheiden."[12]

Mit besten Grüßen

Wolfgang Holl

---

[1] *http://www.wlb-stuttgart.de/sammlungen/handschriften/bestand/nachlaesse-und-autographen/oetinger-archiv/gelassenheitsgebet/*

[2] , abgerufen August 2017

12 Literaturempfehlungen

Den theoretischen Lerntypen und allen, die das eine oder andere Thema vertiefen wollen, möchte ich einige Bücher empfehlen, die ich für die Arbeit als Führungskraft und für die eigene Entwicklung als sehr nützlich sehe.

Zwei weitere Bücher zum Einstieg in die Führungsrolle:

FISCHER, P.: *Neu auf dem Chefsessel - Erfolgreich durch die ersten 100 Tage*, Redline Verlag, Frankfurt am Main

HOFBAUER, H.; KAUER, A.: *Einstieg in die Führungsrolle - Praxisbuch für die ersten 100 Tage*, Carl Hanser Verlag, München

Zwei Klassiker von den Bestsellerautoren Malik und Sprenger:

MALIK, F.: *Führen Leisten Leben*, vollständig überarbeitete Fassung, Campus Verlag, Frankfurt am Main

SPRENGER, R.: *Radikal führen*, Campus Verlag, Frankfurt am Main

Drei Bücher, die die eigenen Handlungsmöglichkeiten beleuchten und unterstützen

CORSSEN, J.: *Als Selbst-Entwickler zu privatem und beruflichem Erfolg*, 4 CD, Campfire Audio

LÖHKEN, S.: *Leise Menschen - starke Wirkung*, GABAL Verlag, Offenbach

STORCH, M.: *Machen Sie doch, was Sie wollen!*, Verlag Hans Huber, Bern

Zwei Bücher, die die Verantwortung der Führung für die Gesellschaft im größeren Kontext darstellen

SCHMIDT, H.: *Auf der Suche nach einer öffentlichen Moral*, Goldmann Verlag, München

SUKHDEV, P.: *Corporation 2020 - Warum wir Wirtschaft neu denken müssen*, oekom verlag, München

13 Fragebogen: Unsere „Antreiber" – innere Motivatoren

Sie erhalten auf den folgenden beiden Seiten insgesamt 50 Statements. Diese schätzen Sie in Bezug auf Ihr Verhalten am Arbeitsplatz ein.

Jede Aussage können Sie zwischen 1 und 5 bewerten. Bewerten Sie nach folgenden Vorgaben:

Die Aussage trifft auf mich in meinem beruflichen Umfeld zu:

Voll und ganz	5
Gut	4
Etwas	3
Kaum	2
Gar nicht	1

Antworten Sie bitte spontan aus dem Gefühl heraus und machen Sie in die betreffende Spalte unter der entsprechenden Zahl ein Kreuz.

Machen Sie Ihre Auswertung erst, wenn Sie alle Statements bewertet haben.

	5	4	3	2	1
1. Wann immer ich eine Arbeit mache, mache ich sie äußerst gründlich.					
2. Ich bin dafür verantwortlich, dass diejenigen, die mit mir zu tun haben, sich wohlfühlen.					
3. Ich bin ständig auf Trab. Alles muss schnell gehen.					
4. Anderen gegenüber zeige ich meine Schwächen nicht gerne.					
5. Meine Devise: „Wer rastet, der rostet."					
6. Häufig sage ich: „So einfach kann man das nicht sagen."					
7. Ich sage und mache oft mehr, als nötig wäre.					
8. Ich habe Mühe, Leute zu akzeptieren, die nicht genau sind.					
9. Es fällt mir schwer, Gefühle zu zeigen.					
10. „Nur nicht lockerlassen", ist meine Devise.					

	5	4	3	2	1
11. Wenn ich eine Meinung äußere, begründe ich sie auch.					
12. Wenn ich einen Wunsch habe, erfülle ich ihn mir schnell.					
13. Ich liefere einen Bericht erst ab, wenn ich ihn mehrmals überarbeitet habe.					
14. Leute, die herumtrödeln, regen mich auf.					
15. Es ist mir wichtig, dass andere mich akzeptieren.					
16. Ich bin eher der Typ „harte Schale, weicher Kern".					
17. Ich versuche herauszufinden, was andere von mir erwarten, um mich dann danach zu richten.					
18. Leute, die unbekümmert in den Tag hineinleben, kann ich nur schwer verstehen.					
19. In Diskussionen unterbreche ich den anderen oft.					
20. Ich löse meine Probleme selbst.					
21. Aufgaben erledige ich möglichst rasch.					
22. Im Umgang mit anderen bin ich auf Distanz bedacht.					
23. Ich sollte viele Aufgaben noch besser erledigen.					
24. Ich kümmere mich persönlich auch um nebensächliche Dinge.					
25. Erfolge fallen nicht vom Himmel, ich muss sie hart erarbeiten.					
26. Für dumme Fehler habe ich wenig Verständnis.					
27. Ich schätze es, wenn andere meine Fragen kurz und bündig beantworten.					
28. Es ist mir wichtig, von anderen zu erfahren, ob ich meine Sache gut gemacht habe.					
29. Wenn ich eine Aufgabe begonnen habe, führe ich sie auch immer zu Ende.					
30. Ich achte mehr auf die Bedürfnisse anderer und stelle meine eigenen zurück.					
31. Ich bin zu anderen oft hart, um nicht verletzt zu werden.					
32. Ich trommle oft ungeduldig mit den Fingern auf den Tisch.					
33. Beim Erklären des Sachverhalts verwende ich gerne Aufzählungen: Erstens, zweitens, drittens ...					
34. Ich glaube, dass die meisten Dinge nicht so einfach sind, wie viele meinen.					
35. Es ist mir unangenehm, andere Leute zu kritisieren.					
36. Bei Diskussionen nicke ich häufig mit dem Kopf.					
37. Ich strenge mich an, meine Ziele zu erreichen.					
38. Mein Gesichtsausdruck ist eher ernst.					
39. Ich bin ruhelos, nervös und manchmal hektisch.					
40. So schnell kann mich nichts erschüttern.					
41. Meine Probleme gehen andere nichts an.					

	5	4	3	2	1
42. Mir geht es oft zu langsam, aus diesem Grund treibe ich andere oft an, damit es vorwärtsgeht.					
43. Ich sage oft „genau", „exakt", „klar", „logisch", „selbstverständlich".					
44. Ich sage oft: „Das verstehe ich nicht …"					
45. Ich sage eher: „Könnten Sie es nicht einmal versuchen" als: „Versuchen Sie es einmal."					
46. Ich bin diplomatisch.					
47. Ich versuche, an mich gestellte Erwartungen zu übertreffen.					
48. Ich mache manchmal zwei Dinge gleichzeitig.					
49. „Auf die Zähne beißen", heißt meine Devise.					
50. Trotz enormer Anstrengungen will mir vieles einfach nicht gelingen.					

Auswertung

Zur Auswertung des Fragebogens übertragen Sie bitte Ihre Bewertungszahlen für jede entsprechende Fragennummer auf den folgenden Auswertungsschlüssel. Addieren Sie dann die Bewertungszahlen in einer waagerechten Spalte des jeweiligen Antreibers und tragen die Summe in der Spalte ganz rechts unter „total" ein.

Sei perfekt!										
Fragen	1	8	11	13	23	24	33	38	43	47	total
Bewertung										

Mach schnell!										
Fragen	3	12	14	19	21	27	32	39	42	48	total
Bewertung										

Streng dich an!										
Fragen	5	6	10	18	25	29	34	37	44	50	total
Bewertung										

Mach es allen recht!										
Fragen	2	7	15	17	28	30	35	36	45	46	total
Bewertung										

Sei stark!										
Fragen	4	9	16	20	22	26	31	40	41	49	total
Bewertung										

Grafische Auswertung der Antreiber-Übung

Um die Ausprägung Ihrer Antreiber grafisch noch sichtbarer zu machen, bitten wir Sie, nun noch die Totalwerte jedes Antreibers in das unten stehende Schema zu übertragen.

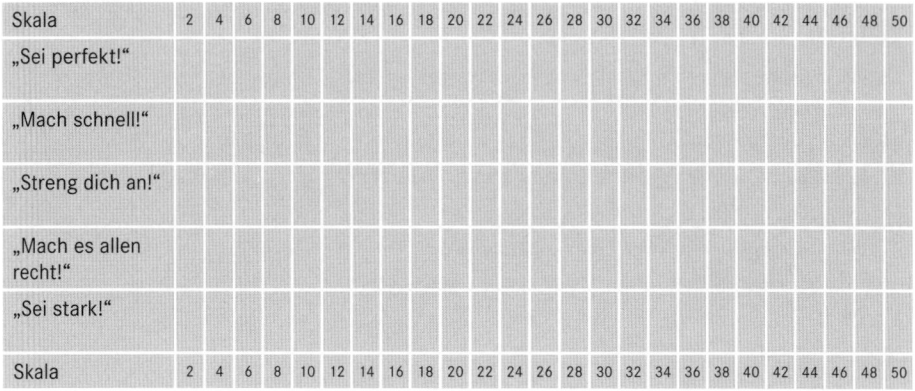

Wenn bei einem Antreiber, der Skalenwert 40 übersteigt, darf mit großer Wahrscheinlichkeit angenommen werden, dass dieser Antreiber bei einem Gespräch schon binnen weniger Minuten im Verhalten beobachtet werden kann. Wer 40 und mehr Punkte hat, kann davon ausgehen, dass er mit seinem Antreiber eine ausgeprägte Stärke und Schwäche hat. In Stressphasen kann dann der Antreiber leicht das Kommando übernehmen und zu ungünstigem Verhalten führen, z. B. übertriebene Perfektion oder Hektik.

Wenn Ihre Punktewerte zwischen 25 und 35 liegen, können Sie davon ausgehen, dass die Stärken und Schwächen Ihres Antreibers in einem mittleren Niveau ausgeprägt sind. Das heißt nicht, dass Sie keine Topleistungen bringen können. Sie laufen nur nicht Gefahr, im Stress von Ihrem Antreiber automatisch getrieben zu werden. Im Grunde können Sie sich leichter steuern und sich bewusst z. B. für Perfektion oder Tempo entscheiden.

In Anlehnung an Kälin/Müri: Sich und andere führen, Ott-Verlag, Thun 2005.

14 Der Autor

Wolfgang Holl ist seit 1994 selbständiger Berater, Trainer und Moderator in der Personal- und Organisationsentwicklung. Er arbeitet für große internationale Unternehmen und mittelständische Firmen, überregionale und regionale Behörden in Deutschland und Österreich.

Die drei Schwerpunkte seiner Arbeit sind Qualifizierung von Potenzialkräften und angehenden Führungskräften, Teamentwicklungen in Veränderungsprozessen und Train-the-Trainer-Konzepte für Fachtrainerinnen und -trainer.

Seine Beratungs- und Trainingsfirma kooperiert mit einem Netzwerk von Partnern aus unterschiedlichen Kompetenzbereichen in Deutschland, Österreich und den Niederlanden.

Vor seiner Selbständigkeit haben ihn seine beiden Studiengänge geprägt, zum einen an der Fachhochschule München/Pasing (evangelische Religionspädagogik und Jugendarbeit mit vier Jahren Teilzeitarbeit an Berufsschulen) und zum anderen an der Universität Regensburg (Erwachsenenbildung und Sprecherziehung mit Schwerpunkt Qualitätssicherung in der Weiterbildung). Der Grund, in die pädagogische Arbeit zu gehen, lag im Aufwachsen und Mitarbeiten im gastronomischen Familienbetrieb in der Nähe von Bayreuth.

Seine professionelle Arbeit wurde durch die systemische Beraterausbildung am Institut für Systemische Beratung von Bernd Schmid in Wiesloch wesentlich beeinflusst.

Kontakt: office@holl-partner.de

Info: *www.holl-partner.de*

Die Illustratorin

Barbara Alsleben ist seit 1993 als Trainerin und Beraterin tätig und arbeitet langfristig mit Großunternehmen und Mittelstand im Bereich Personalentwicklung zusammen. Ihr Hauptthema und ihre Leidenschaft ist die professionelle Vermittlung von Präsentations- und Kommunikationskompetenzen in Trainings und Einzelcoachings. Im Tandemtraining mit Wolfgang Holl mit den Trainees der Diehl Gruppe wurde die Idee der Illustrationen geboren. Die abgedruckten Bilder entsprechen der Art ihrer Visualisierungsvielfalt im Seminarkontext.

Barbara Alsleben studierte Pädagogik, Psychologie und Anglistik und hat Zusatzausbildungen in Moderation, Didaktik und Provokativer Therapie.

Kontakt: info@alsleben-training.de

Info: *www.alsleben-training.de*